AIDS
Die letzte große Geißel

von Hatonn, Sananda, Ashtar,
Nikola Tesla & Walter Russell

Titel des Originals:

AIDS

THE LAST GREAT PLAGUE

Dieses Buch basiert auf der
ersten englischen Ausgabe, gedruckt von
AMERICA WEST PUBLISHERS
P.O. Box 986
Tehachapi, CA. 93581 USA
1989

1. deutsche Ausgabe 2020
Layout, Umschlaggestaltung, Titelbild: José Buchwald
Satz: Arina Zwetkowa
Lektorat: Svetlana Zemli

Verlag und Druck:
tredition GmbH, Halenreie 40-44, 22359 Hamburg

ISBN Paperback: 978-3-347-08283-0
ISBN Hardcover: 978-3-347-08284-7
ISBN eBook: 978-3-347-08285-4

Die Deutsche Nationalbibliothek verzeichnet diese Publikation
in der Deutschen Nationalbibliografie;
detaillierte bibliografische Daten sind im Internet
unter http://dnb.d-nb.de abrufbar.

PHÖNIX-JOURNAL

Phönix-Journal Nr. 08

AIDS
Die letzte große Geißel

von Hatonn, Sananda, Ashtar,
Nikola Tesla & Walter Russell

Aus dem Englischen übersetzt von
Laura Karán
2020

Herausgegeben von
CM Publishing

Veröffentlicht auf Wunsch von
CHRIST MICHAEL ATON VON NEBADON

tredition®

zusammengestellt (einige zweifelsohne nur für diesen Zweck), und sollten nicht urheberrechtlich geschützt werden (außer das Phönix-Journal Nr. 1, *SIPAPU ODYSSEY*, was ein „Roman" ist).

Die ersten ungefähr sechzig Journale wurden von America West Publishing verlegt. Der Verlag entschied, daß aufgrund der ISBN-Nummer (notwendig für den Bücherverkauf) ein Urheberrecht angegeben werden müsse. Commander Hatonn, der ursprüngliche Autor und derjenige, der alles zusammenstellte, hat darauf bestanden, daß keine Urheberrechte bestehen und nach unserer Kenntnis wurden auch keine vergeben.

Wenn die Wahrheit alle Welt erreichen soll, muß sie frei weitergegeben werden können. Wir hoffen, daß jeder Leser das auch tun wird. Selbstverständlich sollte der Kontext erhalten bleiben.

DISCLAIMER

DIE ÜBERSETZUNGEN DER PHÖNIX-JOURNALE SIND EIN FREIES PROJEKT AUF DIESEM PLANETEN.

ES LIEGT KEINE BEANSPRUCHUNG DES MATERIALS DURCH ABUNDANTHOPE.NET ODER CHRIST-MICHAEL.NET VOR. VERÖFFENTLICHENDE WEBSEITEN KÖNNEN LEDIGLICH TRÄGER DES MATERIALS SEIN. EBENSOWENIG GIBT ES FESTE ANSPRÜCHE IRGENDWELCHER ÜBERSETZER AUF DAS KOMPLETTE MATERIAL.

Die Phönix-Journale sind Ende der Achtziger bis etwa Ende der Neunziger Jahre des letzten Jahrhunderts in Kalifornien, USA, entstanden und wurden bereits damals schon teilweise in Buchform herausgegeben.

Die Autoren sind Wesenheiten aus der sogenannten *Bruderschaft des Lichts* der Kosmischen Ebenen. Allen voran *Gyeorgos Ceres Hatonn*, Oberster Befehlshaber für das Projekt Erdübergang, Esu Jesus Jmmanuel Sananda, der bereits vor 2000 Jahren als Botschafter der Geistigen Ebenen auf diesem Planeten – allgemein als *Jesus Christus* bekannt – inkarniert war, und diverse Meister der Farbstrahlen, wie z. B. der wohl bekannteste Meister des Violetten Strahls, *Saint Germain*, der auch mehrere Male im körperlichen Gewand die Geschicke der Welt gelenkt hat.

Hatonn stellt sich mit diesen Worten selbst vor:

„Ich bin Gyeorgos Ceres Hatonn, Oberster Befehlshaber Projekt Erdübergang, Sektor Flugkommando der Plejaden, Intergalaktische Flottenföderation unter dem Kommando von Ashtar; Repräsentant der Erde für den Kosmischen Rat und Intergalaktischen Rat der Föderation zum Übergang der Erde. Ihr könnt mich ‚Hatonn' nennen."

Eine kurze Zusammenfassung, was die Phönix-Journale sind, hat Kommandant Hatonn selbst gegeben:

„Diese Journale sind die Worte der Wahrheit, die Gottes Versprechen für die Veröffentlichung in der Endzeit darstellen, um der Menschheit eine letzte Chance zu geben, sich für die Wahrheit anstatt für die Lüge zu entscheiden."

Gyeorgos Ceres Hatonn outete sich später als niemand Geringeres als unser Schöpfersohn *Christ Michael Aton* und ist somit die höchste Autorität unter den Autoren.

Das Diktat wurde in englischer Sprache über radioähnliche Kurzwellen direkt an Doris Ekker alias „Dharma" übermittelt, die etwa 20 Jahre lang im Dienste der Himmlischen Heerscharen in etwa dreiwöchigem Rhythmus jeweils ein Journal fertiggestellt hat.

Ihr Beitrag für die Entwicklung der Menschheit kann nicht hoch genug geschätzt werden und sie war der einzige Kanal, durch den Gyeorgos Ceres Hatonn übermittelt hat. Nicht nur, daß sie tagtäglich im Dienst der Geistigen Ebene stand, ganz irdisch hatte sie auch zu kämpfen mit Anfeindungen, Verleumdungen, Übergriffen und sie mußte von der Geistigen Welt nach körperlichen Angriffen drei Mal wiederbelebt werden. Außerdem wurde oftmals der Buchdruck seitens weltlicher Verhinderer boykottiert oder die Zusammenarbeit der Phönix-Mitarbeiter in den damals arrangierten Radiosendungen diffamiert. Hier muß man fairerweise sagen, daß sich in dieser Beziehung bis heute rein gar nichts verändert hat.

Die Phönix-Journale sind ein Zeitzeugnis einerseits und – verbunden mit den dazu passenden geschichtlichen Hintergründen andererseits – ein geschichtliches Werk in mehreren Bänden, das den Menschen als geistiges Wesen betrachtet und somit in seinen Aussagen auch alle Bereiche berührt, mit denen ein Mensch während seines irdischen Seins in Berührung kommt – Geschichte, Wissenschaft, Gesundheit, Politik, Gesellschaft und nicht zuletzt Spiritualität und Religion, also die Verbindung zu Gott, unserem Schöpfer. Die Ebenen sind untrennbar miteinander verbunden und erst das „Be-Leben" und „Er-Leben" aller Ebenen macht den Menschen in seiner Gesamtheit aus.

Sie befassen sich mit dem, was sich seit Anfang unserer Zivilisation hinter den Kulissen abspielte, niemals an die Öffentlichkeit drang, oder einfach durch „Brände" – wie die Bibliothek von Alexandria – der sinnlosen Zerstörung „zum Opfer fiel". Oder auch durch Sintfluten, die die lemurischen und atlantischen Zivilisationen verschlangen.

Aus geistiger Ebene gesehen, tragen solche Katastrophen eine Aufforderung an die Zivilisationen in sich, die da heißen: Denken und

Handeln überdenken, zu geistiger Einsicht gelangen und sein Tun darauf abstimmen. Die Lebensregeln dazu liefern die Phönix-Journale auch in Form der Gebote der Schöpfung und Gottes.

Das erwartete Goldene Zeitalter wird die Zeit sein, in der sich die Menschen diesen Geboten wieder zuwenden und nach bestem Wissen und Gewissen danach leben, um auch die Schöpfung auf unserem wunderbaren Blauen Planeten wieder neu zu beleben.

Im Zuge der spürbaren Veränderungen auf unserer Erde ist es an der Zeit, daß die Menschheit ihre Chancen für eine bessere Welt wahrnimmt, die Verantwortung für ihr Handeln übernimmt, die Zügel in die Hand nimmt und nicht mehr abgibt an Regierende, sondern sich bewußt wird, daß der einzige Sinn und Zweck eines menschlichen Lebens in der seelisch-geistigen Entwicklung, im Wachstum, im Reifeprozeß und auf allerhöchster Ebene in der Heimkehr zum Schöpfer in geläuterter, geistiger Form besteht.

Uns dies bewußt zu machen, wurden die Phönix-Journale als DAS WORT wieder auf die Erde gebracht, das uns Gott als Führung und Leitfaden durch die „Endzeiten" versprochen hat. Wie Gyeorgos Ceres Hatonn sagt: Wer hören will, der höre, wer sehen will, der sehe. Unerläßlich für diese Entwicklung ist Wissen und Weisheit, die uns die Phönix-Journale bringen.

Die stoffliche Welt ist der Spielplatz, auf dem die Seele Mensch verfeinert und geschliffen werden soll, dazu gehört die in der Bibel genannte „Arbeit" – an sich selbst! Damit jeder Mensch in seiner Einzigartigkeit wie Phönix aus der Asche zum Schöpfer aufsteigen kann.

Sananda in Phönix Journal Nr. 12, Kapitel 10:

„Es mag nicht das sein, was Manche zu hören ‚wünschen', aber es wird die Wahrheit sein und die Herzen der Menschen sollen es wissen! So sei es und Selah!"

INHALTSVERZEICHNIS

VORWORT

Liebe Leser,

ja, was fällt mir ein, wenn ich jetzt im Jahr 2020 das Vorwort zu unserem neu übersetzten Phönix-Journal Nr. 08 mit dem Titel „AIDS – Die letzte große Plage" schreibe? Auf jeden Fall eines, weil es gerade weltweit und in fast jedem Land unser gesamtes soziales Gefüge aus den Angeln hebt – CORONA! VIRUS!

Was also sollte Corona mit AIDS zu tun haben? Nun, einmal hebt AIDS auch das soziale Gefüge eines jeden Betroffenen aus den Angeln und zum Zweiten sind beides Viren. Aus dem Labor oder nicht, das wird die Zukunft zeigen, allerdings halte ich es als standhafter CM-Fan (Hatonn) eher mit seiner Ausführung zu AIDS – im Labor erfunden und ausgesetzt, um den Vorgaben der Kabale für eine größtmögliche Bevölkerungsreduktion in die Hände zu spielen, damit der NWO-Plan auf alle Fälle aufgeht. Wird er nicht, auch nicht mit dem wahrscheinlich ebenso labortechnischen Corona-Virus. Dazu haben wir in den letzten beiden Jahren zu viele Gegenströmungen wahrnehmen dürfen. Und Corona scheint wohl der letzte große Coup der bereits fast vernichteten sogenannten Elite gewesen zu sein. Ich schreibe „gewesen" – heute gehen die Ersten gegen die Maskenpflicht auf die Straße. Es reicht uns also jetzt auch in Deutschland.

Hatonn schreibt in diesem Journal – bereits im Jahr 1989 – daß alle nach AIDS kommenden Virus-Erkrankungen auf das AIDS-Virus zurückzuführen sind. Und ich glaube ihm aufs Wort. Corona wäre dann also nur eine Mutation, um uns in Angst und Schrecken zu versetzen, damit wir dankbar alle „Rettungsaktionen" der sogenannten Elite annehmen, die uns Sicherheit versprechen. Das geht auch ganz leicht – einfach Alle durchimpfen und alles ist gut … Diesmal scheint ihre Strategie jedoch nicht mehr aufzugehen und das ist gut so. Wir sind im Endkampf zwischen Gut und Böse – „im Himmel wie auf

Erden" und auch UNTER der Erde. Wie und wo werden wir erfahren, wenn der Kampf mithilfe der Lichtkräfte für das Licht entschieden ist. Ich hoffe für uns Alle, daß er nicht mehr allzulange dauert und wünsche mir nur Eines: daß es in den Gehirnen der Menschheit auch endlich LICHT werden möge!

Um Licht geht es auch bei der Behandlung von Viruserkrankungen und keine Geringeren als Walter Russell und Nikola Tesla tragen mit ihrem unschätzbaren Wissen über die universelle Schöpferkraft und deren Licht in diesem Journal dazu bei. Wir haben heute das Jahr 2020 und in der Zwischenzeit hat sich in den medizinischen Randbereichen und in der Alternativen Medizin die Behandlung mit Licht, Farbe und Frequenzen ziemlich gut etabliert, so daß wir davon ausgehen können, daß nach unserem Endkampf, wenn auch die Pharmalobby ihrer Macht beraubt wurde, wir alle mit Licht/Farb- und Frequenzbehandlungen auch gesundheitlich in ein „Goldenes Zeitalter" eintreten können. Es wird dann um die Gesundheit eines jeden einzelnen Menschen gehen und nicht darum, die „Gesundheitsindustrie" immer mehr zum Nachteil der Menschen mit immer mehr Geld zu versorgen, das dann auch immer rücksichtsloser GEGEN die Menschheit eingesetzt wird. Ich wage zu behaupten, daß diese Zeiten vorbei sind, auch wenn ein gewisser Bill Gates in den Mainstream-Medien immer noch mit seinen Impfpistolen wedelt …

Ganz vorne in diesem auf der Erde stattfindenden Kampf steht mit unermüdlicher Standhaftigkeit und zähestem Durchhaltevermögen sowie fast übermenschlichem Einsatz ein Anderer: Donald J. Trump. Möge er das Schwert des Erzengels Michael weise führen! Wer unsere Website (https://christ-michael.net/) regelmäßig liest, weiß, daß in diesem Journal von Hatonn bereits auf Donald Trump und seine „höhere Aufgabe" hingewiesen wird. Deutlicher kann es gar nicht gesagt werden, daß POTUS auf der Seite des Lichtes kämpft. Und er macht seine Sache sehr gut. Möge Christ Michael ihn und seine Familie durchgehend weiterhin beschützen.

Er wurde demnach schon sehr lange auf diese Aufgabe durch

entsprechende, im irdischen Sein arbeitende Mächte vorbereitet, um seiner beinahe übermenschlichen Aufgabe gewachsen zu sein und ihr gerecht zu werden. Heute gibt es Videos von Donald Trump, die aus dem Jahr 1980 stammen, als er gerade einmal 34 Jahre alt war und in denen man ihm bereits die Frage stellte, ob er nicht Präsident werden wolle. Wie gut geplant und umgesetzt von der Lichtseite. Man kann manchmal nur staunen. Dann wird es in „irgendeinem" Phönix-Journal mit ein paar Sätzen so ganz nebenbei erwähnt. Und wieder einmal: „Wer Augen hat, der sehe, wer Ohren hat, der höre." Eine in den Journalen immer wieder auftauchende Aussage, um zwischen den Zeilen zu lesen und zu lernen, die Vergangenheit mit der Gegenwart zu verbinden, was Q im Übrigen auch in seinen Ansagen macht, ein weiteres Teil im großen Puzzle.

Hatonn gibt natürlich auch in diesem Journal seine Gedanken über den täglichen Wahnsinn des irdischen Seins preis, gespickt mit ein wenig Sarkasmus oder Zynismus, je nach Lust und Laune, aber immer mit sehr viel Humor. Auch hierin stecken immer wieder kleine „Häppchen", wie er es nennt, die man dem großen Bild hinzufügen kann, wenn man sie bemerkt. Das Journal steckt voller Wissen über biologische und chemische Zusammenhänge zu Viren und Retroviren – und oh Wunder – wenn man es googelt, werden Hatonns Aussagen bestätigt. Es beweist mir persönlich einmal mehr, daß ER wirklich echt und authentisch ist. Darüber hinaus bestätigt die heutige Ent-Faltung der globalen Netzwerke, daß Hatonn damals in keiner Weise übertrieben, sondern eher noch untertrieben hat.

Ich bin ganz, ganz sicher, daß wir mit der heutigen Zeit, die uns – zugegebenermaßen – sicherlich sehr „an die Nieren" geht, an der Schwelle zu einem unglaublichen Paradigmenwechsel stehen, der „keinen Stein auf dem anderen" lassen wird. Das wird von Walter Russell so ausgedrückt: „Die Antwort all dieser bisher ungelösten Fragen und noch vieler mehr liegt im Geheimnis des Lichts, das die Zeitalter bisher noch nicht aufgedeckt haben. Diese Offenbarung der Natur des Lichtes wird das Erbe der Menschheit im kommenden Neuen Zeitalter des größeren Verständnisses sein. Ihre Ent-Faltung wird sowohl durch die Methoden der Wissenschaft als auch der Religion die Existenz Gottes beweisen. Sie wird das derzeit bekannte wissenschaftliche Material mit einer spirituellen Basis versehen."

Da kommt mir eine Information, die ich am 24. April 2020 bekommen habe, nicht einmal verwunderlich vor: „BREAKING: New University of California study finds ultraviolet LED wands prove effective in eliminating coronavirus from surfaces and, potentially, air and water". [„BrandNeu: Eine neue Studie der Universität von Kalifornien findet heraus, daß ultraviolette LED-Stäbe sich als effektiv bei der Vernichtung des Corona-Virus auf Oberflächen herausstellen und möglicherweise auch in Luft und Wasser".] Oder die Desinfektion des Geldes bei Banken durch UV-Licht. Na also, geht doch!

Das macht doch richtig Mut für ein wirklich tolles, neues Zeitalter mit ganz neuen Ideen – der Anzahl Ideen sind keine Grenzen gesetzt! – zum Umgang mit Menschen, Tieren, Pflanzen und damit auch unserer Erde. Heißen wir es doch von ganzem Herzen willkommen! Das stärkt die geistigen, göttlichen Kräfte in uns und damit auch unseren Körper, denn es gibt einen Leitspruch, der uns in Zukunft immer begleiten sollte: Der Geist formt den Körper. Dafür können wir die Glaubenssätze, die uns im „alten Zeitalter" begleitet haben, getrost in die Tonne treten.

Ich wünsche Euch Allen Christ Michaels Schutz, Fürsorge und Heilung für die Zukunft, Ihr müßt einfach darum bitten, dann wird Euch auch gegeben. Denn Er wartet darauf, daß Er Euch Seine Hand reichen darf. Alles Gute!

Eure

Laura Karán

Im April 2020

WIDMUNG

Dienstag, 24. Oktober 1989, 06.58 Uhr, Jahr 3, Tag 69

AN DIE BRÜDERSCHAFT DER MENSCHEN. LASST DEN, DER AUGEN HAT, SEHEN – SEHEN! UND DEN, DER OHREN HAT, HÖREN – HÖREN! DIE NACHFOLGENDEN AUFZEICHNUNGEN SIND TEILE DES „WORTES", DAS EUCH IRDISCHEN MENSCHEN VERSPROCHEN WURDE. DIESE BOTSCHAFTEN WURDEN GEGEBEN, DAMIT IHR DEREN WAHRHEIT IN EUREN EIGENEN BEREICHEN PRÜFEN KÖNNT. WIR HABEN UNS DER BRUDERSCHAFT DER MENSCHEN VERSCHRIEBEN. IHR BEGRENZT DEN SCHÖPFER UND BEGRENZT DIE SCHÖPFUNG, DIE JEDOCH BEIDE GRENZENLOS SIND. WIE EUCH EURE PROPHETEN GESAGT HABEN, WIRD EIN DRITTEL DER MENSCHHEIT DEN SEUCHEN ZUM OPFER FALLEN; DAS BEDEUTET ABER AUCH, DASS ZWEI DRITTELN DIE MITTEL ZUM ÜBERLEBEN GEGEBEN WERDEN – ABER TUN MÜSST IHR SELBST! DER WEG WIRD EUCH HIERMIT GEZEIGT.

ICH HABE EUCH BEREITS VOR FAST ZWEITAUSEND JAHREN GESAGT, DASS IHR SCHRECKEN UND GRAUEN BEKOMMEN WÜRDET UND EBENSO ZEICHEN AUS DEN HIMMELN. WAS BEDEUTET DAS WORT „ZEICHEN" FÜR EUCH? DER GRIECHISCHE URSPRUNG DES WORTES „ZEICHEN" BEDEUTET EIN ÜBERIRDISCHES PHÄNOMEN, DAS SEINEN BEOBACHTER AUF EINE TIEFGREIFENDE WAHRHEIT HINWEIST.

WARUM AKZEPTIERT IHR DIE *MENSCHLICHE* BEHAUPTUNG, DASS DIEJENIGEN AUS DEN HIMMELN DÄMONEN

SIND? *IST ES NICHT VIELMEHR SO, DASS DIE VERDERBTEN ELEMENTE WÜNSCHEN, DASS IHR GENAU DAS GLAUBT, DAMIT IHR EUCH IHNEN ZU- UND VON GOTT ABWENDET?*

WEHE DEN MENSCHEN, DIE IN IHREN FALSCHEN GLAUBENSLEHREN VERHARREN UND IHR ANTLITZ VON GOTT ABWENDEN; DENN DAMIT WERDEN SIE ZU DIESER SPÄTEN STUNDE IHRE BEFÖRDERUNG DURCH DIE HIMMEL IN DIE SICHERHEIT DER ORTE IHRES VATERS VERWIRKT HABEN.

KEIN MENSCH WIRD DAZU BENUTZT, UNTER ZWANG IRGENDWOHIN GESCHLEPPT ZU WERDEN; ER WIRD DARUM BITTEN, DABEI SEIN ZU DÜRFEN UND SEINEN ÜBLEN WEG VERLASSEN, DENN ES WIRD NICHTS BÖSES IN DEN STRAHLUNGSBEREICH DER SCHÖPFERSTÄDTE GELANGEN. ES WIRD ZEIT, ERDENBRUDER, AUS DEINEN ERFAHRUNGSWEGEN ZU LERNEN UND DEN FANFARENSTOSS DERJENIGEN ZU HÖREN, DIE DICH MIT DER WAHRHEIT BESCHENKEN; IHR HABT LANGE GESCHLAFEN UND DAS ÜBEL HAT EURE FÄHIGKEIT VERSTELLT, DIE WEISHEIT KORREKT WAHRZUNEHMEN. IHR KLAMMERT EUCH WEITERHIN AN DIESE UNSINNIGE ‚LÜGE' DIE EUCH NUR GEGEBEN WURDE, UM EUCH ZU TERRORISIEREN UND IN HILFLOSER ANGST ERSTARREN ZU LASSEN.

DIE LEHREN DIESER „RELIGIÖSEN" MENSCHEN, DIE DIESE UNWAHRHEITEN UNTER EUCH VERBREITEN, FÜHREN EUCH TOTAL IN DIE IRRE. EURE STÄTTEN DER SICHERHEIT SIND VORBEREITET WIE VORHERGESAGT, EURE ADLERSCHIFFE HABEN SICH VERSAMMELT – WIE VIELE VON EUCH WERDEN EINE FAHRKARTE FÜR DIE FALSCHE RICHTUNG „GEKAUFT" HABEN? SO SEI ES UND SELAH; DENN DIE ZEIT FÜR DEN ÜBERGANG IST DA. DIE POSAUNE IST ERSCHALLT. WER WIRD DEN LETZTEN RUF HÖREN? JENE, DIE IM NAMEN DES SCHÖPFERS GEKOMMEN SIND, IHRE KOFFER GEFÜLLT, ABER IHRE SEELEN IN IHRER VERWIRRUNG VERLOREN

HABEN, WERDEN ERNTEN, WAS SIE GESÄT HABEN – ÖFFNET EURE AUGEN UND SEHT, DASS ES SO IST. DER SCHÖPFER BITTET EUCH UM NICHTS, AUSSER, DASS IHR DER LÜGE DEN RÜCKEN KEHRT UND EUCH DER WAHRHEIT ZUWENDET – UND DASS IHR DAS BÖSE LASST UND WAHRHEIT UND DIE HARMONISCHEN, AUSBALANCIERTEN GESETZE DER SCHÖPFUNG LEBT; DENN SIE HALTEN DIE ORDNUNG DER UNIVERSEN IM GLEICHGEWICHT.

ICH BIN JMMANUEL SANANDA

EINFÜHRUNG

Aufzeichnung Nr. 1 | HATONN

Sonntag, 22. Oktober 1989, 06.45 Uhr, Jahr 3, Tag 67

AIDS, DIE LETZTE GROSSE PLAGE – klingt doch ziemlich beeindruckend, oder? *MIT ZIEMLICHER SICHERHEIT ABER „IST" SIE DAS!*
Als einer der Autoren der vorliegenden Zusammenstellung dieses dringlichen Materials freue ich mich, daß wir jetzt in der Lage sind, das Manuskript dieser Informationen zu erstellen, denn es wurden einige Anstrengungen unternommen, die Produktion zu verhindern, inklusive einem Anschlag mit niederfrequenter Energie auf die physische Körperlichkeit von Dharma. Da sie eine Abgesandte aus unserer Dimension ist, hat sie ein extrem hohes Schwingungsmuster. Dies nur, um Euch, die Ihr vorhabt, Euch an dieses Projekt heranzuwagen, darauf hinzuweisen, daß Ihr Euch auf ähnliche Bombardements einstellen solltet. Es gibt einige dunkle Energien, die den „Feind" auf dem Laufenden halten, wer was tut. Deshalb haben wir bisher den Weg der anonymen Herkunft gewählt. Jedoch wurde die Quelle mittlerweile bekanntgegeben, so daß wir zusätzliches Augenmerk auf die Sicherheit richten müssen. Unfälle, Selbstmorde, Überdosen von Drogen, Organversagen und Herzstillstände sind „Krankheiten", die oft vorkommen, wenn man sich mit diesen „geplanten" Projekten befaßt – wobei die letztgenannte Möglichkeit die am häufigsten genommene „Krankheit der Wahl" ist. Ich hoffe, unsere Forscher hören genau zu.
In dieser Einführung werde ich einige Tatsachen darstellen, so daß es kein Mißverständnis gibt über das Ziel und die Ernsthaftigkeit Eurer Zwangslage. Ich werde mich selbst und meine Kollegen vorstellen und,

bevor Ihr unsere Wahrhaftigkeit und Präsenz oder die Informationen als dümmlichen Schabernack abtut, schlage ich vor, Euch genauestens mit diesen Informationen auseinanderzusetzen – wir sind hier nicht im Märchen-Business. Des Weiteren werde ich dafür Sorge tragen, daß Ihr die gesamten von uns zur Verfügung gestellten Unterlagen vor der Aufzeichnung bekommt. Am Ende des Journals wird auch ein Abschnitt mit Informationen angehängt werden.

Da es äußerst dringend ist, daß wir schnelle Beachtung finden, nehme ich mir die Freiheit, wo es möglich ist, Eure eigenen Dokumentationen zu verwenden, damit Ihr den Inhalt schneller zuordnen könnt. Manche Wahrheiten werden – ziemlich verwässert – in das öffentliche Interesse durchsickern, aber das Meiste wird niemals gedruckt werden. Einige mutige Herausgeber, die das massive Problem verstehen, werden ein paar Wahrheiten drucken, soweit sie sich das leisten können, aber das wird von der Bevölkerung noch nicht einmal wahrgenommen.

In dieser Dokumentation werden wertvolle Informationen für die Forschung enthalten sein, aber klarerweise werden sie belächelt und abschätzig betrachtet und wir werden möglicherweise auch keine zweite Chance bekommen. In erster Linie jedoch dient dieses Journal denjenigen menschlichen Bürgern, die geradewegs in sehr besorgniserregende Umstände manövriert werden. Ich kann jeden Leser nur dringend auffordern, so viele Schriften wie möglich zu verteilen, der Preis sollte, im Vergleich zu kopierten Exemplaren, möglichst niedrig gehalten werden können, so daß die Informationen – hoffentlich – weltweit gestreut werden können – sofort! Wenn Ihr diese Plage stoppen wollt, dann JETZT und es muß weltweit geschehen. Ich bitte Euch inständig, zu hören, zu akzeptieren, zu verstehen und zu HANDELN!

Ich werde einen Eurer gelehrten Wissenschaftler zitieren – Michael Urban Ph.D. – der das alles sehr objektiv dargestellt hat und doch wird er nur von einer winzigen Handvoll Personen gelesen werden. Ich nehme mir die Freiheit, Teile seines Materials zu verwenden, denn zu Beginn werdet Ihr mit ihm mehr anfangen können als mit mir.

Dr. Urban beginnt mit der Feststellung, daß AIDS die mitreißendste, entsetzlichste, übertriebenste, hochgespielteste, mißverstandenste Krankheit der modernen Zeit ist. Ich wollte den einen oder anderen beschreibenden Begriff weglassen, aber ich habe festgestellt, daß es nicht geht. Das Wort „übertrieben" mag das einzige umstrittene Wort sein, denn aufgrund des eigenen Verdienstes [A.d.Ü.: der Krankheit] kann man die Situation gar nicht übertreiben – und auf der anderen Seite wurde die Übertreibung durch die Unwissenden angerichtet, also muß ich es stehen lassen. Darüber hinaus habe ich ein weiteres Jahr an Beobachtung, womit ich arbeiten kann, und dazu kommt, daß ich beide Enden der gegebenen Strecke wahrnehme.

BETRACHTEN WIR DIE SITUATION

Theorien bezüglich des Ursprungs von AIDS, einem Retrovirus, gibt es in Hülle und Fülle, sie reichen von schändlichen Verschwörungstheorien von CIA/WHO/NCI bis zu grünen Affen, von Gottes Zorn gegen die armen Homosexuellen bis zu Laborunfällen oder beabsichtigter Kontamination von Wirkstoffen für Schutzimpfungen gegen Pocken und/oder Hepatitis B. Manche sehen darin sogar eine „natürliche Entwicklung". Einige Theorien sind überwältigender als andere, ein paar wenige jedoch haben eine bemerkenswerte Fähigkeit entwickelt, nebensächliche Informationen zu einem haarsträubenden Szenario kommunistischer Weltherrschaft durch Organisationen wie die WHO (Weltgesundheitsorganisation) oder das NCI (Nationales Krebsforschungs-Institut) aufzubauschen und, ich denke, Ihr alle erkennt den CIA wieder. Nun, ich habe keine Haare, die sich sträuben könnten, aber wenn ich welche hätte, würden sie sich mit Sicherheit bis in die Spitzen aufstellen!

Ihr müßt jedoch die Möglichkeit von Verschwörungen seitens Eurer katastrophalen Regierung einkalkulieren, das amerikanische Volk als unwissentliche Teilnehmer bei „Experimenten" von zweifelhaftem wissenschaftlichem Ruf zu benutzen. Eine kleine Aufzählung beinhaltet die verschiedenen „Mind Control"-Drogenprogramme

[A.d.Ü.: Drogeneinsatz zur Bewußtseinskontrolle], die bei den Anhörungen durch das Church Committee [A.d.Ü.: Kirchengremium] im
Jahr 1975 aufgedeckt worden sind (das liegt mehr als ein Jahrzehnt
zurück) – und um Euch ein paar Namen zu nennen, die Ihr als Nachweis überprüfen könnt: BLUEBIRD, ARTISCHOCKE, CHATTER,
MK-ULTRA UND MK-NAOMI … der Rechtsbruch Eurer menschlichen und bürgerlichen Gesetze, der durch diese Anhörungen enthüllt
worden ist, hätte über Euer Fassungsvermögen gehen müssen – was er
offensichtlich auch tat!

Wollt Ihr mal eine „lustige Papier"-Wahrheit hören? Wie wäre es
mit dem groß angelegten Jux mit den „Truthahnfedern" von 1950! Eure
Armee hat eine Machbarkeitsstudie durchgeführt, in der Truthahnfedern, mit Sporen von Getreiderost infiziert, über einem Haferfeld
ausgebracht wurden, um festzustellen, inwieweit sich diese Methode
dafür eignet, eine Epidemie durch Getreiderost hervorzurufen. Die
Navy versprühte – auch 1950 – eine Bakterienwolke über San Francisco, um die Art der Struktur von Feinstverteilungen aus der Luft für
ihre biologischen Kriegswaffen herauszufinden. Während die Navy
behauptete, der verwendete Bazillus sei harmlos, starb ein Mensch
aufgrund dieser Aktion und Tausende von Einwohnern erkrankten
an grippeähnlichen Symptomen. Nun, Brüder, diese Dinge sind alle
dokumentiert – versucht mal, das Buch zu bekommen *A HIGHER
FORM OF KILLING* [A.d.Ü.: *EINE HÖHERE FORM DES TÖTENS*]
– falls es Euch gelingt. Die Veröffentlichung wurde gestoppt. Wenn
Ihr das erlaubt – wird die Veröffentlichung auch gestoppt. Leben oder
Tod, es liegt an Euch.

Nun versteht mich richtig, die oben angeführten Vorfälle liegen
fast ein halbes Jahrhundert zurück. Glaubt Ihr, daß diese Straftäter in
den letzten vierzig oder fünfzig Jahren untätig geblieben sind?

Die Liste der „zivilen" medizinischen Experimente ist sehr lang
und beinhaltet auch die Fälle, in denen man unwissende Opfer mit
Keuchhusten, Pellagra, Beriberi, Gelbfieber – die gute alte Seuche –
infiziert hat, dazu kommen unzählige Drogen und Toxine, Dioxin,

besser bekannt als Agent Orange – kann sich einer von Euch altgedienten Veteranen des Vietnam-Krieges noch daran erinnern? Kann sich einer von Euch auch daran erinnern, seine Zustimmung gegeben zu haben oder jemals eine Bestätigung über den Erhalt von Informationen hierzu unterschrieben zu haben?

Ich möchte Euch auf einen Fall hinweisen, der in seinem „dubiosen" medizinischen Wert berühmt-berüchtigt ist – die Tuskegee Syphilis Studie. Diese Studie wurde von Eurem US Public Health Service durchgeführt, der Vorgänger-Organisation Eures heutigen CDC [A.d.Ü.: Center of Disease Control – Zentrum für Krankheitskontrolle]. Diese Studie liegt mehr als ein halbes Jahrhundert zurück, was sicherlich das Argument für mich ist. Die Studie beobachtete an 400 armen, ungebildeten Schwarzen in Tuskegee, Alabama, den Verlauf von unbehandelter Syphilis. Es wurde ihnen niemals gesagt, daß sie an dieser Krankheit litten und man behandelte sie auch nicht, bis dann im Jahr 1972 eine empörte Arbeitskraft über die immer noch laufende Studie stolperte (vierzig Jahre später) und zum Whistleblower wurde. Im Zuge landesweiter Verdammung dieses Projektes billigte dann die neu benannte CDC die Studie stillschweigend als *„DER ZEIT ANGEMESSEN"*.

Oh, sagt ihr, diejenigen in höheren Positionen haben das vielleicht gar nicht befürwortet – lest weiter. Der CDC-Direktor, der 1969 die Mittel für dieses Projekt weiterhin genehmigte, Dr. David Spencer, (ich würdige gerne jemanden, wenn er es verdient hat), wurde in New York zum City Health Commissioner ernannt und *spielte in den frühen 1980er Jahren eine Schlüsselrolle in der AIDS-Politik!!!*

Im Licht früherer Exzesse erscheint es mir und meinen Kollegen so, daß man die Spekulationen über Experimente und Vertuschungen nicht einfach als bloße Anfälle einer Randerscheinung verrückter bürgerlicher Elemente abtun könne. Die Wahrscheinlichkeit scheint sehr hoch, daß das AIDS-Virus eine Mutation ist, die in Laboratorien für Virusforschung zum Wachstum in menschlichen Zell-Linien angepaßt wurde – und auf speziell DIESE FAKTEN weisen wir für Eure eingehende Überprüfung hin.

In Eurer eigenen medizinischen Literatur gibt es Kommentare zur genetischen Homologie des AIDS-Virus und Rinderleukämie, dem „Bovine Leukemia Virus", sowie „Maedi Visna", einem bei Schafen auftretenden Retrovirus. In virologischen Kreisen wird diese Art der genetischen Ähnlichkeit eher als Zufall betrachtet, aber tatsächlich haben einige hoch geachtete und anerkannte Virologen sich auch öffentlich dahingehend geäußert, daß es unwahrscheinlich ist, daß das AIDS-Virus „de novo" oder auf „natürlichem" Weg entstand. Nun, selbst in diesen Dimensionen erscheinen die klassifizierenden, vulgären Witze über Schafhirten und Cowboys nicht sonderlich lustig, denn sie durchlöchern die Theorie, wonach AIDS eine auf Homosexuelle begrenzte Krankheit ist.

Was die Möglichkeit, daß das Virus eine Laborzüchtung sein könnte, noch verstärkt, ist die Tatsache, daß das NCI eine 30-jährige Geschichte mit unkontrollierbaren Kontaminationen von Zell-Linien aufweist. Die berüchtigte He-La-Zelle, eine besonders stark wachsende Zelle, isoliert aus einem Zervixkarzinom, hat seit den frühen 1950er Jahren praktisch jede experimentelle Zellkultur verunreinigt. (Wird es jetzt unbequem?) Und das, Freunde, angesichts der härtesten Bedingungen bei Isolation und Sterilisation, die der Menschheit bekannt sind. Darauf weise ich nur deshalb hin, damit ich Eure ungeteilte Aufmerksamkeit bekomme und Euch die „Möglichkeit" aufzeigen kann, daß das AIDS-Virus ein weiterer berühmter Flüchtling aus den Reagenzgläsern des NCI ist. Als Öffentlichkeit habt Ihr keine Chance, darüber etwas zu erfahren und es ist sehr unwahrscheinlich, daß die Straftäter solche Informationen auf eine bereits wütende Bürgerschaft loslassen.

Vergeßt also die „AFFEN-THEORIEN" – alle. So wie der Mensch als Mensch und nicht als Affe erschaffen wurde, so ist das AIDS-Virus auch nicht vom Affen übergesprungen. Es mag sehr ähnlich aussehen, aber eine weitergehende Verbindung als diese gibt es nicht.

EHRLICH GEMEINTE AUSZEICHNUNG FÜR DR. PETER DUESBERG

Im März 1987 veröffentlichte Dr. Duesberg, Leiter der Molekularbiologischen Abteilung der Universität Kalifornien, Berkeley, einen Artikel in *Cancer Research* [A.d.Ü.: Krebsforschung]. Es war ein deutlicher, überzeugender und wissenschaftlich akkurater Verriß der Meinung, daß das AIDS-Virus an sich ein Krankheitserreger mit genügend hoher Ansteckungskraft sei, der die Konstellation der AIDS-Symptome erklären sollte. Habt Ihr das gelesen? Ich denke nicht! Der Hauptpunkt ist der, daß das sogenannte AIDS-Virus allen derzeit akzeptierten Lehrmeinungen der modernen Virologie zuwiderläuft, einschließlich der von Koch, und es als solches am besten betrachtet werden sollte, als ein Indikator oder Co-Faktor in Seren, die möglicherweise AIDS hervorrufen. Das ist eine beängstigende TATSACHE, die den Rest der Geschichte für Euch umso schlimmer macht.

Auf den ersten Blick scheint das extrem seltsam zu klingen, jedoch sind es die rekombinanten Mutationen [A.d.Ü.: Mutationen durch genetische Veränderungen] des AIDS-Retrovirus, die die wirklich skrupellosen Übeltäter der Todesmaschine sind.

Nun, eine ganze Reihe wichtiger Egos wurde von dieser Publikation bedroht, und sie hat weder eine bedeutsame Infragestellung nach sich gezogen, noch wurde sie in irgendeiner Art und Weise angefochten. Auch die Milliarden von Dollars, die bereits für die Forschung genehmigt waren, nicht zu erwähnen die Jobs, Reputationen, Pharmazeutika, und so fort, wurden nicht hinterfragt von abtrünnigen Wissenschaftlern mit makellosen Zeugnissen. Die über Duesbergs Artikel befragten Virologen antworteten mit einer ganzen Bandbreite von sinnfreien Rückäußerungen wie z. B. „Ach, Peter ist ein etwas launischer Charakter" und waren augenscheinlich der Ansicht, daß ein einundzwanzigseitiger Artikel mit etwa 278 Referenzen in einer Art Wutanfall oder höchster Reizbarkeit verfaßt worden sei.

BEHANDLUNGEN?

Es ist ziemlich hart, sowas mit Euch Verzweifelten zu teilen, aber ich gebe Euch das Ablaufmuster – es liest sich wie eine zufällige Streuung aussichtsloser Versuche, eine Antwort zu finden. Nun, wir sehen eigentlich nur eine mit kurativem Wert, aber laßt mich mit der Historie fortfahren.

Während all die unterschiedlichsten und mannigfaltigsten Debatten über Ursprung, Charakterisierung und Heftigkeit des Virus tobten, starben Menschen mit schöner Regelmäßigkeit daran. Patient und Arzt waren mit einem scheinbar unlösbaren Problem konfrontiert. Kein Mensch wußte, was los war und die konventionelle, allopathische Medizin schien keine Antwort zu haben. Diese Situation führte schnell zu einem alternativen medizinischen Untergrund, der damit anfing, alles und jedes als mögliches Heilmittel einzusetzen. Deren Gangart war sehr viel schneller als die Eurer verschanzten Bürokraten der FDA, CDC und anderer Gesundheitsbehörden, so daß die Opfer von AIDS und die Practitioner of Alternative Health Modalities [A.d.Ü.: „Heilpraktiker" in den USA] blitzschnell eine Allianz schlossen, die die Behandlung mit folgenden Stoffen einschloß: Azidothymidine, Dideoxycytidine, Ribavirin, Dextran Sulphate, AS-721, DNCB, Isoprinosine, Imuthiol, Aloe Vera, Monolaurin, Pentamidine, Alpha Interferon, Cyclosporin, Interleukin-2, Naltrexone, Peptide-T, Hydrogenperoxid, Ozon, und verschiedene homöopathische Arzneimittel, um nur ein paar der wichtigsten zu nennen. Dazu wurden noch einige Naturheilverfahren mit Kräutern, Pilzextrakten und Nahrungsergänzungsmitteln ausprobiert und in einem Buch von einem gewissen Laurence Badgley veröffentlicht, das Ihr finden werdet, aber ich schlage vor, Eure Ersparnisse für etwas Besseres auszugeben.

Etwas weiter ab von dem ausgetretenen Pfad gab es noch Forschungen zur Lipidphase der Immunreaktion, Akupunktur – beide Arten, herkömmliche und Elektroakupunktur – und die unterschiedlichen elektronischen Möglichkeiten wie Accuscope/Myopulser, Indumed, Strahlentherapie, der Lakhovsky-Multiwave-Oszillator (von dem augenscheinlich keine brauchbaren Typen vorliegen – so sei es – trotz der Behauptung, daß dieses Zeug in Aktenkoffern durch die Gegend getragen wird).

NUN, HIER TRENNEN SICH DIE WEGE VON DR. URBAN UND MIR. ER VERURTEILT DEN SOGENANNTEN „RIFE FREQUENZGENERATOR" IN BAUSCH UND BOGEN, DA ER DER ANSICHT IST, ER WÜRDE DIE ARBEITEN VON ROYAL R. RIFE IN MISSKREDIT BRINGEN UND ER MEINT, ER SOLLTE BESSER „CRANE FREQUENZ GENERATOR" GENANNT WERDEN, UM HISTORISCHE GENAUIGKEIT BEIZUBEHALTEN.

NUN, ICH GEBE ZUM WERT DER OBEN GENANNTEN BEHAUPTUNG KEINEN KOMMENTAR AB; ICH MÖCHTE JEDOCH DARAUF HINWEISEN, DASS GERADE DURCH DIE NUTZUNG DES RIFE MIKROSKOP- UND SCHWINGUNGSSYSTEMS, ZUSAMMEN MIT DEN ARBEITEN VON ANTOINE PRIORE, EINE ANTWORT ENTSTEHEN WIRD UND DIESES DOKUMENT WIRD EUCH ZEIGEN WIE UND WARUM.

DES WEITEREN LÄUFT DERZEIT EINE RECHT GUTE ERFINDUNG, DIE IN DER ZWISCHENZEIT DEN UNGLÜCKLICHEN ERKRANKTEN GROSSE ERLEICHTERUNG VERSCHAFFEN KANN. INFORMATIONEN DAZU IM ANHANG. SIE WURDE NOCH NICHT VERÖFFENTLICHT, ABER ICH GEBE EUCH INFORMATIONEN ZU KONTAKTDATEN UND FÜR ANFRAGEN. EIN PUNKT, DER DIESE ERFINDUNG HILFREICH MACHT, IST DIE TATSACHE, DASS DIE ERFINDER UND HERSTELLER SELBST VON DEM VIRUS INFIZIERT SIND, SO DASS DAHINTER EIN GANZ BERECHTIGTES PERSÖNLICHES INTERESSE STEHT, IN SCHNELLE PRODUKTION ZU GEHEN UND ORDENTLICHE ERGEBNISSE ZU ERZIELEN. BESSERUNG UND HEILUNG IST JEDOCH NICHT DAS GLEICHE UND LASST EUCH HIER NICHT IN DIE IRRE FÜHREN. ES KANN IM VERLAUF VERZÖGERUNGEN IN DER BESSERUNG GEBEN WÄHREND IHR ZUSAMMENARBEITET, MACHT ABER WEITER MIT EUREN HEILMITTELN.

Nun werdet Ihr feststellen, daß das Problem viel weiter reicht und das komplette menschliche Immunsystem umfaßt. Es muß auch erkannt werden, daß in Individuen mit unterdrücktem Immunsystem die Serumtests zum Nachweis von Syphilis nutzlos sind. Das heißt, das AIDS-Virus macht einen positiven Nachweis von Syphilis fast unmöglich. Nun werdet nicht verrückt und werft das Buch nicht in den Müll, ich habe noch eine Anmerkung zu machen, bitte.

Es gibt zahllose Berichte über AIDS-Patienten mit jeder Menge BEKANNTER Syphilisinfektionen in ihrer VORGESCHICHTE, deren Serumtests für Syphilis negativ waren. Des Weiteren ist bekannt, daß Stämme von Krankheitsorganismen sich verändern und zu resistenteren Stämmen mutieren, um so der Vernichtung zu entgehen. Ihr müßt die Möglichkeit einer Epidemie in Betracht ziehen, und zwar nicht nur durch AIDS, sondern auch durch tertiäre Syphilis oder Syphilis im Spätstadium, die verwechselt wird mit diesem veränderten neuen Co-Faktor, dem AIDS-Virus und all seinen netten kleinen rekombinanten Retroviren, die die Zell-DNS angreifen und den Code des Zellsystems verändern.

Also, wenn Ihr eine Krankheit habt, die teilweise geheilt werden kann und Ihr verwendet dieses Wissen, könnt Ihr mit einer orthodoxen Behandlungsmethode ziemlich erfolgreich sein – denkt an das Alabama-Experiment, bevor Ihr diesen Vorschlag als Zwischenlösung abtut.

In den früher 1970er Jahren wurde die Rezeptur für Penicillin insofern verändert, als man aus wasserlöslichem Penicillin, das im Körper eine Halbwertzeit von höchstens einigen Stunden hat, Benzathin-Penicillin machte, mit einer Halbwertzeit von etwa einer Woche. Die Vorteile eines Langzeit-Penicillins liegen auf der Hand, besonders wenn man in eine Praxis geht.

UNGLÜCKLICHERWEISE WURDE EUREN WISSENSCHAFT-LERN ERST KÜRZLICH KLAR, DASS BENZATHIN-PENICILLIN EINEN RIESENNACHTEIL HAT – ES KANN DIE BLUT-HIRN-SCHRANKE NICHT ÜBERWINDEN. DIES BEDEUTET, DASS DIE FÜR SYPHILIS VERANTWORTLICHEN TREPONEME IM

GEHIRN UND IM INNEREN DES AUGAPFELS VORZÜGLICHE, SICHERE PLÄTZE FINDEN, IN DENEN SIE JAHRELANG VER- BLEIBEN KÖNNEN, OHNE AUSZUBRECHEN. Was soll's – fragt ihr? Nun, Freunde, Ihr habt hier eine identische Zusammensetzung von Gegebenheiten, wenn ich Euch auf den Zusammenhang aufmerksam machen darf.

Es ist sehr wohl bekannt, daß die AIDS-Demenz eine der frühen diagnostischen Indikatoren von AIDS ist. Jedoch weiß man aus klinischen Diagnosen von Neurosyphilis, später oder tertiärer Syphilis, daß man diese genauso gut als AIDS diagnostizieren könnte. Des Weiteren, und jetzt kommen wir zurück zu Eurem guten, alten Wachhund, stimmt die CDC darin zu, daß die altehrwürdige Behandlungsmethode mit einer einzigen Injektion von 2.4 Millionen Einheiten Benzathin-Penicillin KEINE ADÄQUATE BEHANDLUNG FÜR SYPHILIS DARSTELLT! Nun, hier würde keine Dosis der Welt ausreichen, denn dieser Typ von Penicillin erreicht das Problem nicht.

Seit Euren 1970er Jahren sind alle Behandlungen von Syphilis in ihrer Wirkung als subklinisch einzustufen. Die meisten Eurer Ärzte haben noch nie einen Fall von tertiärer Syphilis zu Gesicht bekommen, geschweige denn einen behandelt.

Der Ernst dieser Situation wurde kürzlich noch von einem Bericht unterstrichen, erschienen in Euren *Annalen der Inneren Medizin (1987; 107:492-495)*, in dem die Autoren bei einem AIDS-Patienten mit Kaposi-Sarkom den Beweis für *ein negatives Testergebnis für Syphilis* erbrachten, und zwar bei *JEDEM* Serumtest, einschließlich des „Gold-Standard" FTA-ABS-Testes, der traditionell als der sensibelste Test und letzter Ausweg gilt. Es ist den an dieser Studie beteiligten Ärzten hoch anzurechnen, daß sie ihrem Verdacht nachgegangen sind, daß hier eine syphilitische Beteiligung vorliegt. Schlußendlich konnte dies nur durch eine Hautbiopsie der Kaposi-Läsion, zusammen mit einer sehr speziellen Warthin-Starry Silber-Verfärbungstechnik, die das üppige Vorhandensein von lebensfähigen Syphilis-Spirochäten im Gewebe zeigten, bewiesen werden. Wird ein Durchschnittsarzt solche langwierigen Wege gehen, um zu einer Diagnose zu gelangen? Und wenn er es täte, würde die Krankheit angemessen behandelt werden? Wahrscheinlich nicht, denn die allgemein anerkannte Behandlung berührt den ursächlichen Organismus nicht, da er sicher versteckt hinter Membranbarrieren liegt.

Warum ich Euch mit diesem Vortrag quäle? Wenn MAN SYPHILIS ZUSAMMEN MIT AIDS HAT, WIRD EINEN DIE SYPHILIS ERWISCHEN, UND WENN MAN AIDS DABEI LOSWIRD, WIRD DAS AUF LANGE SICHT NICHTS ZUR RETTUNG DES PATIEN-TEN BEITRAGEN – DESHALB NOCH EIN PAAR ZUSAMMEN-HÄNGE BITTE.

Syphilis ist seit langem als eine der mächtigsten Immunschwäche-Krankheiten bekannt; sie ist so stark, daß sowohl das *Kaposi-Sarkom als auch Pneumocystic carinii (Markenzeichen von AIDS) erstmals bei Syphilis-Patienten diagnostiziert wurden, und zwar bereits in der ersten Hälfte dieses Jahrhunderts!* [A.d.Ü.: 20. Jahrhundert]. Da der AIDS-Patient NICHT AM AIDS-VIRUS STIRBT, SONDERN EHER AN OPPOR-TUNISTISCHEN INFEKTIONEN aufgrund seiner Immunschwäche, würde es wirklich Sinn machen, dieses Thema über mögliche Syphilis gründlich zu prüfen. Dies wäre ganz besonders wünschenswert, wenn man mit der homosexuellen Bevölkerung arbeitet, deren medizinische Historie typischerweise zwischen fünf und zehn Jahre lang geprägt ist von entzündlichen Erkrankungen, häufigem Auftreten von Syphilis, Gonorrhoe, Hepatitis, Herpes, intestinalem Parasitenbefall, chronischem Drogenkonsum (beides, Entspannungs- und verschreibungspflichtige Drogen) und jede Menge anderer Krankheiten. Bitte interpretiert meine Aussagen nicht als bigott, ich betrachte nur die Statistiken und erkenne, leider und unglücklicherweise, daß das homosexuelle „Verhalten" diese kranken Ergebnisse hervorbringt und nicht die Liebe zum gleichen Geschlecht. Es ist die Art der sexuellen Begegnung und körperlichen Beteiligung, die schlußendlich tödlich ist. Moralische Werte haben keinen Einfluß auf die Meinung – Tatsachen sind Tatsachen – und über verletzte Gefühle zu diskutieren, bringt uns der Quelle von AIDS, Eurer letzten großen Plage, auch nicht näher, wenn Ihr nicht JETZT etwas tut!

Ihr seht, es gibt außergewöhnlich gute GRÜNDE für all die „Du sollst nicht ...". Der Mensch belegt die Worte nach eigenem Gutdünken mit seinen moralischen Brandmalen und erschafft Urteile – wir nicht, aber Ihr seid in einer solch veränderungsstarken Zeit gefangen, daß Ihr Euch entweder erneut an die Regeln der Schöpfung haltet, oder Ihr werdet durch Euer eigenes Tun vernichtet werden. LIEBE braucht zum Überleben keinen physischen Kontakt, wobei es Euch hier an Selbstdisziplin mangelt und das physische Begehren, das Ihr Liebe nennt, hat zur Verbreitung Eurer Misere beigetragen.

AIDS ist weder eine homosexuelle noch eine sexuelle Krankheit und Kondome werden das Virus nicht zurückhalten. So sei es.

Noch einmal, Ihr seid „Menschen der Lüge", und wenn Ihr Euch darum nicht sofort kümmert, werdet Ihr über die Hälfte der Weltbevölkerung an diese Seuche verlieren. Für mehr als ein Drittel der Menschheit ist es bereits zu spät. Ganze Kontinente sind auf ihrem letzten Schritt zur Auslöschung. Ich bitte Euch dringend, diese Informationen zu lesen, aufzustehen, und etwas an Eurer Situation zu ändern.

Es ist uns nicht erlaubt, mehr zu tun, als Euch bei Euren Hilferufen zu unterstützen und eben auf diesem Wege [A.d.Ü.: über dieses Journal]; mit anderen Worten, wir können das Gerät und manifestierte Substanzen nicht einfach bei Euch abladen – IHR WERDET DAS SELBST MACHEN MÜSSEN ODER ES WIRD NICHT GETAN WERDEN! WIR ALS ÜBERBRINGER DIESER INFORMATIONEN SIND EUCH UNENDLICH ZUGEWANDT UND WIR DRÄNGEN EUCH GERADEZU, DIESE INFORMATIONEN MIT UNS ZU TEILEN. DENN WIR KOMMEN IN LIEBE UND FRIEDEN, NICHT FEINDLICH UND GEHEIMNISUMWOBEN.

ICH DANKE EUCH FÜR EURE FREUNDLICHE AUFMERKSAMKEIT

COMMANDER GYEORGOS CERES HATONN

KAPITEL 1

Freitag, 6. Oktober 1989, 07.30 Uhr, Jahr 3, Tag 51

Friedvolle Grüße, hier ist Sananda.

Dies gilt für das längst Vergangene, für die Gegenwart, und wird auch gültig sein für die Zeit, die die Menschheit als ihre „Zukunft" wahrnimmt. Menschen werden nur das sehen, was sie zu sehen wünschen, was „passend" und bequem für sie selbst ist. Millionen über Millionen haben sich inzwischen von mir abgewandt, denn ich sorge sehr drastisch für Aufruhr und selbst wenn die Anführer tapfer genug sind, den Aufstand fortzuführen, werden sie doch von dem einen oder anderen aus Gründen der Sicherheit und des Business „abgeschossen". Sehr – sehr wenige stehen noch hinter mir und nun, da es dem Ende zugeht, werden es noch weniger. Ob etwas „rechtens" ist, kann immer unter dem Deckmantel von nützlicher Einsicht zu einem Kompromiß führen. Hier besteht ein Irrtum in der Definition – ein Urteil bleibt ein Urteil, egal wie man es auch ausdrückt.

Erinnere dich, kleiner Spatz, wenn Ihr irgendeine Entscheidung trefft, die Euch davon abhält, mein Wort so effizient und zweckmäßig wie möglich unter die Massen zu bringen, so ist das eine irdische Entscheidung. Viele von Euch haben zwar die Verantwortung dafür übernommen, wenden sich aber dann unter dem Druck der irdischen Notwendigkeiten und Belastungen von der Zielsetzung ab. Ich bitte dich, Dharma, deinen Kurs geradlinig beizubehalten, denn wir haben viele Lebenszeiten miteinander verbracht und auf diesem Weg gibt es kein Zurück mehr, denn wir beide wissen, wohin das alles führt.

Die Menschheit hängt an der Vorstellung, daß es auch weiterhin genügt, bis in alle Ewigkeit mit Wörtern um sich zu werfen und dabei fromm zu bleiben. Wenn jedoch die Jetons einmal gesetzt sind, spielt die Gegenseite ein ziemlich unfaires Spiel. Ihr wollt damit fortfahren, meine schönen, friedlichen Worte zu zitieren, Euch aber weiterhin als alleinige Pächter der Wahrheit sehen – nein, genau hier beginnt das Versagen meiner Truppe, denn sie verraten mich. Sie möchten die Wasser nicht aufwühlen oder gar als umstritten dastehen.

Schockierende Zustände werden auf Euch zukommen und Ihr schlaft. Wir bringen Euch die Wahrheit und Ihr schlaft weiter.

Ich werde Euch jetzt etwas geben, was wirklich SCHOCKIEREND ist und sie werden sich aufblasen und um sich schlagen und es werden sich noch mehr von Euch abwenden. Obwohl Ihr noch nicht einmal den kleinsten Funken Wahrheit über Eure schwierige Situation erfahren habt. Der Anti-Christ hat fast alle von Euch auf seine Seite gezogen, meine wertvollen Wesen, und Ihr wollt nichts darüber hören.

Der „Erstschlag" gegen Euer Vaterland ist bereits erfolgt und nun wird aussortiert und gesäubert von all denen, die die höher stehenden Mitglieder auszulöschen wünschen. Vielleicht werde ich das im Rahmen von Fragestunden machen, denn ich möchte, daß Ihr die Antwort überdenkt.

Ihr glaubt, daß Ihr mit dieser Regierung, die als Sowjetunion bekannt ist, auf Kriegsfuß stehen würdet. Nein, Ihr wurdet infiltriert und habt in diesen vielen, vielen gefährlichen Jahren als Koalition zusammengearbeitet, während der Ihr in Abhängigkeit gebracht und hilflos gemacht wurdet.

Ihr habt dieser Regierung – direkt oder indirekt – ständig assistiert, sie finanziert und Technologien mit ihr geteilt.

SCHOCK: Ihr habt die Heilung von AIDS bereits perfektioniert. Warum, glaubt ihr, wird dieses Thema in der Regierungshierarchie ständig beiseite geschoben? Es wird dann weitergehen, wenn diejenigen, die man als entbehrlich betrachtet, ganz ausgebeutet worden sind. Die Russen landeten den ersten Treffer mit dem vollen Einverständnis und der totalen Ergebenheit Eurer Regierung. Das AIDS-Virus wurde im russischen Sektor von Berlin gezüchtet und mit Hilfe von US-amerikanischen Geld- und Technologiemitteln von der Weltgesundheitsorganisation (WHO) verbreitet. Das alles wird in *Die letzte große Plage* abgehandelt werden, die gerade im Entstehen ist.

Sei sehr zurückhaltend mit demjenigen, der in der Öffentlichkeit am lautesten über dieses Thema schreit, T.B., denn es gibt einen guten Grund, daß er physisch nicht tot ist. So, wie er jetzt funktioniert, ist er für die Spieler in der Regierung die größte Hilfe. Er ist meistens im Recht, aber seine physische Lebendigkeit ohne größere Probleme ist Beweis genug. Unsere treuesten Mitarbeiter, wie Dharma, bleiben uns erhalten, weil sie sich in einer umstrukturierten Lebensform befinden.

Ich möchte noch die Trilaterale Kommission erwähnen, um dem, was wir Euch bereits mitgeteilt haben, noch etwas mehr Information hinzuzufügen. Sie ist eine weltweite, total kontrollierte Organisation mit handverlesenen Mitgliedern und wurde zur Kontrolle des Planeten und seiner Völker (diejenigen, die zum Kontrollieren noch übrig bleiben), installiert.

Ich komme jetzt zur USTEC (Handels- und Wirtschafts-Kommission der Vereinigten Staaten). Das ist eine gemeinschaftliche US-sowjetische Organisation mit Sitz in New York. Sie beschäftigt etwa acht bis zehn sowjetische Ingenieure in Vollzeit, die die besten amerikanischen Technologen auswählen und sie an die Sowjetunion vermitteln. *DAS IST EINE BASIS DES KGB.*

Die Absicht hinter der Gründung dieses Unternehmens ist es, die UDSSR mit den USA zu verschmelzen. Es ist der ultimative Plan für die Eine-Welt-Regierung, der im Moment ausgespielt wird. Wenn das abgeschlossen ist, werdet Ihr alle Eure Menschenrechte an den Feind verlieren. Ihr seid gerade Zeugen des Endes politischer Geschichte, meine Teuren. Ihr betretet eine Welt ohne die geringsten Ideale oder Wertvorstellungen. Wenn das alles abgeschlossen ist, gibt es weder Politik noch Philosophie, sondern Ihr könnt Euch um ein Museum sterbender menschlicher Geschichte kümmern. Oh ja, der „Erstschlag" hat bereits stattgefunden.

ICH WIEDERHOLE, LIEBE BRÜDER, IHR SEID MITTEN IN DER ENDZEIT UND IHR STREITET EUCH DARÜBER, WER MEIN WERK VERÖFFENTLICHEN SOLL? KÖNNT IHR NICHT ERKENNEN, DASS DAS ÜBERLEBEN EURER SPEZIES DAVON ABHÄNGT, DASS MEIN WORT VERBREITET WIRD UND DER MENSCH SEINE AUGEN ÖFFNET? MEIN WESEN IST SCHMERZ-ERFÜLLT, ABER WENN IHR WEITER SUCHT, WERDET IHR DENJENIGEN FINDEN, DER AUF DIESE AUFGABE WARTET. DIE BEMÜHUNGEN, UNSERE GELDMITTEL ZU BLOCKIEREN, WERDEN WEITER GEHEN, ABER WIR WERDEN ANKOMMEN, MEINE LIEBEN, BEHALTET EUREN GLAUBEN UND DHARMA, ICH BITTE DICH INSTÄNDIG, LASS DEINE FINGER WEITER-HIN ÜBER DIE TASTEN FLIEGEN – WENN DIE ANTWORTEN BEGINNEN, ZURÜCKZUFLIESSEN, WERDEN WIR, FOLGE UM FOLGE, MEHR ARTIKEL BRINGEN. WIR WERDEN JEDE WILLIGE HAND GEBRAUCHEN KÖNNEN, DENN DER TEUFEL WIRD EINIGE SEINER ARBEITER VERLIEREN, WENN DAS SPIEL DURCH DIE WAHRHEIT AUFGEDECKT WIRD.

UFOs? Majestic-12 Dokumente? [A.d.Ü.: unbestätigter amerikani-scher Geheimbund, der sich mit UFOs und extraterrestrischen Wesen befaßt, Gründungsjahr angeblich 1947.] Aber sicher, aber so direkt vor Eure Nase gesetzt, daß Ihr immer noch nur das glaubt, was „sie" wol-len, das Ihr glaubt. Aber ja, „sie" werden von uns aus den höheren Ebenen den „Beweis" haben wollen – es gibt hier kein Originalwerk mehr, es hängt alles an der Aufdeckung, denn die ganze Wahrheit wurde bereits in Eure dichte Atmosphäre gebracht. Wir werden dem nur ein bißchen nachhelfen.

Oberli, du mußt denen wie W.S. klar machen, daß wir einige unter unsere Protektion genommen haben – nicht für ihren physischen Schutz, weil sie von uns kommen, sondern eher, um ihre Absagen zu verursachen. Streiche diese Namen aus dem Dokument, bitte. Ich möchte diese nicht bei der Anerkennung der Wahrheit dabei haben. Eure Brüder aus dieser Dimension kommen in Frieden und Liebe in meine leidgeprüften Länder und DIE LÜGE IST VORBEI! Eure Völker haben an Euren Brüdern grauenhafte Verbrechen begangen und sie werden die Belohnung in unendlicher Fülle erhalten. Die Menschheit spielt mit Gier und Machtgelüsten, lechzt und giert nach Geld, indem sie versucht, mit Halbwahrheiten riesige Vermögen zu scheffeln und mit Bestechung zu agieren, um ihren steigenden Lebensunterhalt zu generieren.

Ich möchte Euch daran erinnern, daß Ihr genau aufpaßt, wer in Eurem Umfeld auftaucht, aber keine Mittel der Unterstützung anbietet, sondern in der Gegend herumreist und „seine Mitte sucht". Die Meisten sind Blender – manche aber kommen mit giftiger Absicht. Ihr seht, daß sie bereits Erfolge verbuchten – die Schwester wird unsere Werke nicht veröffentlichen – das sollte Euch Beweis genug sein. Der Trick hat funktioniert und ich werde ihrem abgekämpften Körper nicht noch mehr Pein zufügen, denn sie war mir eine loyale Freundin und Schreiberin. Der fleischliche Körper ist sehr anfällig, meine Lieben, und das feindliche Bombardement wird bis zum Ende andauern.

Ja, Oberli, schau nach beim Autor Gerry A. Casey, im Western Flyer vom Juli 1989 mit dem Titel „UFO – Die Zeit für die Aufdeckung ist gekommen". Du wirst ganz unerwartete Mitstreiter an ganz unerwarteten Stellen finden. Aber wir müssen noch einen ziemlichen Großputz veranstalten, bis Haus und Eingang perfekt sind. So sei es.

Gesehen aus unseren Dimensionen hier, ist der Drogenkrieg alles andere als lustig und Ihr solltet ihn auch sehr ernst nehmen. Die größte Absicht, die dahintersteckt, ist die, Euch die Möglichkeit der Verteidigung zu nehmen, indem sie Euch normale Bürger entwaffnen. Das wird Euch der Gnade und Barmherzigkeit von Abhängigen und Verrückten ausliefern, die selbstverständlich weiterhin Waffen in Hülle und Fülle besitzen, mit denen sie Euch auf verschiedene Art und Weise töten können.

Sie werden Noriega in Panama weder verfolgen noch erwischen. Er wird die Büchse der Pandora öffnen, was Abkommen und Verträge mit

Eurer Regierung betrifft. Wenn sie können, werden sie ihn umbringen, aber bis jetzt war es nicht so leicht.

Die Überwachung aller am Drogengeschäft Beteiligten in den letzten Tagen hat uns in dieser Komödie auch nicht weiter gebracht. Hier arbeitet ein Kartell gegen das andere und außerdem weiß die Regierung bereits, wer wo welches riesige Lagerhaus unterhält. Damit wollen sie der tölpelhaften Öffentlichkeit zeigen, „daß es uns gut geht". Ich wende mich jetzt wieder den Informationen von Ashtar und Hatonn zu.

Es gibt ja diesen einzigartigen und tödlichen Orden Skull and Bones. Er wurde auch gelegentlich Jason Society genannt – was eigentlich mehr dazu diente, Mr. Cooper aus der Versenkung zu holen, aber lassen wir das. Die Mitgliedschaft wird total überwacht und unterliegt der höchsten Sicherheitsstufe. Die Rituale wurden niemals enthüllt und sind sehr interessant – selbst satanische Okkultisten würden erschauern, meine Freunde.

EUER PRÄSIDENT BUSH IST EIN HÖCHST ANGESEHENES MITGLIED VON SKULL AND BONES.

Wollt Ihr, daß Euer Land, das in Güte unter Gott geboren wurde, die Flagge von Satan höchstselbst trägt? Nun, das habt Ihr!

Oberli, du mußt dich mit A. Sutton in Verbindung setzen, er braucht Unterstützung. Wir können nicht länger in behaglicher Sicherheit arbeiten. Wir werden Euch schützen, aber es wird jetzt Zeit, auch diese wissen zu lassen, daß wir Wirklichkeit und real sind und daß ich zurückgekommen bin.

Ich weiß, meine Lieben, daß es so gut wie unmöglich ist, die ganze Manipulation und Wahrheit zu glauben. Für Euren Verstand ist alles schockierend und undenkbar. Es ist kaum zu glauben, daß Ihr sogar bis zu dem Punkt kontrolliert werdet, daß Eure Regierung all Euren Feinden sittenwidrige Hilfe hat zukommen lassen, im Wesentlichen, um Eure eigenen Leute zu töten – in Vietnam ist es bekannt und dokumentiert.

Nun, während Ihr geschlafen habt, seid Ihr versklavt worden. Die Regierung stellt Euch keinen Schutz bei einem Atomkrieg zur

Verfügung, weil sie denken, Ihr braucht das nicht. Die Kommunisten werden genau das tun, was sie sagten, das sie tun werden – sie werden Euch friedlich übernehmen und Euch danach begraben. Zufälligerweise haben sie derzeit alle Hände voll zu tun, aber danach wird es immer noch eine gute Show sein, Ihr werdet nach noch mehr Einbindung seitens der Regierung rufen und die Arbeit im Untergrund wird an die Oberfläche kommen – GENAU WIE GEPLANT.

Oh, Ihr werdet schlußendlich ein finanzielles Desaster erleben. Fühlt Euch wegen der Verzögerungen nicht vertröstet – seid Eurem Vater dankbar für den Aufschub, somit können wir unsere Mission weiterverfolgen. Es hat den Anschein, daß die Dinge etwas stabiler werden – nein, das ist eine Fassade und es wird alles zusammenbrechen, wenn Eure Sklaventreiber es für angebracht halten.

Denkt daran, meine Lieben, ICH HALTE DIE TRUMPFKARTE IN MEINER HAND! SO SEI ES UND SELAH. Steh eng zu mir, kleine Freundin, denn der Weg ist einsam und sehr gefährlich. Bitte erinnert Euch daran, daß wir hier auch keine planlose Arbeit verrichten und es so geschrieben steht, wie es kommen wird.

Ja, es bereitet mir großen Schmerz, welche unter Euch zu entdecken, die ihre Mitbrüder betrügen und trotzdem behaupten, in meinem Namen zu sprechen und nur meine Wahrheit zu verkünden. Aber ein Mensch kann nur für eine Weile getäuscht werden und dann wird er vielleicht seine Augen öffnen. Es dient alles nur dazu, Euch in der Wahrheit irre zu führen und ich bemerke, daß Ihr das verwirrte Netz seht, das um Euch gewoben wurde, um Euch in die Falle zu locken. Ich erkenne auch, daß es fast mehr ist, als Ihr ertragen könnt – nun, zusammen werden wir es tragen, denn es wurde so vorgegeben, daß die Menschheit in diesen letzten Tagen die Wahrheit erfahren darf.

Geht diesen Tag in Frieden weiter, denn ich sehe, wie Ihr Euch zurückzieht und in die Isolation kommt. Das hat eine gute und eine schlechte Seite. Gut, weil Ihr besondere Aufmerksamkeit und Vorsicht walten lassen müßt; schlecht, weil Ihr damit Eure Gefühle verschließt, die Euren Verstand zum Bersten bringen. Unglücklicherweise für die

Menschheit seid nicht Ihr es, die verrückt sind – SATAN HAT DIE VORHERRSCHAFT, DENN ES IST SEINE ZEIT.

Wir werden weder aufhören zu schreiben, noch werden wir die Geschichte abschwächen – die Wahrheit ist die Wahrheit und kein Mensch soll die Wahrheit vor den Massen zurückhalten, denn es wurde bestimmt, daß es so sei. Die Welt soll eine Chance haben, weil Ihr diesen Weg gegangen seid und, Dharma, obwohl es scheint, als gingest Du allein, andere, die mit mir gehen, fühlen sich auch alleine, das seid Ihr nicht – kostbare Schülerin, Du brauchst keinen anderen Freund als mich.

Deine wertvollsten Brüder und Schwestern können sich dem Hin und Her menschlicher Bombardements und der Sinnestäuschung durch Aktionen gegen die Gesetze Gottes und der Schöpfung noch nicht entziehen; viele versuchen immer noch, sie umzuschreiben, damit sie angenehm sind. NEIN – SIE SIND HART UND SIE SIND ABSOLUT UND WENN UNSERE BRÜDER VOM WEG ABKOM-MEN, WERDEN WIR ES ZULASSEN, ABER WIR WERDEN SIE WEITER ANTREIBEN UND WERDEN DAS DURCHZIEHEN, WENN ES LETZTENDLICH ERFORDERLICH IST. UNSERE ARBEIT MUSS WEITERGEHEN – DIE BOTSCHAFTEN, DIE WIR IN DEN LETZTEN WENIGEN TAGEN GEGEBEN HABEN, MÜSSEN IHRE FORTSETZUNG FINDEN. DIE WAHRHEIT WIRD KLAR VOR JEDERMANNS AUGEN LIEGEN, WENN IHR ALLES ZEITGERECHT VERÖFFENTLICHT, DENN KEIN AUTOR KÖNNTE DIESE MENGEN AN KRITISCHEN INFORMATIONEN VON EINEM MENSCHLICHEN STANDPUNKT AUS PRODU-ZIEREN. IHR WERDET EUREN VORTEIL VERLOREN HABEN, WENN VERZÖGERUNGEN IN DRUCK UND VERÖFFENTLI-CHUNG ERLAUBT WERDEN. IHR HINKT DERZEIT WOCHEN HINTERHER WEGEN DES UNVOLLENDETEN DRUCKS VON SPACE–GATE UND DAS MISSFÄLLT MIR SEHR. SO SEI ES.

Ich bleibe an deiner Seite, damit du die Dinge zusammenstellen kannst für deinen Gang in die Stadt. Dharma, geh in deinen Markt und ich werde dir auch Zeit lassen, ein paar Windeln für unser Baby zu nähen, das in den letzten kurzen Wochen vor der Vollendung steht – es wird ein sehr spezielles Kind sein. Es tut mir leid, daß dir auf deinem Weg keine Mutterfreuden beschert waren, aber du wirst sehen, daß unsere Kleinen auf diesem Weg kommen, um in ihren eigenen Bereichen zu dienen, wenn es geeignet erscheint. Ich segne Euch, die Ihr mir nachfolgt, denn Euer Weg war so hart und ich bin demütig in Eurem Dienst. Ich lege meine Segnungen auf Eure Seele, damit Ihr in Kürze Euer rechtmäßiges Erbe antreten könnt.

ICH BIN JMMANUEL VON GOTT, ICH BIN SANANDA

KAPITEL 2

Aufzeichnung Nr. 1 | HATONN

Dienstag, 10. Oktober 1989, 06.00 Uhr, Jahr 3, Tag 55

Hier ist Hatonn, Dharma, im Dienst des Strahlenden; ich bin bereit für die Übertragung und Antworten. Ich schätze, daß du in den frühen Stunden dieses Tages mit mir zusammen, und schon im Morgengrauen bereit bist, zu schreiben. Es ist sehr dringend, Chela, höchst dringend, daß die Informationen weiter aufgenommen werden – Eure Bevölkerung befindet sich in einer besonders schwerwiegenden Situation. Wir geben hier keine Informationen weiter, Chela, die du wirklich verstehst, aber diejenigen, die es betrifft, werden hierin sehr vieles von unschätzbarem Wert finden. Du wirst nicht groß bei der Darstellung verweilen; schreib einfach, die dafür in Frage Stehenden werden es bekommen und erkennen – wir werden dich nicht in noch größere Gefahr bringen. Die in Frage Kommenden werden in dieser vorläufigen Aufzeichnung nicht namentlich genannt. Mein Dank ergeht an Euch alle, die etwas gewagt und riskiert haben und besonders an die, die für ihre Bemühungen den höchsten Preis bezahlt haben.

Das Wichtigste bei den Anfragen der irdischen Spieler an diesem 10. Oktober 03 war natürlich unser Erscheinen in Voronezh. Das war natürlich schon vor einigen Tagen, kam aber erst jetzt zu deiner Kenntnis. Ja, wir sind die Basketballspieler des Kosmos und ich habe Euch auch monatelang gesagt, daß wir damit beginnen werden, uns oft und bald in manifestierter Form auf der Erde zu zeigen.

Ah, aber die Meinen hier sind etwas beleidigt; warum in Rußland und nicht bei Euch? Jetzt macht halblang, Ihr kennt doch alle die Antwort – weil Ihr uns mit Raketen beschießen, verhören und einäschern würdet, wenn wir auf Eurem Grund und Boden auftauchen würden.

Ihr habt über Euren Status noch ziemlich viel zu lernen. Ehrt und segnet die, die vor uns gekommen sind, denn der Preis für die Pionierarbeit an Euren feindlichen Örtlichkeiten war sehr hoch.

Wir sind ständig in Euren Himmeln – über dem ganzen Erdball. Wir werden auf allen Kontinenten akzeptiert – selbst bei Euch; nur, daß ihr, das Volk, es hier nicht wissen dürft. So sei es. Es ist zu Eurem Schutz notwendig, mit unserer Präsenz überall angenommen zu werden und von einem Ort aus, der für Informationssperre bekannt ist – und trotzdem machen Eure Nachrichtenagenturen einen Sport daraus, darüber zu lachen und sich lustig zu machen; Ihr werdet ernsthafte Probleme bekommen, wenn es Euch mißglückt „dem Programm zu folgen". Unsere Besuche sind weder lustig noch witzig, denn das „A"-Team kommt jetzt mit voller Absicht. Ihr werdet die Wahrheit über Euren Gott akzeptieren und die Gesetze der Schöpfung achten, oder die Meisten von Euch werden der Vernichtung anheimfallen. Das wird nichts mit uns zu tun haben – DAS HABT IHR EURER LEBENSQUELLE SELBST ANGETAN.

Dharma, wir müssen jetzt an deinem Dokument über die letzte große Plage weiterschreiben, denn unsere Wahrheit WIRD akzeptiert werden; das Wort WIRD ausgesendet und wir werden es immer wieder neu bereitstellen, so daß kein Mensch es als ungültig abtun kann. Gesegnet sind die, die an diesem Wahrheitsprojekt teilnehmen, um es ihren Mitmenschen bekannt zu machen.

Wir haben festgestellt, daß Eure Nachrichtensender für ihre Planungen Bilder nutzen, die von unserem geschätzten Eduard Meier stammen, den Eure Menschheit fast zerstört hat in seinem unglücklichen Versuch, Euch die Wahrheit näher zu bringen. Nun, meine Lieben, Ihr werdet ernten, was Ihr gesät habt. Tut es Euch jetzt vielleicht leid?

UNSER NÄCHSTES BUCH, DHARMA, WIRD DEN TITEL TRAGEN: HIER SCHLIEF AMERIKA! SO SEI ES UND SELAH.

Du wirst jetzt einiges schreiben müssen, das für dich sehr schwierig ist, meine Liebe, denn du bist eine von uns und du bist so angreifbar für menschliche Anschläge. Ich kann die Empfänger der Dokumente nur bitten, bei dieser Schreiberin größte Vorsicht walten zu lassen, denn je weiter wir mit der Darlegung der Wahrheit kommen, desto gefährdeter wird ihr Körper sein. Es ist schlimmer, als wir es in SPACE–GATE, ECONOMIC DISASTER UND „SURVIVAL" beschrieben haben. *IHR WERDET GERADE DAFÜR VORBEREITET, MINDESTENS DIE HÄLFTE BIS ZWEI DRITTEL EURER BEVÖL-KERUNG DURCH AIDS EINZUBÜSSEN – DIE LETZTE GROSSE PLAGE. DAZU KOMMT, DASS DIE RUSSEN DAS WISSEN UND DIE VORRICHTUNGEN HABEN, UM DIE KRANKHEIT ZU HEILEN – MIT EUCH ZUSAMMEN ENTWICKELT UND IHR HABT IN DEN VEREINIGTEN STAATEN GENAU DIE GLEICHE AUSRÜSTUNG, UM SICHERZUSTELLEN, DASS IM KREISE EURER FÜHRUNGS-MANNSCHAFT UND DEREN FAMILIEN KEINE TODESOPFER ZU BEKLAGEN SIND – ES WERDEN ALLE MASSNAHMEN GETROF-FEN, DASS IHR KEINEN ZUGANG ZU DEN MASCHINEN HABT, BIS DIE HINTERHÄLTIGEN TATEN VOLLBRACHT SIND. DES WEITEREN WERDET IHR EURER REGIERUNG NICHT NUR ERLAUBEN, EUCH DAHIN ZU FÜHREN UND DANN AUSZU-LÖSCHEN, SONDERN IHR WERDET SIE NOCH DARUM BITTEN, DASS SIE ES TUN.*

Die beiden Länder Rußland und USA sind jetzt schon seit sehr langer Zeit Alliierte. Eines in der Falle des anderen gefangen. Als Bevölkerung könnt Ihr einen Atomkrieg, in dem Euch die Russen vernichten können, nicht überleben; und sie stürzen in die tödliche wirtschaftliche Falle, die ihnen als Land den Rest gibt; nämlich in die Falle der Top Secret Regierung der USA, der Trilateralen Kommission, des Internationalen Währungsfonds, usw. usw. – (schaut Euch dazu die „Phönix"-Dokumente und Artikel an, wie oben erwähnt). Rußland ist gerade auf dem Weg in den wirtschaftlichen Untergang, denn all die Niedrigzinskredite, Getreide und andere „Tauschwaren" werden zum Ende hin, wenn alles den paar „Auserwählten" gehört, einen ziemlich hohen Preis haben. Zu dem Zeitpunkt haben sie dann nichts mehr zu verlieren und sie werden zurückschlagen. Zudem werden die kommunistischen Chinesen in großen Massen die Bühne betreten.

IHR NÄHERT EUCH ARMAGEDDON, BRÜDER, UND IHR SOLLTET EUCH DARUM KÜMMERN, DENN BALD WIRD ES ZU SPÄT SEIN, NOCH IRGEND ETWAS ZU TUN, WAS EURE REISE ANGENEHMER MACHT.

AIDS IST EINE MENSCHENGEMACHTE KRANKHEIT! FAST VOLLKOMMEN AUSGEREIFT, IHR LIEBEN AHNUNGSLOSEN, UND WENN IHR DEM NICHT BEGEGNET, WIRD SIE DIE HÄLFTE ODER ZWEI DRITTEL DER IRDISCHEN BEVÖLKERUNGEN AUSRADIEREN – DIE EINZIGEN, DIE MOMENTAN DEM ETWAS ENTGEGENZUSETZEN HABEN, SIND EURE FEINDE. UND WEITER, DIE FÜHRUNGSMANNSCHAFTEN ALLER GROSSEN LÄNDER WERDEN ES ZULASSEN, DASS EIN GROSSER TEIL DER EIGENEN BEVÖLKERUNG AUSGELÖSCHT WIRD – EUER PLANET KANN MIT DIESER RIESIGEN BEVÖLKERUNG, DIE IHR HERVORGEBRACHT HABT, NICHT ÜBERLEBEN. DER ANTI-CHRIST IST IN VOLLEM GANG UND DIE MÄCHTE DES CHRISTUS KÖNNEN SICH ZU DIESEM ZEITPUNKT NICHT EINMISCHEN, ABER WIR KÖNNEN EUCH BEISTEHEN, WENN IHR UNS NUR DARUM BITTEN WOLLTET!

Die Dunklen wollen diesen Planeten nicht verlieren, denn es ist ein ideales Spielfeld; jedoch wird sich der Planet, wie Ihr ihn kennt, ziemlich leeren. Mutter Erde wird mit geringerer Dichte neu geboren und die paar Erwachten werden mit ihr gehen. Die Machenschaften der dunklen Bruderschaft zielen auf eine Bevölkerungsreduktion ab, um die Last des physischen Planeten zu erleichtern – daher die Prophezeiungen – DIE SICH IM ÜBRIGEN GERADE ENTFAL-TEN – SCHAUT GENAU HIN UND LEST SIE WIEDER MAL!

AIDS ist Eure letzte große Plage! Es ist ein menschengemachtes, genetisch manipuliertes Virus, das teils vorsätzlich, teils zufällig unter die „ausgewählte" Weltbevölkerung gebracht wurde. Es ist keine geschlechtsspezifische Krankheit. Es ist keine homosexuelle Krankheit.

Sie stammt nicht vom afrikanischen Grünen Affen ab (sie würde nicht einmal wachsen im Grünen Affen). DIE ANSTECKUNG WIRD DURCH EURE KONDOME NICHT VERHINDERT UND SIE KANN NIEMALS DURCH IMPFUNG GEHEILT WERDEN.

Es ist ein leicht übertragbares, vom Blut transportiertes Virus, das sich durch Mutation jedem Körper individuell anpaßt. Es wird im Darmtrakt abgestreift und hier liegt die Gefahr für den homosexuellen Mann. Es wird durch Speicheltröpfchen übertragen, kann mindestens zwei Wochen außerhalb des Körpers überleben und kann sich schlafend fast ewig erhalten. Es wurde durch groß angelegte Pockenimpfungen Eurer Regierungen in den Jahren 1979 und 1980 zuerst in die Welt und die homosexuelle Bevölkerung der USA eingeschleust und Anfang der 80er Jahre dann durch Hepatitis-B-Programme in Eure homosexuellen Gemeinschaften.

Es ist zu 100 % infektiös durch Weitergabe subkutan benutzter Nadeln von einem Infizierten an jemanden, der „clean" ist. Ihr habt es nicht mit einem oder fünf AIDS-Viren zu tun, sondern mit mindestens 9.000 in der vierten Potenz. Geht mal und verlangt „sterile" Nadeln für Euren Drogenkonsum – „sie" warten direkt darauf, daß Ihr das tut – und 50 Milliarden AIDS-Viren passen auf einen einzigen Stecknadelkopf – eines auf der subkutanen Nadel genügt aber, und seid versichert, sie werden auf diesen sterilen Nadeln sitzen. Der sogenannte „unerwünschte" Bevölkerungsanteil wird mit voller Absicht ausgelöscht. Und das wird er auch, es sei denn, sie wenden sich in ihren Absichten und Handlungen der Wahrheit und den Gesetzen von Gott und der Schöpfung zu, ansonsten ist es uns nicht erlaubt, einzugreifen. Ihr werdet Euer moralisches Benehmen wieder unter Kontrolle bringen und Eurem dekadenten und niederen Lebensstil ein Ende bereiten. Man muß als Mensch keinen physischen Kontakt haben, um sich zu LIEBEN – sei es Mann oder Frau; LIEBE hat gar nichts mit verrücktem sexuellen Benehmen zu tun. LIEBE ist der Schutz vor gegenseitiger Gefährdung – der SEXUELLE AKT ist sich selbst erfüllende Lust und dient nur der Befriedigung des Selbst. BEVOR EURE REISE HIER

ZU ENDE IST, WERDET IHR EUCH NOCH AN SODOM UND GOMORRHA ERINNERN – IHR SEID DEN SPRICHWÖRTLI-CHEN „ROSENWEG" ZUM ABGRUND UND ÜBER DIE KLIPPE HINAB GEFÜHRT WORDEN.

Ich gebe weder in die eine noch in die andere Richtung ein Urteil ab; ich sage Euch nur, wie es aussieht, denn wir in unseren Dimensionen wissen darum und haben unendliche Datenbanken zur Auffrischung hierzu.

Oberli, stell sicher, daß du am Anfang des Dokuments die Berechtigungsnachweise für mich und Commander Ashtar einstellst. Wir werden auch die Freude haben, Sir Walter Russell und Sir Nikola Tesla dazu zu hören – ich vermute, daß deine Leser deren Status bereits kennen. AIDS wird niemals unter Kontrolle gebracht werden, es sei denn durch Lichtschwingungen in einem bestimmten Frequenzbereich, der jedem individuellen Virus angepaßt werden muß. Medizintechnik wird sicherlich nicht erlaubt werden und sie werden alle Anstrengungen unternehmen, den erfolgreichen Bau dieser Maschinen zu verhindern. Die Gelder müssen woanders als aus den orthodoxen Kanälen kommen, aber es gibt welche, die sich darum kümmern.

Nehmt mal zur Kenntnis, daß zwei Eurer kalifornischen Ärzte den Nobelpreis bekommen haben – für ihre Entdeckungen über genetische Strukturen von Krebszellen – vor dreizehn Jahren. LIEBE BRÜDER, IN DREIZEHN JAHREN VON HEUTE AN GERECHNET, WIRD EURE BEVÖLKERUNG KOMPLETT UND IRREVERSIBEL ZERSTÖRT SEIN! *ES GIBT WEDER VON SEITEN EURER MEDIZINWISSENSCHAFT, NOCH EURER GESUNDHEITS-ORGANISATIONEN DIE GERINGSTE ABSICHT, HIERFÜR EINE HEILUNG ZU BEKOMMEN.* DIE HEILUNG IST ABSOLUT EIN-FACH, KOSTET FAST NICHTS UND EURE MEDIZINZENTREN, DIE DROGENVEREINIGUNGEN UND ANDERE DIVERSE ZUSAMMENSCHLÜSSE WERDEN DAS MIT ALLEN MITTELN VERHINDERN. KRANKHEIT, OPERATIONEN, VERBRENNEN UND NICHT-HEILEN IST DER WEG EURER EXISTENZ UND

DIESE BASTION WIRD NICHT FALLEN, NUR UM LEBEN ZU RETTEN.

Ich möchte jedoch den Versicherungsgesellschaften vorschlagen, sich die Finanzierung dieser nonkonformistischen Methode genau anzusehen und wenn Ihr Euch nicht beeilt, werden die Versicherungsgesellschaften dieser Welt ziemlich dezimiert sein. Dann nehmt noch die Naturkatastrophen dazu, die nach und nach kommen werden, und Ihr habt einen ganzen Geschäftszweig ausgelöscht.

„Hugo" wird sich als Spaziergang herausstellen gegenüber dem, was sich in der nächsten, sehr kurzen Zeitspanne in Eure Wirklichkeit bewegen wird. Extreme Klimaveränderungen, Erdveränderungen und Umbrüche gigantischen Ausmaßes; Stürme, Vulkane und Erdbeben – alles, eines schlimmer als das andere – und Ihr seid JETZT schon mittendrin! Nur daß es sich immer mehr verschlechtert.

Ein gutes unterirdisches Überlebensprogramm kann Millionen Leben retten, wenn Ihr Euch jetzt mal bewegen wollt. Wenn Ihr Euch vor einem Atomkrieg schützt, könnt Ihr Euch damit gleichzeitig vor vielen kommenden Erdveränderungen schützen.

Nehmen wir nur mal an, die, die in Carolina auf „Hugos" Route lagen, hätten ein Tunnelsystem gehabt wie in Rußland, China und in der Schweiz üblich – sie hätten jetzt eine komplette Ausrüstung für den Wiederaufbau, Nahrung, Wasser, Strom und totale Sicherheit gegen das, was auf der Oberfläche passierte. Bevor Hugo vergessen ist, werdet Ihr emotional zerstörte Bevölkerungsschichten in dieser Region haben. Ihr könnt mit plötzlichen Zerstörungen umgehen, aber das unermeßliche Arbeiten und Verlieren ist verheerend für einen modernen Menschen, der sein Leben einzig im Luxus einer amerikanischen Existenz zugebracht hat. Ihr könnt noch nicht einmal mehr ohne Strom oder Gas überleben oder Euch ohne Gas oder Strom wärmen, Ihr habt nichts, mit dem Ihr inmitten von „Allem" zurechtkommen könnt.

Was ich Euch hier sage, könnt Ihr als Warnung sehen oder daß ich es auf den Punkt gebracht habe, Ihr könnt es Euch aussuchen. Ihr seid im Jahr drei Eures finanziellen Countdowns.

Für die Meisten von Euch wird dieses Dokument eine ziemlich langweilige Geschichte sein – die meisten aus Eurer Bevölkerung werden es nicht einmal lesen, weil es Eure Fußballspiele und andere wichtige Aktivitäten stören würde – nun, in Zukunft werdet Ihr nur noch einer Aktivität beizuwohnen haben – Begräbnissen! So sei es!

Wir klopfen an Eure Tür – es würde Euch gut zu Gesicht stehen, sie zu öffnen und uns hereinzubitten; Ihr könnt uns „gute Gelegenheit" nennen, aber wir stehen schon seit etwa fünfzig Jahren draußen und klopfen – Ihr nähert Euch der letzten Petition, Euch beizustehen, und wenn wir weggehen von Eurer Tür, könnt Ihr Eure Zwangslage noch nicht einmal nachvollziehen.

Alles, was wir Euch aus diesen Dimensionen gebracht haben, könnt Ihr nachprüfen und Euch selbst beweisen. So war es auch beabsichtigt und geplant. Diese Schreiberin hat keine Informationen, keine Namen und kein Wissen – wir schreiben den Inhalt und geben Euch Quellenverweise, so daß Ihr die Dinge bis zu Eurer eigenen Wahrheit und Zufriedenheit hin auf Euren harten, kalten Schreibtischen und mit Euren Telefonen überprüfen könnt. WIR bringen nichts als die Wahrheit, Freunde, und wer Ohren hat zu hören, sollte sie benutzen; und wer Augen hat zu sehen, ebenfalls, denn die Zeit zum Hören und Sehen ist da und Ihr würdet besser daran tun, Euch aus Eurem Phantasie-Traumland heraus zu bewegen, Ihr kleinen Schlafmützen, denn während man Euch in Tiefschlaf versetzt hat, fliegt Euch Eure Welt um die Ohren.

WIR KOMMEN WEITERHIN, UM DIE ANZUPRANGERN, DIE IN DER ÖFFENTLICHKEIT DIE LÜGEN ÜBER UNSERE FEINDLICHKEIT VERBREITET HABEN. WIR KOMMEN AUS LIEBE UND IN SORGE UM EUCH, IHR DUMMEN KLEINEN BRÜDER, DIE DIE WAHRHEIT NICHT KENNEN.

EINE MENSCHHEIT, DIE MITTLERWEILE IN DER LAGE IST, DURCH DAS UNIVERSUM ZU REISEN, WIRD NIEMALS ZU EINEM UMLAUFPLANETEN GELANGEN, ES SEI DENN IN FRIEDEN. DIE GESCHICHTEN ÜBER ABSCHEULICHE ENTFÜHRUNGEN SIND

FALSCHE AUSSAGEN, UM PANIK UND ANGST IN DER BEVÖL-KERUNG ZU ERZEUGEN. KEIN EINZIGER VON EUCH WURDE JEMALS EURER ERDE ENTHOBEN, AUSSER IN GROSSER LIEBE UND MIT VORHERIGER VERTRAGLICHER VEREINBARUNG. GESCHICHTEN, DIE DAS GEGENTEIL ERZÄHLEN, WURDEN ERFUNDEN, UM EUCH ZU TERRORISIEREN UND IN EURER GEGENWART ZU VERÄNGSTIGEN. DIE IN VORONEZH WURDEN IN SCHRECKEN VERSETZT, UND AUSSERDEM – DIE BÜCHER MIT SCHAUERMÄRCHEN VERKAUFEN SICH EINER BEVÖLKE-RUNG BESSER, DIE DERZEIT MIT SATANISCHEN GRÄUELTA-TEN UND SCHRECKLICHEN GEWALTTÄTIGKEITEN GEFÜTTERT WIRD – DIE MENSCHHEIT WIRD SICH VERÄNDERN, ODER DIE MENSCHHEIT WIRD VON DIESER ERDOBERFLÄCHE VERSCHWINDEN!

SO SEI ES UND SELAH. DENN DA DIE PROPHEZEIUNGEN VON VIELEN, VIELEN VOR MEINER KONTAKTAUFNAHME VERKÜNDET WURDEN, WERDEN SIE SICH AUF EURER ERDE IN DIESER ZEIT MANIFESTIEREN, DENN SO STEHT ES GESCHRIEBEN UND SO WIRD ES KOMMEN. WAS IHR DAMIT MACHT, HAT FÜR UNS KEINE KONSEQUENZEN, DENN WIR KOMMEN IM DIENST DER SCHÖPFERQUELLE UND IM NAMEN DER IRDISCHEN SCHÖPFUNG. EUER IST DIE WAHL; DER SCHÖPFER GAB EUCH DEN FREIEN WILLEN ALS GÖTTLICHES GESCHENK – HABT IHR ES WOHL GENUTZT? MENSCHEN KAMEN ALS VERWALTER AUF DIESEN WUNDER-SCHÖNEN PLANETEN – HABT IHR GUT FÜR IHN GESORGT? IHR SEID DER TEMPEL DES SCHÖPFERS; HABT IHR DIESE POSITION EHRENHAFT BEKLEIDET? *SO SEI ES, DENN ES IST IN DER VOLLENDUNG!*

Dharma geh und mach eine Pause, bereite dich für den Tag vor, denn die nächsten Tage werden bis zum Überquellen gefüllt sein. Wir werden einige Pausen machen, aber wir müssen schnell weiter-machen – die Wahrheit muß unter die Menschen gebracht werden, meine Liebe. Was sie damit macht, ist nicht dein Problem, jeder soll damit machen, was er will.

Ich gehe auf Stand-by. Bitte bereite dich auf mich, Ashtar, Sananda, Nikola und Walter vor. Mach dir keine Sorgen, deine Frequenzen wurden schon lange an mein Übermittlungsgerät angepaßt. Wir müssen uns um unseres Vaters Werk bemühen, Chela, und das werden wir tun.

COMMANDER GYEORGOS CERES HATONN AUF STAND-BY HATONN KLÄRT DEN FREQUENZBEREICH BITTE. SALU AUS

KAPITEL 3

Aufzeichnung Nr. 2 | HATONN

Dienstag, 10. Oktober 1989, 13.21 Uhr, Jahr 3, Tag 55

Hatonn hier, um mit dem Kommuniqué zu beginnen. Von Zeit zu Zeit werde ich weggerufen werden, bevor wir dieses Dokument beendet haben, bitte sei deshalb darauf vorbereitet, Dharma, dann Commander Ashtar zu empfangen. Wir werden darum bemüht sein, für die einzelnen Teile nicht mehr als drei Stunden zu benötigen und ich ersuche darum, daß du in der Zeit, bis dieses Dokument in den Druck gehen kann, nicht anderweitig mit zerstreuenden Situationen behelligt wirst.

Das hier ist im Moment das wichtigste Thema, mit dem die Menschheit zur Zeit konfrontiert ist. So ernst Eure anderen Probleme auch zu sein scheinen, wenn keiner übrig bleibt, der sie erfahren kann, werden sie höchst unwichtig. Ihr befindet Euch inmitten Eurer LETZTEN GROSSEN PLAGE – AIDS.

Ich werde viele falsche Vorstellungen zurechtrücken und voraussichtlich auch einige Denkmuster anpassen hinsichtlich der Gedankengänge, wer was getan hat und wem es angetan wurde. Ihr seid weiterhin ein Volk der Lüge mit wenig Rückhalt und die Lüge wird täglich tödlicher; nun, die Wahrheit wird Eure letzte Zuflucht sein und deshalb können wir weder auf Gefühle noch auf Worte Rücksicht nehmen, denn das Überleben Eurer Völker hängt davon ab, was wir mit diesem riesenhaften Problem machen.

Viele der eingangs erwähnten Informationen und Beschreibungen Eurer Notlage ist auf Eurer Erde in der einen oder anderen Form bereits bekannt, aber zur Information für alle Leser muß einiges wiederholt werden. Ihr müßt einen gewissen Hintergrund haben, Stand der Dinge, Denkansätze, Prognosen und die Verflechtung mit der „Zeit".

WAS IST AIDS UND WIESO EINE PLAGE?

AIDS ist, über alle Definitionen hinweg, eine „Plage"! Sie wird die Gesellschaft in einer Art und Weise beeinflussen, wie Ihr Euch das derzeit nicht vorstellen könnt. Es ist für Euch als Volk keine Heilung in Reichweite und es ist auch keine Impfung in Sicht – beides wird im Verlauf der Durchgabe tiefgründig diskutiert werden. Selbst mit wissenschaftlicher, optimistischer Vorausschau wird das nicht einmal in den nächsten fünfzehn bis zwanzig Jahren erhofft. Von den Experten des Öffentlichen Gesundheitswesens wird geschätzt, daß innerhalb der genannten Zeitspanne über 2,4 Milliarden Menschen – das ist die Hälfte der Weltbevölkerung – durch das AIDS-Virus oder dessen Mutationen ihr Leben verlieren werden. In keiner Weise ein sonderlich schönes Bild.

Innerhalb der nächsten Dekade steht Euch eine ökonomische Verwüstung der Gesundheits- und Versicherungssysteme und aller damit verbundenen Dienste bevor.

Nun habe ich noch eine schockierende Information für Euch neu hinzugekommene Leser, die sich in ihrer festen Beziehung und der behaglichen Bequemlichkeit eines Kondoms sicher und geborgen fühlen. Wenn sich die Dinge nicht sofort und radikal ändern, so seid Ihr für die Auslöschung bestimmt.

AIDS wird durch den Gebrauch eines Kondoms NICHT verhindert, denn es hat kaum Auswirkungen. AIDS ist KEINE Geschlechtskrankheit. AIDS ist KEINE homosexuelle Krankheit und AIDS wurde nicht durch irgendeinen Affenbiß weit weg in Afrika verbreitet. Es kam direkt aus einem von Menschen geführten Labor, in dem Rinder- und Schafsviren gekreuzt wurden – (es wächst nicht in einem grünen afrikanischen Affen).

Das AIDS-Virus wurde speziell angefordert, produziert und eingesetzt und jetzt wird damit Eure Spezies vom Aussterben bedroht. Ihr seid drauf und dran, die schlimmste Katastrophe in der Geschichte Eurer Welt zu erleben. Ja, es gibt Heilung – eine 100%ige Heilung, aber Eure Regierung und Eure kontrollierenden Interessengruppen werden sie nicht zulassen – sie wird für die privilegierten „Wenigen" unter Verschluß gehalten. Und da die Zielsetzung ist, bestimmte, ausgewählte Personengruppen, die als unpassend eingeschätzt werden, zu vernichten, werdet Ihr die Heilungsmöglichkeiten solange nicht bekommen, bis es den Führern Eurer Erziehungsberechtigten genehm ist.

Als Hintergrundinformation für dieses Material empfehle ich Euch, vorhergegangene Schriften von mir, Commander Ashtar und einigen der höherdimensionalen Wesenheiten zu besorgen. Wenn Ihr das Problem nicht kennt, könnt Ihr auch nicht hoffen, es lösen zu können. Wir sind nicht in der Bücherbranche, aber unsere Absicht ist es, Euch in verständlicher Abfolge Informationen zukommen zu lassen, damit Ihr unsere Wahrheit versteht und wenn das Material für Euch immer schwerer und schwerer wiegt, müssen wir uns nicht ständig mit Unglauben in unserem Status auseinandersetzen.

WIE KAM ES DAZU?

OFFIZIELL wurde der erste Fall von AIDS im Jahr 1981 in San Francisco diagnostiziert. Eigentlich war es irgendwie so: Das AIDS-Virus tauchte 1978 in New York auf, dann 1980 in Los Angeles und San Francisco. Es hatte junge, weiße, männliche Homosexuelle im Alter zwischen 20 und 40 Jahren mit häufigem Partnerwechsel befallen. Gleichzeitig mit diesem Auftauchen wurde 1978 eine Hepatitis-B-Impfstudie in New York und San Francisco und 1980 in Los Angeles durchgeführt – bei jungen, weißen Homosexuellen im Alter zwischen 20 und 40 Jahren.

Man muß sich sicherlich fragen, ob hier nicht eine Verbindung besteht zwischen der Hepatitis-B-Impfstudie der Vereinigten Staaten und dem darauffolgenden Ausbruch von AIDS in den gleichen Bevölkerungsgruppen und exakt zur gleichen Zeit.

Des Weiteren folgte dies dem Ausbruch der Krankheit in Dritte-Welt-Gebieten wie Afrika und Haiti in den 1970ern auf dem Fuß. Die Schwulen der Westküste, besonders die aus San Francisco, hatten Haiti in der Folgezeit zu ihrem Hauptspielplatz und Urlaubsparadies auserkoren, wobei sie von zwei Seiten attackiert wurden.

NUN, WIE IST ES NACH HAITI GEKOMMEN?

Das werde ich Euch jetzt sagen und danach werde ich die Viren erklären und warum Ihr in dieser verheerenden Zwickmühle seid.

In der Mitte Eurer 1970er Jahre sind in Afrika die Pocken epidemisch ausgebrochen und haben sich auch auf andere Gebiete ausgeweitet. Es wurde eine Organisation ins Leben gerufen, die WHO, die Weltgesundheits-Organisation, die einen groß angelegten Versuch unternahm, Abertausende von Menschen zu impfen – darunter befanden sich auch etwa 15.000 Haitianer, die in dieser Zeit in Afrika arbeiteten.

Nun, bevor Ihr Euch jetzt in Vorwürfen zu „Unterstellungen" ergeht, laßt mich noch ein paar Dinge anmerken, die bereits als harte physikalische Fakten bestehen und ich erwarte von Euch, daß Ihr das zu Eurer eigenen Zufriedenheit und Bestätigung überprüft.

ÜBER DAS SOGENANNTE AIDS-VIRUS UND -VIREN

Ihr müßt ein gewisses Verständnis haben über Viren, Bakterien, menschlichen Zellursprung, Gewebekulturen und Manipulationen all dieser Dinge in einem Labor. Ich bestätige hier die einfachen und sehr passenden Aussagen von Dr. Robert Strecker über dieses Thema. Er hat den Wirkmechanismus isoliert und kennt darüber hinaus das Konzept des Heilmittels. Wir helfen bei der Ausarbeitung der fehlenden Teile in den derzeitigen Daten.

Um das AIDS-Virus anzusprechen – in seiner Morphologie ist das Virus eigentlich ein Retrovirus des D-Typs. So, was sind Viren? Einige von Euch sind davon überzeugt, und ich will Euch nicht verwirren, daß Viren die kleinsten reproduzierfähigen Mikroorganismen sind. Das bedeutet, daß man davon ausgeht, daß sie die kleinsten reproduzierfähigen Organismen sind, die andere Zellen benötigen, um darin zu wachsen.

Diese Viren können sich außerhalb von lebendem Gewebe nicht reproduzieren, so ist die Überzeugung der heutigen Wissenschaftler. Viren müssen in einer anderen Zelle leben, um zu wachsen und sich zu reproduzieren.

Bakterien, Pilze und einige andere Organismen sind tatsächlich fähig, außerhalb von Gewebestrukturen zu wachsen, mit anderen Worten, sie benötigen zur Reproduktion kein weiteres Gewebe. Sie können sich in Kulturschalen mit Bakterien entwickeln. Viren müssen innerhalb des Gewebes wachsen, wofür lebendes menschliches oder tierisches Gewebe notwendig ist, damit sie reproduzierfähig sind.

Ein Retrovirus ist ein kleiner, reproduzierfähiger Organismus, der in lebendem Gewebe wächst. So, was bedeutet der Begriff „Retro"? Im Falle dieses speziellen Virus' steht es für die Tatsache, daß sich innerhalb des AIDS-Virus und anderer, sogenannter menschlicher oder tierischer Retroviren kleine Enzyme befinden, die als reverse Transkriptase bekannt sind. Hier kommt das Wort „Retro" her. Die reverse Transkriptase, hier kommt das „re" von „reverse" und das „tro" von Transkriptase. Das ist ein Enzym im AIDS-Virus, das tatsächlich verantwortlich ist für die Vervielfältigung der Gene des AIDS-Virus, das eine RNS-Form besitzt [A.d.Ü.: RNS – Ribonukleinsäure, Träger der tierischen Erbinformation], die sich von der menschlichen Form unterscheidet. Das menschliche Genmaterial wächst in DNS-Form [A.d.Ü.: DNS – Desoxyribonukleinsäure, Träger der menschlichen Erbinformation].

Wenn sich jetzt das AIDS-Virus nach der Infektion einer Zelle in menschlichem Gewebe einnistet, vervielfältigt sich dieses RNS-Enzym eines AIDS-Virus in einer DNS-Form und nistet sich dann effektiv als solche in der menschlichen DNS ein. Die Gene des AIDS-Virus dringen ein und werden in DNS-Form dupliziert, kopiert durch die reverse Transkriptase. Diese Information wird dann im genetischen Aufbau der menschlichen Zelle verwendet. Jetzt ist es ein in den menschlichen Genen lebendes AIDS-Virus geworden, welches das Signal für die Produktion eines NEUEN AIDS-VIRUS aussendet. Lest das genau – NEUES AIDS-VIRUS!

Über AIDS hinaus wird die genetische Information aller Retroviren durch die in die Gene eingeschleuste reverse Transkriptase in DNS-Form kopiert mit der darauf folgenden Produktion neuer Viren.

Laßt mich hier einen Teil der Information zum besseren Verständnis etwas verallgemeinern. Virologie ist die Studie von Viren, die sich mit winzigen lebenden Organismen befaßt, die nur durch den Gebrauch des modernsten verfügbaren Elektronenmikroskops auf Eurem Planeten sichtbar sind, das Euch jetzt auch die wissenschaftlichen Begrenzungen aufzeigt. Millionen von AIDS-Viren passen auf einen kleinen Stecknadelkopf. Das AIDS-Virus ist für Euch Menschen auch deshalb so tödlich, weil es nicht in menschliche Zellen eindringt und sie neutralisiert, sondern weil es sein eigenes genetisches Material in die genetische Struktur der menschlichen Zelle einpflanzt, wobei es die menschliche Zelle als eine Art Virus-Fabrik benutzt, in der es sich mit Hilfe des Rohmaterials der menschlichen Zelle vervielfältigt.

Im Gegensatz zu größeren Organismen wie z. B. Bakterien, reagieren Viren nicht auf konventionelle medizinische Behandlung. Genauso wie Euer normales „Erkältungs"-Virus, kann es durch Medikamente nicht effektiv behandelt werden. Der Unterschied liegt jedoch darin, daß das Immunsystem durch den Angriff überwältigt wird, was ich Euch hier auch noch darlegen werde.

Dharma, wollen wir hier bitte eine kleine Pause machen und die Sitzung später wieder aufnehmen? Danke.

SALU, HATONN GEHT AUF STAND-BY BITTE

KAPITEL 4

Aufzeichnung Nr. 1 | HATONN

Mittwoch, 11. Oktober 1989, 07.00 Uhr, Jahr 3, Tag 56

Hatonn hier zum Weitermachen. Laß es uns ein wenig voran-treiben, bitte.

Denkt Ihr vielleicht, Donald Trump bemerkt heute schon, daß er eine höhere Aufgabe haben könnte, als Schiffe zu bauen und Airlines zu zerlegen? Wird er würdigen, wo es angebracht ist, oder einfach selbstgefällig denken: „Noch mehr Glück für den guten alten Trump?" So sei es.

Dann, liebe Freunde, WISST auch, daß mit dem Start des Space Shuttle mit großer Gewißheit viel mehr zusammenhängt als das, was Euch Eure Nachrichten erzählen. Ich kann Euch nicht darüber infor-mieren, aber es gibt welche, die in diesem Bereich tätig, sich dessen bewußt sind und tun, was sie können. Wir sind auch im Dienst, und sie könnten dumm genug sein, es doch zu starten, aber der Start wurde verschoben, bis alles besser untersucht worden ist. Es tut mir leid, Mr. Beardon, aber WIR sind ihre unsichtbaren Lichtkugeln, die beim Start zugegen sind. Jedoch haben die Russen die Fähigkeit, sich in die richtige Frequenz einzuklinken und haben, wie im Falle der Challenger-Explosion, das Gebiet rechtzeitig verlassen, um nicht die Schuld zugeschoben zu bekommen, nachdem sie bemerkt hatten, daß sie explodieren wird. Ich werde darüber später in diesem Journal noch im Detail sprechen.

Wir werden jeden Tag kommentieren, oder wenigstens alle paar Tage, über das, was WIRKLICH vor sich geht bei Euren Neuigkeiten, wenn Euch Leser das interessiert.

Ich würde momentan dazu sagen, daß niemand Eure Luftfahrzeuge oder Eure technischen Ausrüstungen sabotieren muß; Eure eigenen Konstrukteure arbeiten sehr effektiv, wenn es um Inkompetenz bei Bau und Reparaturen geht. Ihr lebt in einer riesenhaften Todesfalle mit verändertem intellektuellem Leistungsvermögen. Wir stehen zur Seite, um Lebensformen zurückzugewinnen und tödliche Waffen, die für den Weltraum vorgesehen sind, unschädlich zu machen.

AM 19. AUGUST 1987 WURDE EUCH GESAGT, DHARMA, DASS MAN UNS ZUERST VERLEUGNEN UND DIE VERTU-SCHUNGEN SO LANG WIE MÖGLICH AUFRECHT ERHAL-TEN WÜRDE, DASS WIR DANN ANERKANNT WERDEN WÜRDEN, ABER DIE BASIS, DIE BEVÖLKERUNG IN PANIK ZU VERSETZEN, BEREITS GELEGT SEIN WÜRDE UND DASS SIE NACHFOLGEND EINEN MONUMENTALEN AUFSTAND ANZETTELN WÜRDEN, UM UNS ALLES IN DIE SCHUHE ZU SCHIEBEN – ANGEFANGEN BEI EUREN ‚KLEINEN MÄNN-CHEN' [A.d.Ü.: GREMLINS] IN DEN BETRIEBEN, WEITER BEI CHEMISCHEN UND BIOLOGISCHEN KRIEGSWAFFEN, BIS HIN ZU HUNGERSNÖTEN UND NATUREREIGNISSEN, USW. USW. USW. GENAU DESHALB BRINGEN WIR EUCH DIESE INFOR-MATIONEN, UM DEM ETWAS ENTGEGENZUSETZEN – ES IST WEITHIN BEKANNT, DASS SIE DAS RAUMKOMMANDO WEGEN AIDS VERKLAGEN WÜRDEN. ALSO LASSEN UNS EURE VERANTWORTLICHEN KEINE ANDERE ALTERNATIVE, ALS EUCH MITZUTEILEN, WAS AUF EUCH ZUKOMMT UND WARUM.

Meine Lieben, es ist die Wahrheit, die jetzt in einem gewagten Buch „Andere Verluste" zu Euch kommt. Nach der Übernahme durch die Alliierten wurden in Deutschland mehr als eine Million deutsche Sol-daten, von denen die meisten nichts über Gefangenenlager oder Krieg wußten, gefoltert und ohne Essen und Wasser in Lagern der US-Armee gefangen gehalten, bis sie langsam unter Höllenqualen starben. Oh, Ihr wollt das nicht wissen? Wolltet Ihr wissen, was in Vietnam wirklich passiert ist? WENN IHR *GUTMENSCHEN* NICHT EURE AUGEN ÖFFNET UND VERÄNDERUNGEN HERBEIFÜHRT, WIRD ES SCHLIMMER UND SCHLIMMER UND SCHLIMMER WERDEN.

Glaubt Ihr wirklich, das Chaos im drogengeschüttelten Panama und Noriega ist ein Mißgeschick?

Könnt Ihr Euch vorstellen, daß sogar Eure „Gutmenschen" total verantwortungslos handeln? Wenn Ihr „SURVIVAL IS ONLY TEN FEET FROM HELL" [A.d.Ü.: Phönix-Journal Nr. 06] von Commander Antheose Xandeau Ashtar gelesen habt, wie wir Euch gebeten hatten, werdet Ihr diese Anmerkung schätzen: Dr. Arthur Robinson von „Robinson and North", der Euch in „KÄMPFENDE AUSSICHTEN" einen Überlebensschutzplan anhand gegeben hat, ging nach Hause in seinen Heimatort, verteilte – kostenlos – Hunderte von Büchern und machte das Angebot – kostenlos – in der örtlichen Schule ein Schutzsystem einzubauen, das einhundert Menschen beherbergen konnte. Nicht nur, daß die Kommunalverwaltung dieses Schutzsystem nicht baute, sie haben noch nicht einmal angenommen, was er dazu beitragen wollte – „WER WÜRDE DIE HUNDERT ÜBERLEBENDEN AUSWÄHLEN?" – !

FÜHLT IHR EUCH DAMIT NICHT EIN WENIG HILFLOS? OH, WENN IHR SIE WENIGSTENS BAUEN WÜRDET, UM EUCH „VOR DIESEN SCHRECKLICHEN EINDRINGLINGEN AUS DEM KOSMOS ZU SCHÜTZEN"! UNS INTERESSIERT NICHT, „WARUM" IHR SIE BAUT, WIR WOLLEN NUR, DASS IHR SIE BAUT, DENN IHR SEID DIE AUSERWÄHLTEN, DIE NACH DEM BIG BANG ALLES WIEDER AUFBAUEN SOLLEN. WAS MUSS MAN NOCH ALLES TUN, UM DIE AUFMERKSAMKEIT DER MENSCHHEIT ZU BEKOMMEN? NUN, WIR PLANEN, WEITERE MORDE INNERHALB UNSERER SPÄHTRUPPE AUF EIN MINIMUM ZU REDUZIEREN – WIR KOMMEN JETZT ALS HOLOGRAMM, SO DASS WIR GENAUSO SCHNELL VERSCHWINDEN KÖNNEN, WIE WIR AUFTAUCHEN. DANN SCHAUT MAL, OB EURE MORDSJUNGS DAS KAPIEREN!! WENN WIR UNS

WEITERHIN MIT EURER FÜHRUNG TREFFEN, WERDEN WIR UNS NICHT MEHR MANIFESTIEREN, DENN WIR WERDEN EUCH IN ZUKUNFT KEINEN GLEICHEN VORTEIL MEHR EINRÄUMEN – DIE EUREN HABEN NICHT DEN GERINGSTEN FUNKEN VON FAIRNESS, SONDERN BESTEHEN AUS GRENZENLOS KRANKEN ABSICHTEN.

* * * * *

Laß uns jetzt mit den Informationen über AIDS und Viren im Allgemeinen fortfahren.

Virologie ist natürlich das Studium der Viren. Sie beschäftigt sich mit diesen kleinen, lebenden Organismen (die zufällig kristallin sind, ‚Kristalle'). Millionen von Viren passen wunderbar auf einen Stecknadelkopf – (und tanzen mit all den Englein, die auch auf einen Stecknadelkopf passen). Es ist sehr schwierig, Virologe zu sein, denn die Behandlung von Viruserkrankungen befindet sich außerhalb der Euch bekannten medizinischen Möglichkeiten.

Das AIDS-Virus ist deshalb tödlich, weil es eben NICHT in menschliche Zellen ‚eindringt und sie neutralisiert', sondern wegen seiner Fähigkeit, sein eigenes Genmaterial in die menschliche Zellstruktur einzubringen. Nun, laßt uns mit dieser Wiederholung weitermachen.

AUSWIRKUNGEN AUF MENSCHEN

Einfach gesagt, läßt sich das menschliche Immunsystem in zwei Bereiche unterteilen. Der eine wird B-Zellen genannt, das Wort ist seine ganze Kennzeichnung (Ihr habt Euer Alphabet wirklich herzlich lieb), und der andere Bereich sind die T-Zellen. Sagen wir es so, die B-Zellen kontrollieren Antikörper, die die „b"akteriellen Infektionen unter Kontrolle bringen.

Die T-Zellsysteme kontrollieren das Aufkommen von opportunistischen Infektionen wie Pneumocystis-carinii-Pneumonie und Kaposi-Sarkom – Erkrankungen mit tödlichem Verlauf für einen Menschen.

In diese Gruppe kann man auch Tuberkulose mit hineinnehmen, aber das sind sowohl unterschiedliche Behandlungs- als auch Diagnose-Methoden, speziell was den Befall durch das mutierte AIDS-Virus betrifft. Wenn Ihr Euch erinnert, es war nicht immer einfach, Tuberkulose, Syphilis usw. zu behandeln – heute ist es noch schwieriger geworden, denn Ihr mißbraucht Eure „Wunder"mittel und verbreitet robustere und widerstandsfähigere Stämme dieser „heilbaren" Krankheiten.

Wenn das AIDS-Virus den menschlichen Körper einmal befallen hat, zerstört es gezielt die T-4-Zellen. Die T-4-Zellen sind ein obligatorischer Bestandteil des menschlichen T-Lymphozyten-Systems. Dieses System unterstützt bei Krebsbehandlungen, Infektionen durch Pilze und andere Organismen. Um jetzt dazu ins Detail zu gehen, ist es für Hatonn zu komplex, denn die Informationen sind leicht zugänglich und dies hier schreiben wir für den alternativen Zweck.

Das AIDS-Virus zerstört *gezielt* diese T-Zellen. Dann schaut doch mal kurz das Vorkommen dieser neuen, sogenannten menschlichen Retroviren an, die Euch dieser Tage plagen. Ich werde dieses alphabetisch/numerische System nicht so exakt verwenden wie es Eure Wissenschaftler tun, aber ich glaube, ich kann es auf den Punkt bringen und Ihr rechnet ja für gewöhnlich nicht mit römischen Zahlen. Das erste in der Reihe ist HTLV-1, das verantwortlich ist für T-Zellen-Leukämie. Dann kommt HTLV-2 mit Haarzellen-Leukämie. Dann, das große HTLV-3 – das Ihr AIDS-Virus nennt.

Nun, wenn Ihr HTLV-1 auf eine Gewebekultur gebt, werden Dinge „wachsen und wuchern", und deshalb könnt Ihr wahrscheinlich T-Zellen-Leukämie finden.

Wenn Ihr HTLV-2 auf eine Gewebekultur gebt, seht ihr, wie sich eine „Haarzellen"-Leukämie entwickelt.

Jetzt das große Ding, HTLV-3. Uuups, in einer Gewebekultur vermehrt sich das nicht – es ist zerstörerisch. Wenn Ihr das auf eine Gewebekultur aufbringt und ein paar Tage später nachschaut, ist die Kultur tot.

Das ist im Prinzip das, was in Euren menschlichen Körpern passiert, denn Ihr seid nicht viel mehr als eine wandelnde Gewebekultur. Angenommen, Ihr habt einen Menschen, der mit dem AIDS-Virus infiziert wird, so wird das Virus seine T-4-Lymphozyten töten, danach mit aller Wahrscheinlichkeit die Thymus-Drüse zerstören und damit den Körper in die Immunschwäche führen – als Mittelweg – und somit Tür und Tor für Infektionen öffnen wie z. B. die tödliche Pneumocystis-carinii-Pneumonie oder Krebsentstehen, in diesem Fall höchstwahrscheinlich das Kaposi Sarkom. Diese beiden Erkrankungen sind der „Fingerprint" oder das „Markenzeichen" für das AIDS-Virus.

Es ist jedoch das Gesamtbild, das für die menschlichen Spezies so katastrophal ist. Plötzlich habt Ihr eine Explosion zusammenhängender Krankheiten, nicht nur AIDS, sondern auch anderer Retroviren – HTLV-1, HTLV-2, HTLV-3, HTLV-4 (das ist ein relativ neu entdecktes Virus, das auch als HIV-2 bekannt ist) und HTLV-5. Ihr habt auch eines, das Dr. Strecker 1LL [A.d.Ü.: sie gleichen sich, im Englischen Wortspiel 1 look-alike) nennt. Das ist eine gute Kennzeichnung, denn es ist eine täuschend ähnliche Imitation des anderen.

AFRIKANISCHER GRÜNER AFFE UND DIE WAHRHEIT

Hier gebe ich Dr. Strecker meine Bestätigung ein weiteres Mal. (Er benötigt sie nicht, aber ich wünsche, daß er sie bekommt).

Wenn Ihr die menschlichen und tierischen Populationen Eures Planeten einmal anschaut, insbesondere die in Eurer unmittelbaren Nachbarschaft, das dann auswertet und die Viren herauszieht, von denen die Tiere befallen werden, habt Ihr die Antwort – UND EUREN BEWEIS, DASS DIESE AIDS-ERKRANKUNG VORSÄTZLICH UND VOM MENSCHEN GEZÜCHTET WURDE.

Ihr werdet herausfinden, daß es bei Rindern ein Virus gibt, das als Rinderleukämie bekannt ist, welches exakt die gleiche Form hat und im Auftreten identisch ist mit dem HTLV-1-Virus. Es besitzt die gleiche Magnesium-Abhängigkeit und hat auch das gleiche Molekulargewicht.

Es besitzt ebenfalls die Fähigkeit, in der Rinderpopulation dieselbe B- und T-Zellen-Leukämie hervorzurufen und ist in Zellkulturen höchst wachstumsfreudig.

Wenn Ihr Euch nun das Rindervirus, das mit HTLV-2 identisch ist, anseht, werdet Ihr ein anderes Rinder-Virus finden, welches die gleiche Form, die gleiche Magnesium-Abhängigkeit, dieselbe Grunderscheinung sowie das gleiche Molekulargewicht hat und „Haarzellen-Leukämie" im Rind erzeugt.

Nun, wenn Ihr jetzt weiter zurückschaut, werdet Ihr ein Virus entdecken, das als bovines „Visna"-Virus bekannt ist und die gleiche Erscheinungsform hat wie das AIDS-Virus; gleiches Molekulargewicht, Morphologie, Magnesium-Abhängigkeit etc. 1974 erzeugte entweder das bovine Leukämie-Virus oder das bovine Visna-Virus Pneumocystis-carinii-Pneumonie in einem Eurer höheren Affen, dem Schimpansen. (VERWECHSELT IHN NICHT MIT DEM AFRIKANISCHEN GRÜNEN AFFEN.) Aber das, meine Freunde, ist AIDS! Jetzt habt Ihr HTLV-4, das eine Rekombination zwischen Visna und HTLV-2 darstellt, oder das bovine Synzitial-Virus, welches ein neues ADIS-Virus ist und auch das HTLV-5-Virus und ein Spiegelvirus (look alike).

Einfach ausgedrückt, das AIDS-Virus attackiert und zerstört T-4-Zellen. Das sind die Zellen, die innerhalb lebender Tiere (inklusive Menschen) den Körper vor dem Krebszellwachstum schützen. Bei einem mit AIDS-Virus infizierten Menschen besteht eine Zerstörung der T-4-Zellen und daraus entsteht die Entwicklung bestimmter Krebsarten – Kaposi Sarkom und Pneumocystis Carinii-Pneumonie, „die Markenzeichen für AIDS", die immer „tödlich" sind.

Es gibt neben dem aktuellen AIDS-Virus noch zahlreiche andere tödliche Retroviren, die Menschen infizieren und Krebse verursachen, inklusive Krebs im Blut – Leukämie. Diese durch menschliches Krebsgeschehen erzeugten Retroviren, AIDS inbegriffen, sind identisch mit den tierischen Viren – aber nicht beim afrikanischen grünen Affen. Sie kommen vom Rind und vom Schaf und werden als Bovin- und

Visna-Virus bezeichnet. WENN ICH EUCH WÄRE, WÄRE ICH IN DER HEUTIGEN ZEIT BEREITS SEHR NERVÖS, IHR SOLLTET EIGENTLICH BEREITS ZIEMLICH VERSTÖRT SEIN!

WIE KAMEN TIERISCHE VIREN IN MENSCHEN?

Ach so – könnte hier ein Foul gespielt worden sein? Rinder? Schafe? Was ist dann mit dem vielgepriesenen afrikanischen Grünen Affen als Ursache für AIDS? Wer würde denn Euch nette, vertrauensselige Bürger der irdischen „Bruderschaft" der Menschen belügen?

Wenn Ihr die genetische Struktur des AIDS-Virus betrachtet, sehen die Gene nicht einmal wie die eines Affen aus – genetisch sehen sie exakt wie das bovine Leukämie-Virus vom Rind und /oder das Visna-Virus vom Schaf aus.

Das sind Retroviren in Tieren und diese Viren sind bekannt dafür, daß sie „Hirnfäule" bei Schafen und Leukämie bei Rindern erzeugen. Wenn Ihr also diese beiden Viren kreuzt, habt Ihr das AIDS-Virus konstruiert. Nur, Eure AIDS-Experten werden Euch was anderes dazu erzählen und Eure Politiker, Ärzte, Pharmazeuten, usw. usw. – werden Euch vehement widersprechen; aber Eure Veterinäre werden Euch Recht geben!

Wenn Ihr auf der einen Seite das bovine Leukämie-Virus habt und das Visna-Virus auf der anderen Seite und Ihr infiziert gleichzeitig eine menschliche Zellkultur damit, wird nicht nur der Stamm produziert, also bovines Leukämie-Virus und Visna-Virus, sondern es wird sich jedes mögliche Rekombinant entwickeln (und noch eine Menge andere, die nicht wachsen oder sich reproduzieren und daher „inkompetent" genannt werden). Ein Beispiel, das vom Konzept her sehr einfach ist: jeder von Euch ist ein Rekombinant Eures Vaters und Eurer Mutter und Ihr seid direkte Nachkommen – 50:50. Diese Viren „paaren" sich zur Fortpflanzung und erzeugen so Myriaden von Nachkommenschaften, die alle leicht verändert sind, mit anderen Worten, es sind keine „Klone".

DAS WURDE VORHERGESAGT

Ein Artikel im Lancet aus dem Jahr 1956 von McFarland Burnett beschreibt wie folgt: „Die menschlichen Verwicklungen in diesem raffinierten Universum von Gewebezellkulturen, Bakterien und Viren sind, gelinde gesagt, dubios; im schlimmsten Fall, ehrlich gesagt, entsetzlich." (Meine Lieben, bitte erinnert Euch, ich sagte Euch bereits, daß in Israel schon in den 50er Jahren im Reagenzglas Leben erschaffen wurde! Behaltet das bitte in Euren Herzen; denn wenn Ihr Leben erschaffen könnt, könnt Ihr schlußendlich auch Tod erschaffen (der Seelenessenz), was Ihr jetzt auch gemacht habt. DAS, FREUNDE, IST ABSOLUT INAKZEPTABEL!)

Des Weiteren hat der Autor dringend auf die inkorrekten medizinischen Lehrmeinungen hingewiesen. Im Falle von AIDS seid Ihr deshalb besser beraten, diese Meinung als wahr zu erachten. Die allopathische Medizin wird im Falle von AIDS Eure Menschheit auslöschen.

Vorausschau? Es ist noch ein bißchen mehr: „Egal, wie Eure Ansichten zur Entstehung der Menschheit auch aussehen, Evolutionstheorie oder Erschaffungstheorie, der Autor kommt über die Genmanipulation der menschlichen Spezies zu einem alarmierenden Ergebnis. Die Medizin muß sich den Einsatz aller Wissenschaften zunutze machen, sollte aber auch die Grenzen erkennen, die der Evolutionsprozeß und die Natur des Menschen ihm bezüglich deren Gebrauch auferlegt. Dies ist für einen experimentierenden Wissenschaftler schwierig einzusehen, denn es ist mehr als offensichtlich, daß hier Gefahren in einem Wissen lauern, das wir eigentlich nicht haben sollten." So sei es! Ein weiterer Kommentar von mir; ob Ihr jetzt Anhänger der „Erschaffungs"- oder der „Evolutionstheorie" seid, *es ist weder das Eine noch das Andere – Ihr* müßt verstehen, daß Ihr gerade jetzt erst ins Wissen kommt – deshalb wäre es nett, wenn wenigstens ein paar von Euch überleben würden, um in die Wahrheit hineinzuwachsen.

Wenn Ihr ein „Erschaffer" seid, wie könnt Ihr es wagen, Gottes Werk zu verbessern? Wenn Ihr ein „Evolutionist" seid, wie kommt Ihr dazu, zu glauben, daß Ihr eine sofortige Lösung findet?

Oh ja, es war ausdrücklich *VORHERGESAGT*, daß Ihr Euch in dieses Chaos manövrieren würdet – ganz ausdrücklich. Von einem Eurer Ärzte wurde am Ende einer Rede zu diesem Thema der Ausspruch gebracht: „Wir, die wir jetzt sterben werden, salutieren Euch." So sei es! Werdet Ihr Euch in diese Falle der Metzelei genauso leicht hineinbewegen wie in alle anderen vorher? Wenn dem so ist, werde ich Euch weder salutieren, noch Euer Benehmen billigen. Wenn Ihr mit Rückgrat und Aktion da hineinspringt, werde ich betonen: „Wir, die wir LEBEN, salutieren Euch und ‚Willkommen an Bord'!"

AN EUCH, DIE IHR GOTT EHRLICH UM HILFESTELLUNG UND ANTWORT IM INTERESSE EURER MITBRÜDER GEBETEN HABT – HIER SIND WIR, IHR HABT ES GETAN, BRÜDER, ERKENNT DIE ANTWORT VOM SCHÖPFER, DIE JETZT ZU EUCH KOMMT! SO SEI ES UND SELAH. WIR VOM HÖHEREN KOMMANDO SALUTIEREN EUCH, DIE IHR EIN RISIKO EINGEHT UND WAGEMUTIG SEID!

Bitte um eine Pause, Dharma. Ich möchte, daß sich das oben Gesagte etwas setzt, bevor wir weitermachen. Salu. Zieh am Klingelzug, Chela, wenn du bereit bist, fortzufahren. Hatonn geht auf Stand-by.

KAPITEL 5

Mittwoch, 11. Oktober 1989, 17.00 Uhr, Jahr 3, Tag 56

Hatonn nimmt den Faden wieder auf.

EINE ODER ZWEI FRAGEN

Zuerst will ich eine Frage beantworten, die mir Dharma sehr oft stellt – warum? Warum tun wir das? Wir haben sie jedem Geheimdienst ausgesetzt, dem Finanzwesen, der Trilateralen Kommission, der Internationalen Währungsunion, dem Foreign Relations Council, ihr die Geheimnisse über das Auftauchen von UFOS mitgeteilt, sind im Überlebensbetrug gegen die Regierung vorgegangen, haben die Wahrheit über Jmmanuel preisgegeben, haben jede religiöse Gemeinschaft dazu gebracht, sie zu kreuzigen, das hat sie all ihre Freunde gekostet, die Angst vor ihr bekamen und sie einer nach dem anderen verlassen hat, und jetzt schießen wir mit Flinte und flammenden Pfeilen auf die Götter der Medizintempel und auf die Regierung – was ist jetzt noch geblieben? Nun, das Justizsystem, aber da kommen wir auch noch hin! Wir werden Euch wahrscheinlich auch noch detaillierte Berichte über „diesen und jenen Krieg" zukommen lassen, zusammen mit dem größten Betrug aller Zeiten – dem Drogenkrieg.

OHH, WIE GEMÜTLICH!

Dharma, sie haben dir in den letzten paar Jahren mehrmals das Leben genommen – und du schreibst immer noch. Ich weiß, daß das erschreckend ist, du mußt aber auch wissen, daß wir dich sehr gut schützen können, wenn du Vorsicht walten läßt und den Instruktionen folgst, empfange möglichst wenig Besuch, selbst deine guten Freunde nicht, halte dich fern von Menschenansammlungen und großen Städten. Es wird noch schlimmer, Chela, aber wir müssen tun, was getan werden muß. Du bist jederzeit verbunden mit einem von uns, immer mit Sananda, immer mit mir und jetzt mit jedem, für den du schreibst. Daß du so gefährdet bist, berührt auch mich – mehr Sicherheit als Privatsphäre, aber sei gepriesen für deinen Dienst. Ihr Alle, die Ihr in unserem Dienst steht, seid genauso geschützt, es ist Euch nur nicht erlaubt, Euren ganzen Vertrag einzusehen – das ist wesentlich besser so. So sei es.

Nun, meine Liebe, wir geben dir viel mehr anhand als das Exekutionskommando – wir geben dir auch Schutz. Deshalb wird alles in kleinen Bruchstücken weitergegeben – so ist gewährleistet, daß du es nicht geschrieben haben kannst. Ich trage die Last, kleiner Spatz, und du bewegst weiterhin deine Finger.

DIE REGIERUNGEN WERDEN DEN AUSSERIRDISCHEN DIE SCHULD ZUSCHIEBEN

***** WIR GEBEN DIR DIE FAKTEN, WEIL DAS EIN ABSCHEULICHES LEICHENTUCH SCHWEBENDEN TODES IST, IN DAS MAN DIE MENSCHHEIT EINGEHÜLLT HAT – *MIT DER ABSICHT, ES AUF ALLE AUSSERIRDISCHEN ZU SCHIEBEN – ZÄHLT EURE TAGE; ES KOMMT BALD, DANN, WENN SIE UNSERE ANWESENHEIT NICHT MEHR LÄCHERLICH MACHEN KÖNNEN!* ***** *ES IST GEPLANT, DAS AUS EUREN RAUMFAHRZEUGEN HERAUS ZU VERÖFFENTLICHEN UND DAZU KOMMT, DASS SIE EINES EURER NACHGEBAUTEN RAUMSCHIFFE ÜBER EINE ODER MEHRERE EURER STÄDTE PLAZIEREN WERDEN, UM EUCH GLAUBEN ZU MACHEN, DASS WIR EUCH ALS GEISELN HALTEN!* ***** ICH WÜRDE ES AUSSERORDENTLICH BEGRÜSSEN, WENN IHR ALLE STATTDESSEN DIESES DOKUMENT LESEN UND DIE WAHRHEIT VERBREITEN WÜRDET! ICH DANKE EUCH UNTERTÄNIGST!

Was, vermutet Ihr, werden sie (Eure Schattenregierung) Euch erzählen, wenn alle erbeuteten Schiffe aus den geheimen Hangars kommen? In jedem wichtigen Luftwaffenstützpunkt habt Ihr galaktische Flugmaschinen. Ihr habt die Besatzungen getötet und die Kleinen von Reticulum kamen in so großer Liebe und Vertrauen, um dann in die aufgestellte Falle zu tappen. Ihr könnt nur hoffen, daß sie sich nicht für Auge um Auge entscheiden! Und was ist mit den Wunderschönen, die *Chlorophyll transformieren* und die Ihr eingeäschert habt? Was ist mit Euren eigenen Leuten, die Ihr umgebracht habt, weil sie zu viel wußten, sie in Einzelteile zerlegt und es Euren Raumbrüdern untergeschoben habt? Betet, Brüder, daß Gott nicht darauf besteht, hier so zu ernten, wie gesät wurde, sonst würde Eure Spezies nicht ungeschoren davonkommen, ohne ein wenig karmische Schuld zu bezahlen. Dankt Gott auf Knien, daß Gott, Sananda Jmmanuel, der Höchste Richter sein wird, denn Eure Führer sollen nicht bekommen, was sie mit Sicherheit verdienen würden – und Ihr? Was ist mit Euch? Wer hat diese Führer gewählt und es zugelassen, daß die Welt in diesen Status von Ungnade und Entehrung verfällt? Wer trinkt Alkohol bis zum Umfallen, besucht Prostituierte, wurde auf vielfache Art und Weise selbst zur Prostituierten, hat seinen Bruder getötet, und sei es nur durch Verleugnung, wer hat Tierleben so zum Spaß genommen, aus Gier und Vergnügen Löcher in Eure mütterliche Quelle gesprengt, wer hat in Betrug und Gier gehandelt und den Besitz eines Anderen und damit dessen rechtmäßige Substanz an sich gerissen? SO SEI ES!

NEIN, WIR WERDEN UNS NICHT VON EUCH ABWENDEN WEGEN DERJENIGEN, DIE EUCH BETROGEN HABEN. DENN WIR WERDEN UNSERE BRÜDER AUF EUREM PLANETEN NICHT VERLASSEN, UM SIE WEITERER VERFOLGUNG ODER MÄRTYRIUM AUSZUSETZEN. EUER GOTT WIRD NICHT LÄNGER STILL HALTEN. UND DIEJENIGEN, DIE UNSERE ARBEITER UND SCHREIBER ANRÜHREN, SIND BESSER BERATEN, VORSICHTIG ZU SEIN, DENN DAS WIRD NICHT MEHR TOLERIERT. ICH, HATONN, BIN NEUNEINHALB FUSS

[A.d.Ü.: etwa 3 m] GROSS UND KOMPLETT KUGELSICHER! VERSUCHT ES! ICH GLAUBE, IHR HABT DIE REDEWENDUNG „RETTET MEINEN TAG"! NEIN, DHARMA, OBERLI UND DIE ANDEREN AUF EURER ERDE SIND ES NICHT, ABER SPIELT MIT IHNEN UND IHR SPIELT DIREKT MIT MIR! IM ÜBRIGEN SCHÜTZT IHR SIE AUS DIESEM GRUND VOR BEKANNTEN FEINDEN.

WIR SCHÄTZEN DIE REGIERUNGSÄMTER, DIE SIE UNTER DAUERNDER BEOBACHTUNG HABEN, DENN ES IST OFFEN-SICHTLICH, DASS WIR KEINEN UMSTURZ PLANEN, NUR INFORMATION IN POSITIVER ART UND WEISE GEBEN – WIR SIND NICHT FEINDLICH GESINNT, UND WENN SIE DIESE HIER ZUM SCHWEIGEN BRINGEN, WERDEN SIE NUR EINE WEITERE BEKOMMEN, DIE FÜR SIE GEFÄHRLICHER IST, DENN ALLE INFORMATIONEN SIND BEREITS PUBLIK UND JETZT, DA ES SO VIELE VON EUCH WISSEN, KÖNNT IHR SIE AUCH MIT NOCH MEHR GRAUENHAFTEN NACHWEISEN AN DIE ÖFFENTLICHKEIT BRINGEN.

ICH WIDME SPEZIELL DIESES DOKUMENT ZWEI MEN-SCHEN, DIE IN DIESER BEZIEHUNG ALLES GEGEBEN HABEN; TED STRECKER, DER ERSCHOSSEN WURDE, UND SEINEM STELLVERTRETER DOUGLAS HUFF AUS ILLINOIS, DER VER-GIFTET WURDE. ES GIBT NOCH EIN PAAR MEHR, ABER ICH HONORIERE DR. ROBERT STRECKER, DER SEIN WERK FORT-SETZT, OBWOHL ER WEISS, DASS ER ZUR ZIELSCHEIBE FÜR SIE GEWORDEN IST – DENKT ABER DARAN, DASS SIE ZUKÜNFTIG MIT UNS RECHNEN.

Genug, Dharma, laß uns noch etwas zum Thema AIDS schreiben, denn das ist unser derzeitiges Thema.

* * * * *

EIN VIRUS ANPASSEN

Die zentrale Frage des Themas um AIDS ist: Wie kann man ein Virus – ein tierisches Retrovirus, sagen wir, ein bovines Visna-Virus – dazu bringen, in einem Menschen zu wachsen?

Das Nationale Gesundheits-Institut, genau wie weitere AIDS-Experten, würden Euch gern glauben machen, daß das Virus einfach Artensprünge macht – von einem afrikanischen Grünen Affen zu Menschen – durch einen Biß am Körper – irgendwie, und dann explodiert es über ganz Afrika usw.

Booahh, Moment mal. Erzählen sie Euch nicht auch, daß SICH DAS VIRUS NICHT DURCH BISSE ODER SPEICHEL ÜBERTRÄGT? Nun, habt Ihr eine andere Erklärung, wie das mit dem afrikanischen Grünen Affen hätte funktionieren können? Sie sagen, DAS war ein Biß, und dann, die Infizierung erfolgte durch den Speichel des Affen! Ich sage Euch jetzt: –

DAS AIDS-VIRUS WIRD NICHT WACHSEN IM AFRIKANISCHEN GRÜNEN AFFEN, ES SEI DENN „SIE" HABEN JETZT EINEN STAMM, SPEZIELL FÜR DEN GRÜNEN AFFEN, GEZÜCHTET UND DIE ARMEN KREATUREN ABSICHTLICH DAMIT INFIZIERT, UM IHRE AUSSAGEN ZU ERHÄRTEN. DAS IST NICHT WAHRSCHEINLICH, DENN SIE ARBEITEN SELTEN SO EFFIZIENT, NOCH MACHEN SIE SICH DIE MÜHE, DENN IRGENDWIE WERDEN „SIE" FÜR IHRE LÜGEN NIE ZUR RECHENSCHAFT GEZOGEN.

Jetzt lasse ich Euch mal ein bißchen zusammenzucken. Wurde das AIDS-Virus wirklich „angefordert"? Ihr seid der Richter:

Ein Auszug aus einem Artikel Eurer WHO, der 1972 veröffentlicht wurde, sagte Folgendes: „Es sollte ein Versuch gestartet werden, um festzustellen, ob Viren tatsächlich selektive Auswirkungen auf die Funktion des Immunsystems haben können. Es sollte die Möglichkeit dahingehend festgestellt werden, ob die immunologische Abwehrreaktion gegenüber dem Virus selbst beeinträchtigt wird. Und ob die Zellen, die auf das virale Antigen reagieren, von den effektiven Viren mehr oder weniger selektiv geschädigt werden." Also gut, Ihr wißt nicht, was dieses Kauderwelsch bedeutet?

Es bedeutet: „Konstruiert ein Virus, das sich selektiv im T-Zell-System des Menschen einnistet." Das, meine Freunde, ist AIDS. Es ist kein Zufall, daß Ihr jetzt ein sich zu einer Pandemie ausbreitendes Virus habt, das T-Zellen zerstört, denn es war, in gewissem Sinn, vorhergesagt und angefordert.

Jetzt gebe ich Euch noch den Artikel aus der London Times für die, die noch nichts darüber gehört haben, obwohl es sich in diesen Tagen ziemlich weit herum gesprochen hat, aber zu der Zeit, als dieser Artikel veröffentlicht wurde, wurde er ziemlich ignoriert. Der Artikel deckt auch die Frage einer möglichen „Beauftragung" für ein solches Virus ab!

LONDON TIMES, 11. MAI 1987

Am 11. Mai 1987 war auf der Titelseite der London Times ein Artikel mit folgender Überschrift zu lesen: „POCKENIMPFUNG LÖSTE AIDS AUS". Der Autor Pierce Wright gab bekannt, daß die AIDS-Epidemie möglicherweise durch eine Impfkampagne der Weltgesundheits-Organisation (WHO) in Ländern der Dritten Welt ausgelöst wurde. Die Schlußfolgerung daraus ist natürlich, daß es die Wahrheit ist. Die Story ist aber die: Die WHO hatte jemanden angeheuert, der herausfinden sollte, ob die WHO-Impfprogramme, durch die die Pocken in Afrika ausgerottet wurden, zur Ausbreitung von AIDS in Afrika beigetragen haben könnten. Offensichtlich hatte die WHO für die Erstellung dieser Studie einen Forscher angeheuert, der aus Angst davor, seinen Namen preiszugeben, anonym blieb. Er machte diese Studie über mehrere Jahre hindurch, erstellte einen Bericht, übergab ihn der WHO, wurde bezahlt und ging seiner Wege.

Ein Jahr später oder so, ging dieser Forscher ins Büro der London Times und warf die Studie auf den Schreibtisch von Pierce Wright. Pierce Wright ist der wissenschaftliche Redakteur der London Times (ein sehr respektables und angesehenes Blatt). Der Mann sagte: „Wenn Sie wirklich wissen wollen, was mit AIDS in Afrika los ist, hier ist die

Antwort!" Des Weiteren hat sich in größerem Maß herumgesprochen, daß die WHO befürchtete, daß ihre Pocken-Impfkampagne mit dem Ausbruch von AIDS in Verbindung gebracht werden könnte. Nun könnt Ihr wohl auch erraten, daß die WHO die Studie begraben und den Berater sofort gefeuert hat – einen Mann mit internationalem Ruf. Die Times hat auf verschiedene überraschende Zusammenhänge hingewiesen: „Die Theorie mit der Pockenimpfung würde die Position der Zentralafrikanischen Staaten begründen, die als die am meisten Belasteten gelten, während Brasilien als das am meisten belastete Land in Lateinamerika gilt, und wie Haiti der Korridor für die Ausbreitung von AIDS in den USA wurde."

„Brasilien, das einzige südamerikanische Land, das bei der Vernichtungskampagne berücksichtigt wurde, hat die höchste AIDS-Rate in dieser Region. Die Übereinstimmung ist hier ziemlich auffällig." Die London Times ist nicht so für Übertreibungen bekannt wie Eure amerikanischen Medien.

Nun, dieser Artikel verursachte einen Eklat und in allen Zeitungen in Europa, Lateinamerika und anderen Teilen der freien Welt tauchten plötzlich Leitartikel darüber auf. Habt Ihr darüber gelesen? So sei es! Warum nehmt Ihr an, daß dem amerikanischen Volk kritische Information verwehrt bleibt, wenn sie fast auf der ganzen Welt großflächig gestreut wird? Seid Ihr bereit für ein paar harte Fakten?

Würde Euer eigenes Volk so etwas tun? Oh ja, liebe Freunde, das habt Ihr gemacht.

SCHAUT AUF „FREIWILLIG"

In den 30er und 40er Jahren wurde in Eurem Land, den USA, in Alabama, vom US Health Service eine Studie mit schwarzen Männern durchgeführt, die mit Syphilis infiziert waren. Diese Schwarzen wurden in den Folgejahren serienmäßig beobachtet. Der wichtige Teil der Geschichte ist nicht, daß sie beobachtet wurden, sondern, daß sie beobachtet wurden im Hinblick auf die Nutzbarkeit von Penicillin, das Syphilis heilen konnte. DEN MEISTEN *WURDE KEIN PENICILLIN*

VERABREICHT, WAS IN DER FOLGE ZUR INFEKTION IHRER FRAUEN UND ZU VON GEBURT AN MIT SYPHILIS INFIZIERTEN SCHWARZEN KINDERN FÜHRTE. Dies wird in einem Buch von James Jones analysiert, *SCHLECHTES BLUT (BAD BLOOD)*, das ich Euch wärmstens empfehle.

Oh, vielleicht sagt Ihr, das liegt ja lange zurück, es waren „nur" Schwarze, die herumgehurt und es wahrscheinlich verdient haben. Lest weiter!

Zwischen 1959 und 1970 gab es über dreihundert biologische Experimente, die an US-Bürgern durchgeführt wurden und in einem anderen Buch aufgezeichnet sind, das ich Euch zu lesen empfehle als Bestätigung dessen: *EINE HÖHERE FORM DES TÖTENS (A HIGHER FORM OF KILLING) VON HARRIS UND PAXMAN.* Dieses exzellente, mit Nachweisen versehene Buch dokumentiert die Historie der biologischen Kriegführung der USA und hat ganze Berge davon in dieser Form verarbeitet. Zu sagen, daß Eure oder andere Regierungen unfähig sind, diese Arten von Experimenten durchzuführen, ist ziemlich unklug, habt Ihr doch damit Euren Kopf im Sandeimer stecken – denkt dran, in einem Sandeimer kann man den Erstickungstod erleiden.

Wollt Ihr einfach nicht glauben, daß Euer eigenes Land diese abscheulichen Taten rachsüchtiger, mitleidloser Grausamkeiten begehen könnte? Habe ich Euch nicht gerade heute Morgen gebeten, Euch ein anderes Buch zu besorgen: *ANDERE VERLUSTE?* Eure eigenen US-Soldaten haben unter General Dwight D. Eisenhower über eine Million Deutsche in ihren Gefangenenlagern verhungern lassen – freiwillig und völlig gewissenlos. DIE MEISTEN VON EUCH WERDEN ALSO AUCH GLAUBEN, DASS AIDS VON DER RAUM-BRUDERSCHAFT GEBRACHT WURDE! IHR WART SO LANGE ZEIT EIN VOLK DER LÜGE, DASS IHR DIE WAHRHEIT NICHT ERFASSEN KÖNNT.

Das ist so weit weg und schon vor langer Zeit gewesen? OK, kommen wir dem Ganzen näher, speziell bei Euch an der Westküste,

sagen wir, in und um San Francisco. Wie wäre es mit einem Militär-
schiff unter der Flagge des Department of Health, das Serratia mar-
cescens Bakterien auf San Francisco sprühte und Alle damit infizierte,
ohne daß jemand davon wußte? Der Forscher, der diese Studie leitete,
stellte fest, daß jeder Einwohner San Franciscos durchschnittlich mindestens fünftausend dieser Bakterien während des Projektes einatmete
– das diente dem Nachweis, daß San Francisco Ziel eines Angriffs bio-
logischer Kriegsführung ist. Schlaft wohl heute Nacht, denn was Ihr
nicht wißt, wird Euch schneller umbringen als Ihr denkt!

WIE STEHT ES UM ZUFÄLLE?

Also, nein, es war nicht zufällig, aber zur Information wollen wir
mal sehen, wie Pockenimpfstoff hergestellt wird. Eine Kuh wird in
einen engen Stall gepfercht, in dem sie ihren Bauchbereich nicht lek-
ken und nicht infizieren kann. Der Bauch wird rasiert, die Haut bis
in tiefere Schichten abgetragen, Pockenimpfstoff aufgebracht, es wird
eine Zeitlang, sagen wir, eine Woche, gewartet, bis es eitert und sich
Wundschorf bildet. Die Bauchgegend wird erneut abgetragen, die
Krusten aufgefangen, getrocknet, präpariert und Ihr habt das nächste
Quantum Pockenschutzimpfung.

Nun haben wir hier eine Möglichkeit. Wie wir schon vorher gesagt
haben, kann jedes Virus, durch das die Kuh infiziert ist, präsent sein;
bovines Visna-Virus, bovines Leukämie-Virus, bovines Synzitial-
Virus usw. Uups, hier haben wir noch etwas: im Jahr 1981 wurde
verlautbart, daß es bei einem fötalen Kalbserum eine bekannte Verunreinigung gab durch etwas, was bovines Visna-Virus genannt wurde.
Das heißt, Freunde, daß Ihr zum gleichen Zeitpunkt, als AIDS zum
Ausbruch kam, eine Verunreinigung von fötalem Kalbserum mit
bovinem Visna-Virus hattet. Das bedeutet weiter, daß dieses Virus
nicht nur in Kühen existierte, sondern auch in Wachstumsmedien,
die weltweit für Gewebekulturen verwendet wurden. Das heißt,
daß fötales Kalbserum, das so etwas wie das Wachstumshormon für
menschliche und andere tierische Gewebekulturen ist, mit einem

Virus verunreinigt war, von dem bekannt war, daß es eine direkte Beziehung zu AIDS hat.

Jetzt noch ein bißchen mehr Mischmasch, et voilà, Ihr habt den Jackpot!

SPRECHEN WIR MAL ÜBER ZAHLEN

Retroviren sind dem medizinischen Berufsstand im Großen und Ganzen nicht geläufig, weil sie meistens bei Tieren auftreten. Mittlerweile habt Ihr mehr Veterinäre in den oberen Reihen der Forschergruppen bei AIDS sitzen und jede Menge entmutigende Informationen kommen zum Vorschein.

Wenn Ihr einen Fall mit Hinweis auf AIDS habt, gibt es die ziemlich zutreffende Daumenregel, daß Ihr dahinter neunundneunzig subklinische Fälle habt, die auftauchen und, sozusagen, den ersten ganz oben untermauern.

Sagen wir, Ihr habt zu einer bestimmten Zeit 50.000 Fälle von AIDS in den USA; das bedeutet, es folgen noch etwa fünf Millionen nach. Was könnt Ihr noch von der allgemeinen Regel in der Retrovirologie herleiten? Ihr wißt, daß die Viren, die den ersten Hinweisfall an der Spitze unterstützen, sagen wir Rate 1 : 100, über eine längere Zeitspanne aktiv sind, durchschnittliche Daumenregel, also während 20 % der Lebensspanne eines Menschen. Das heißt für Euch, es sind 20 % von etwa 70 Jahren, was etwa 14 Jahren entspricht. Entsprechende Daten zeigen, daß diese Berechnung ziemlich genau ist.

FOLGE DIESES TIMINGS

Höchstwahrscheinlich hat es große Auswirkungen, was die Impfentwicklung betrifft. Ihr müßtet einen größeren Zeitrahmen abwarten, etwa 14 bis 20 Jahre, bis Ihr herausfinden könntet, ob die Impfung wirkt. Ihr müßtet 14 bis 20 Jahre warten, bevor Ihr feststellen könntet, ob Euch die Impfung sterben läßt oder Euren Kopf rettet. Das nennt man „langsame" menschliche Viruserkrankungen und sie repräsentieren eine neue, größere Problemart, mit der die meisten Mediziner wenig oder gar keine Erfahrung haben.

Im vorletzten Jahr hattet Ihr etwa 40.000 NACHGEWIESENE Fälle von AIDS. Letztes Jahr hattet Ihr gemeldete 80.000. Es scheint, daß die Verdoppelung jährlich auftritt. Tut mir leid, meine Lieben, wahrscheinlich liegt sie bei sechs Monaten.

Die von Eurer WHO herausgegebenen Statistiken sind atemberaubend. Durch den „AIDS-Gürtel" und andere Regionen liegt Afrika als Kontinent bei etwa 40 bis 75 MILLIONEN Infizierten. Wenn sich diese Zahl nur jedes Jahr verdoppelt, bedeutet es, daß in ein paar Jahren fast der gesamte afrikanische Kontinent infiziert ist und man kann davon ausgehen, daß er in vier bis acht Jahren tatsächlich ausgelöscht ist.

ZURÜCK ZU DEM ARMEN GRÜNEN AFFEN

Wollt Ihr immer noch glauben, daß das vom Grünen Affen gekommen Ist? Sorry, dieser Weg kann es nicht gewesen sein. Wenn irgendein Dschungelaffe jemanden gebissen hätte, hätte sich das vom Dschungel in die Städte ausbreiten müssen – tut mir leid, es breitet sich von den Städten in den Dschungel aus. Dazu müßt Ihr ein Geheimnis wissen; diejenigen, die die engste Berührung mit den Grünen Affen haben, sind die Pygmäen. Es ist lustig, bis vor einem Jahr oder so, waren die Pygmäen von AIDS fast nicht infiziert. SIE WURDEN ERST NACH HAUTNAHEM KONTAKT MIT PROSTITUIERTEN AUS DEN STÄDTEN VERSEUCHT ODER WURDEN INFIZIERT DURCH NADELKONTAMINATION BEI INTRAVENÖSEM DROGENMISSBRAUCH, ALS ES SICH AUS DEN STÄDTEN HERAUS VERBREITETE.

Einen weiteren Beweis gegen die These mit dem Grünen Affen findet man in den Code-Auswahlen des AIDS-Virus. Das bedeutet, daß die genetische Information des AIDS-Virus, die als Code-Auswahl bekannt ist, bei Affen nicht gefunden wurde. Sie wurde beim Affen nicht gefunden und auch nicht beim Menschen – es gibt sie tatsächlich nur im Visna-Virus und in ein paar anderen Viren aus dem Labor.

Deshalb sieht die genetische Struktur des genetischen Materials, die sogenannte Geninformation des AIDS-Virus, wie ein Visna-Virus im bovinen Leukämie-Virus aus, wie wir bereits wissen. All diese Nachweise zeigen, daß kein Affe daran beteiligt war – höchstens ein paar Menschen, die affenartige Possen trieben, würde ich sagen.

Dharma, Schluß für heute Abend. Morgen werden wir in „Sex und Drogen" einsteigen. Ich wünschte ehrlich, daß jeder sexuell aktive Mensch diese Ausarbeitung heute Abend vor Schlafenszeit hätte – aber wir tun das Beste, was wir können. Ihr tragt Euer Leben buchstäblich in die Spielhölle. Vielleicht lernt Ihr eines Tages sogar, „Sex" als das zu nehmen, was er wirklich ist und aufzuhören, ihn Liebe zu nennen. So sei es und guten Abend.

Schlaf gut, wir möchten bitte früh beginnen, denn es ist ein langes Schriftstück und eine ausgesprochen zeitbezogene Angelegenheit.

Hatonn geht auf Stand-by

KAPITEL 6

Donnerstag, 12. Oktober 1989, 07.30 Uhr, Jahr 3, Tag 57

Hatonn hier und bereit, fortzufahren. Ich habe das Bedürfnis, Euch an ein paar Punkte zu erinnern und Euch zu warnen.

TRENNT TATSACHEN VON VISION

Wenn jemand dein Schwingungsfeld betritt, Dharma, mußt du bis zu einem gewissen Grad außen vor bleiben. Diesmal kommen wir an diesen Ort und zu dir mit Fakten, die die gesamte Menschheit betreffen und zu den riesigen Veränderungen, die über Euren Planeten kommen. Wir widersprechen fast ohne Ausnahme Euren standardisierten falschen Darstellungen der Informationen in zahllosen Aspekten Eurer Lebenserfahrungen. DAS WIRD NICHT VERWECHSELT WERDEN MIT SÄKULAREN GRUPPEN, METAPHYSISCHEN KABALEN, POLITISCHEN ODER SONSTIGEN GRUPPEN-„BEWEGUNGEN". WIR KOMMEN, UM EUCH DIE WAHRHEIT ZU PRÄSENTIEREN UND ALS BRUDERSCHAFT DER MENSCHEN ZU AGIEREN. WIR DÜRFEN KEINE WICHTIGTUER ODER SELBSTERNANNTE WELTVERBESSERER IN UNSEREN REIHEN HABEN, DIE EURE AUTOREN IN AUSGEWÄHLTE „LAGER" STECKEN. WIR KOMMEN ZU „ALLEN", DIE DIE MEISTER UND UNSERE KOSMISCHE BRUDERSCHAFT EMPFANGEN WOLLEN; UND NICHT, UM ÜBER VEREINIGUNGEN AUF EUREM PLANETEN SANKTIONEN ZU VERHÄNGEN, SONDERN ALLE UND JEDEN ZU ERMUTIGEN, DEN GESETZEN DER SCHÖPFUNG UND DEN GESETZEN GOTTES ZU FOLGEN. SO SEI ES!

Deshalb wirst du, Dharma, kein Deckmäntelchen eines Hatonn, Ashtar, St. Germain, Sananda, Gabriel, Michael und so fort, tragen – du wirst die Wahrheit empfangen und abwägen, aber einzelne Gruppen werden dich in Richtung Zwietracht und Konflikte rücken. Ihr müßt nicht notwendigerweise an meine Wahrheit glauben, um die Wahrheit in den Diktaten zu erkennen und könnt trotzdem bemerkenswerte Mitwirkende sein – der Glaube kommt mit grenzenloser Annahme und Wahrheit in Wissen – nicht durch Hervorhebung einzelner Gruppen mit suspekten Ideologien und Mythen.

Das Studium der Astrologie ist verzerrt und, laßt mich daran erinnern – Ihr könnt heutzutage keinem Standort eines Sterns mehr trauen, denn die meisten Eurer sogenannten Haupthimmelskörper sind nichts anderes als unsere Schiffe, die zwischen ihnen und Euch projiziert werden. Es ist nicht die Zeit für Mystiker, Wahrsager, Hellseher und falsche Gurus oder um mit verträumten Augen in die Kristallkugel zu sehen. ES GIBT EINEN GOTT UND EINE WELT IN SCHRECK-LICHEN NÖTEN, DIE AUF IHREN ÜBERGANG ZUSTEUERT. NICHT MEHR UND NICHT WENIGER. WAS IHR EUCH ZUM ESSEN AUSWÄHLT, WIRD EUREN PHYSISCHEN KÖRPER BEEINFLUSSEN UND DAS IST AUCH ALLES. DIE SEHNSUCHT IST DIE, IN AUSGEGLICHENHEIT UND HARMONIE MIT DER SCHÖPFUNG ZU LEBEN – EURE SEELENESSENZ (EURE UNEND-LICHE ENERGETISCHE WESENHEIT) IST IN IHRER SEINSFORM KOMPLETT ANDERS UND EURE ESSGEWOHNHEITEN Z. B., INTERESSIEREN UNS NICHT. DES WEITEREN WERDEN ALLE PHYSISCHEN FUNKTIONEN KOMPLETT VON DIESEM ZEN-TRALEN ELEKTRISCHEN SYSTEM GESTEUERT, DAS IHR GEIST NENNT. WIE BEI AIDS, IST ES EINFACHE LICHTFREQUENZ-STEUERUNG DER GENTECHNISCHEN VERÄNDERUNGEN UND STRUKTURIERUNG. DER GEIST KANN ERSCHAFFEN UND DER GEIST KANN ZERSTÖREN – ODER DER GEIST KANN DAS GERÄT AUF PHYSISCHER EBENE ENTWICKELN, UM ES

EINZELN UND GETRENNT VOM INDIVIDUELLEN BLICKWIN-
KEL AUS EINZUSETZEN. ÜBERTÜNCHT NICHT ALLES MIT
WOODOO–HOKUSPOKUS – GOTT IST UNENDLICH UND IHR
ALS MENSCHEN SEID SEINE DIREKTEN FRAGMENTE. AUF
EURER MATERIELLEN EBENE GIBT ES GAR NICHTS, WOMIT
IHR EUCH DEN „WEG" IN DIE HIMMLISCHEN EBENEN
ERKAUFEN KÖNNT – ALLES ENTSTEHT DURCH DIE GNADE
DER „ERLAUBNIS" DURCH EURE SCHÖPFUNG. WAS IHR
AUF DER MATERIELLEN EBENE AUCH TUT, SIE ERLAUBT
NUR DAS WISSEN DESSEN, WAS IHR AUS DEM HERZEN
ZURÜCKSTRAHLT UND DAS WIRD HÖCHST SORGFÄLTIG
BEOBACHTET.

IHR KÖNNT EUER LEBEN LANG NICHTS ANDERES ESSEN
ALS WEIZEN, GRAS UND ALGEN, HEUSCHRECKEN UND
HONIG UND DANN LEICHTSINNIG FÜR EIN BISSCHEN
SPASS UND EIN PAAR SPIELE FÜR DAS KÖRPERLICHE
WOHLERGEHEN INS BETT HÜPFEN UND DAMIT ALL DIE
GUTEN ABSICHTEN ZUNICHTE MACHEN, DIE IHR MIT
EUREM ESSVERHALTEN ANGESTREBT HABT. DAMIT HABT
AUCH IHR DIE VORAUSSETZUNG GESCHAFFEN, AN AIDS
ZUGRUNDE ZU GEHEN UND DANN MACHT IHR GOTT FÜR
EUER MISSGESCHICK VERANTWORTLICH. AIDS IST EIN
„KONTAKT-SPORT", KEINE SEXUELLE KRANKHEIT – EINE
KRANKHEIT, DIE DURCH KONTAKT ENTSTEHT UND SICH
GENAUSO LEICHT VERBREITET WIE EURE GANZ GEWÖHN-
LICHE „ERKÄLTUNG".

Ich sorge mich jenseits aller Worte über das, was Eure Lehrer Euren
Kleinkindern mit auf den Weg geben – Sextraining im Kindergar-
ten, und alles ist gut, wenn Ihr ein Kondom benutzt: und wenn Ihr
schwanger werdet – entscheidet Ihr Euch einfach, das Baby auf einem
Operationstisch ermorden zu lassen. DA IST KEINE REDE VON
LIEBENDEN BEZIEHUNGEN (LIEBE IN WAHRHEIT), KEINE
EMPFEHLUNG DAZU, WIE MAN SICH LEICHT DEN GESETZEN

GOTTES UND DER SCHÖPFUNG ZUWENDET, NÄMLICH, INDEM MAN SELBSTDISZIPLIN UND SELBSTKONTROLLE ÜBT – EINFACH EINEN HÜBSCHEN GUMMI ÜBERZIEHEN UND ALLES IST BESTENS FÜR EURE KINDER. OH, IHR KRANKEN GEISTER – EURE KINDER WERDEN MIT EUCH ALS FÜHRUNG DURCH DIESE GESTÖRTHEIT UMGEBRACHT. ES IST *EBEN NICHT* IN ORDNUNG – DES WEITEREN IST JEDE FORM DES „LIEBE MACHENS", DIE IHR AUF EUREM PLANETEN PRAKTIZIERT, EINER INFEKTION NOCH ZUTRÄGLICHER, ALS DER NORMALE SEXUELLE AKT ZWISCHEN MANN UND FRAU; DENN SIE IST IMSTANDE, EURE GESAMTE SPEZIES AUSZUROTTEN. IHR BRINGT GERADE DIE ERNTE DESSEN EIN, WAS IHR BEREITS GESÄT UND GENÄHRT HABT UND EUER PLANET KANN DIE LAST DER BEVÖLKERUNG NICHT MEHR AUSHALTEN – WIR AUS UNSEREN EBENEN HABEN SEHR VIEL MITGEFÜHL MIT EUCH KLEINEN BRÜDERN, DENN IHR SEID VOM WEG ABGEKOMMEN UND FOLGT DEM TÖDLICHEN FEIND.

Ja, Dharma, wir sind jetzt überall bei Euch sichtbar. Jeder von Euch kann hinaufschauen und wird uns am Nachthimmel sehen können. Wir werden strategisch so stationiert sein, daß wir durch bunte Lichtrotationen leicht zu erkennen sind und es wird immer mehr Bewegung geben, die Ihr kürzlich als „Sternschnuppen" abgelegt habt. Wenn Ihr einen Schweif aus Schwebstoffen erkennt, der wie ein Komet aussieht, ist das Schiff innerhalb Eurer Atmosphäre. Wenn das Licht plötzlich, außergewöhnlich schnell kommt und keine stoffliche Spur hinterläßt außer den blinkenden Lichtern, ist das Schiff außerhalb Eurer dichten Atmosphäre – GENIESST ES! Ihr müßt dafür sicher nicht extra nach Rußland oder Oklahoma fahren – geht raus und schaut in den Himmel. Segen über Euch Kleinen, die Ihr in die Wahrheit wachst – die Reise ist wirklich schockierend. So sei es – Au Da Pai Da Cum. Millionen von uns sind hier draußen und warten auf Eure Einladung und wenn wir weiterhin Beachtung finden, wird die Kommunikation ganz normal und offen werden. Diejenigen, die in exklusiver Selbstverherrlichung für himmelschreiende Gebühren und Aufmerksamkeit „channeln", werden sicherlich vom Weg abkommen, so daß die Unsrigen in dem Bewußtsein nach innen schauen müssen, daß die Wahrheit für Alle da ist – für ALLE! DAS WORT DER WAHRHEIT MUSS AUSGEHEN AN *ALLE MENSCHEN DER ERDE*, NICHT NUR AN EIN PAAR AUSERWÄHLTE, DIE DIE PRÄSENZ EINER WESENHEIT ZULASSEN KÖNNEN.

Laß uns bitte wieder zurückkommen zu unserem Thema der letzten großen Plage, denn sie wird ein Drittel bis zur Hälfte der Erdbevölkerung dahinraffen und zwar in sehr kurzer „Zeit", so, wie Euch „Zeit" geläufig ist, denn es muß vieles auf den Weg gebracht werden, um die Explosion einzudämmen.

* * * * *

KREBS

Was ist Krebs? Laßt mich nochmal bestätigen, daß das Kaposi Sarkom und Leukämie-Krebsarten die Eckpfeiler von AIDS sind. DESHALB IST KREBS EINE ANSTECKENDE KRANKHEIT, DIE SICH VON EINER PERSON ZUR ANDEREN ÜBERTRÄGT.

WENN IHR GLAUBT, IHR WÄRET SICHER, WEIL IHR NICHT SCHWUL ODER PROMISKUITIV SEID ODER NICHT SEXUELL AKTIV, DANN SEID IHR AUF DEM HOLZWEG UND DER LÜGE VERFALLEN!

Eure Wissenschaftler wissen nicht einmal, ob die Übertragung von einer Person zur anderen „ein freies Viruspartikel" ist oder „ein Viruspartikel *innerhalb* einer Zelle". Diese Äußerung sollte Euch aufschrecken. Das ist, von wissenschaftlicher Ignoranz aus gesehen, genauso, als ob Ihr einen Bauunternehmer habt, der nicht weiß, ob das Haus schon gebaut ist oder noch als Bretter und Steine in einer Fabrik herumliegt. Das ist ein himmelweiter Unterschied. Das bedeutet, es gibt im Hinblick darauf, wie dieses Virus übertragen wird, sehr wenig Aufzeichnungen oder genaues Wissen.

Sie erzählen Euch, es sei eine Krankheit, die nur durch Sexualität übertragen wird, aber sie sagen Euch gar nichts dazu, WIE das Virus durch die Membranen von entweder Mann oder Frau gelangt. Die Art und Weise, WIE es da durchkommt, hat sehr viel mit seiner Gefährlichkeit auf längere Sicht hin zu tun.

Nun, ich kann Euch versichern, daß Ihr von der Heilung dieser Erkrankung durch orthodoxe Maßnahmen sehr weit entfernt seid, so daß es auf lange Sicht gesehen wenig ausmacht. Ihr werdet eine Heilungsmöglichkeit benötigen, die für ALLE Mutationen des Virus eingesetzt werden kann und sie auch genau dort zerstört, wo sie sich befinden. Oh ja, es gibt einen Weg, all das einzusetzen, aber auf der irdischen Ebene werden alle Maßnahmen ergriffen, die Euch davon abhalten, zu dieser Möglichkeit zu gelangen. Es gibt einige Stoffe, die auf medizinischer Basis in der nächsten Zeit veröffentlicht werden und die Euch etwas Hilfestellung geben bei der Erhaltung des Status und gezielten Rückbildung aktiver Symptome. Ich werde das später bei „Schlacht und Heilung" näher erläutern.

KONDOME

Der größte Befürworter für den Gebrauch von Kondomen als Vorsorge gegen die Ausbreitung von AIDS (und denkt daran, AIDS explodierte zuerst in homosexuellen Kreisen) und dessen Kontrolle, der Allgemeinchirurg C. Everett Koop, machte folgende Aussagen: „Die Prophylaxe hat bei Homosexuellen eine ausgesprochen hohe Fehlerrate und bietet ihnen damit keine Sicherheit beim Sex." Später fügte er hinzu: „Ich möchte keine Fehler akzeptieren und möchte auch das Wort „Fehler" in Zusammenhang mit diesem Bericht nicht gebrauchen – aber – !" Und dann fuhr er fort, „Da der Ausgangsbericht nun mal geschrieben ist, bin ich sehr überrascht darüber, daß für Kondome wohl niemals eine Studie über ihre Erfolglosigkeit und deren Ursache durchgeführt worden ist. Es wurde überhaupt nur eine einzige Studie in Auftrag gegeben, die derzeit noch läuft, die sich mit den verschiedenen Möglichkeiten der Undichte von Kondomen befaßt (Löcher und Risse) und deren Bezug zu AIDS."

* DIE GEBRÄUCHLICHSTEN FALSCHEN AUFFASSUNGEN ÜBER DAS AIDS-VIRUS UND KONDOME *

Die meisten falschen Auffassungen, die man Euch gerade unterjubelt, betreffen sexuell aktive Menschen. Man erzählt Euch, daß die Übertragung des tödlichen Virus praktisch unmöglich ist, wenn ein Mann ein Kondom benutzt. NICHTS KANN WEITER VON DER WAHRHEIT ENTFERNT SEIN. VON DEN KÖRPERFLÜSSIGKEITEN, IN DENEN DAS AIDS-VIRUS GEFUNDEN WIRD, ENTHÄLT DIE SAMENFLÜSSIGKEIT DIE GERINGSTE MENGE! Und tatsächlich gibt es auch keine wesentliche Menge an Viren in irgendjemandes Samenflüssigkeit; vielleicht ein Virus per Milliliter (wirklich ein sehr geringer Anteil), statistisch nicht relevant. Eine sehr reichliche Ejakulation könnte nur ein oder zwei Viren beinhalten. Oh ja, das könnt Ihr in Eurer eigenen medizinischen Literatur nachlesen.

Jetzt noch ein paar schlechtere Nachrichten: Ihr wollt hier so tun, als ob sich Millionen oder Milliarden von AIDS-Viren in einem Samenerguß befinden – wehe Euch; ein Kondom ist aufgrund seiner Herstellung mit mikroskopisch kleinen oder größeren Löchern durchsiebt. DAS KLEINSTE LOCH, DAS IN KONDOMEN GEFUNDEN WURDE, *IST ZWEI- BIS ZEHNMAL GRÖSSER ALS DAS AIDS-VIRUS!* ES IST SO, ALS OB IHR TISCHTENNISBÄLLE DURCH EINEN BASKETBALLKORB WERFT. *KONDOME HABEN NIE, WERDEN NIE UND KÖNNEN AIDS NICHT VERHINDERN!*

ASIATISCHER TIGER-MOSKITO

Sumpffieber, Malaria, Schlafkrankheit ... alle werden durch Insekten übertragen, nämlich die blutsaugenden Moskitos. Wie kommt es, daß Euch Eure „Experten" erklären, ein Moskito kann kein AIDS übertragen?

Der „Vater" des AIDS-Virus, das bovine Leukämie-Virus und Visna-Virus (Hirnfäule-Virus bei Schafen), das die „Mutter" der AIDS-Viren ist, sind durch blutsaugende Übertragungsmedien wie Moskitos von Tier zu Tier zustandegekommen.

Das AIDS-Virus wird ziemlich sicher bei der Blutübertragung durch Moskitos verbreitet und ganz speziell durch eines mit dem Namen Asiatischer Tiger-Moskito, der in Wirklichkeit in Amerika eingeführt wurde, um diese Erkrankung zu streuen. Er ist äußerst wählerisch bei seinen Menüs und bevorzugt Menschenblut.

WIE WÄRE ES MIT DER HERSTELLUNG EINES IMPFSTOFFES?

Wie wäre es mit einer kurzen Zusammenstellung, warum es keine Impfung geben kann. Das AIDS-Virus entstand durch Rekombination (Mischung) eines bovinen Leukämie-Virus mit einem Visna-Virus. Tatsache ist, daß die Gene des AIDS-Virus etwa 9.000 Basispaare enthalten, jedes Basispaar hat dann vier Auswahlen, was bedeutet, daß es 9.000 X 9.000 X 9.000 X 9.000 unterschiedliche AIDS-Viren gibt.

Das heißt auch, daß es einen kompletten „Feld-Effekt" hat, da es kein einzelnes Virus ist. Es gibt ein ganzes Sammelsurium von Viren und das erklärt natürlich, warum jedes AIDS-Virus, das bisher isoliert wurde, anders ist.

In dieser Unterschiedlichkeit liegt das Unvermögen zur Isolierung und Herstellung eines Impfstoffes. AIDS ist kein stabiles Virus wie bei Pocken zum Beispiel. Das Pockenvirus ist heute noch das gleiche wie vor tausend Jahren; das Gleiche gilt für Windpocken, Mumps und Masern und so weiter. Die aktuelle Tatsache jedoch ist die, daß jedes AIDS-Virus, das von jedem Patienten isoliert wurde, mehr oder weniger anders ist. Der Grund dafür ist, daß das Virus individuell mit dem Gewebe reagiert, in dem es wächst. Wenn es in DIR wächst, reagiert es so individuell, dass es zu DIR paßt. Es mutiert unglaublich spontan. Es kann einfach keinen SPEZIELLEN Impfstoff dafür geben, denn er müßte mehr als 9.000 hoch 4, mindestens, abdecken. Die rekombinante Natur dieses Biestes schließt erfolgreiche Impfung aus.

Außerdem wurde das Virus dafür erschaffen, genau diese Charakteristika zu tragen. Das Virus wurde entwickelt, um absichtlich und kollektiv die Zellen zu zerstören, die für die Abwehr dieses Virus zuständig sind, und das genau ist AIDS.

In Eurem Blutsystem habt Ihr Zellen, die man Makrophagen nennt. Es ist der Job der Makrophagen, das Virus zu verarbeiten, um es dann den T-Lymphozyten für den Aufbau der Abwehr zuzuführen. Was aber jetzt passiert, ist, daß die Makrophagen das Virus nicht töten können, sondern es wächst stattdessen in der Makrophage und die Makrophage verteilt es dann in andere Zellen, über den ganzen Körper verstreut. Das führt sowohl zum Tod der T-4-Lymphozyten als auch anderer Zellen, wie zum Beispiel einer ziemlich wichtigen Gruppe, die Ihr Gehirnzellen nennt.

Der Defekt liegt nicht primär im menschlichen Lymphozyten-System, sondern eher im Makrophagen-System, das für die Verarbeitung des Virus zuständig ist. Die Aufgabe des Makrophagen-Systems ist es, das Virus so zu transformieren, daß es der Körper zur Bildung von Abwehrstoffen verwenden kann. Was jetzt passiert, ist, daß, wenn jemand mit AIDS infiziert ist und er einen Antikörper gegen das Virus hat, sich diese beiden paaren (Reproduktion), wenn man einen Impfstoff gegen das Virus entwickelt – es ist aber der Sinn des Impfstoffes, einen Antikörper gegen das AIDS-Virus zu entwickeln.

Wenn man gegen AIDS geimpft ist, werden sich diese Paarungen vollziehen, was der Makrophage erlaubt, diese Antikörper viel leichter aufzunehmen. Anstatt der Makrophage wird nun der ganze Komplex aufgenommen. Die Makrophage verarbeitet nun den Antikörper, das Virus wächst innerhalb der Zelle und man stirbt schneller als ohne Impfung. Eine Impfung gegen AIDS ist derzeit für Euch unmöglich und würde sich als äußerst schädlich herausstellen.

Ihr habt nun rationale und klare Argumente bekommen, warum eine AIDS-Impfung nicht praktikabel sein kann und augenblicklich auch nicht entwickelt wird. Erstens habt Ihr eine astronomische Anzahl von Mutationen des Virus, was bedeutet, Ihr bräuchtet einen spezifischen Impfstoff für ein spezifisches Virus, was nicht in die Tat umzusetzen ist. Zweitens würde die Art und Weise, wie das Virus im menschlichen Körper verarbeitet wird, die AIDS-Infektion noch schneller tödlich verlaufen lassen, wenn man impfen würde.

Natürlich ist das enttäuschend für diejenigen, die sich rund um die Uhr abmühen, um einen Impfstoff zu finden. IST ES JEDOCH NICHT NOCH DÜMMER, BLIND EINE HEILUNG DURCH IMPFUNG HERBEIFÜHREN ZU WOLLEN, DIE GAR NICHT WIRKT UND DAMIT DIE FORSCHUNG FÜR ALTERNATIVE BEHANDLUNGEN UND HEILUNG ZU BLOCKIEREN? DAS WEITERE HERUMBASTELN AN EINER IMPFUNG WIRD DEN KRANKHEITSPROZESS SELBST NUR NOCH VERSCHLIMMERN.

Dharma, bitte laß uns eine Pause machen. Das ist ein sehr unerfreuliches Thema und wir werden es besser hinbekommen, wenn wir regelmäßige Pausen für etwas körperliche Lockerung und mentale Erfrischung einlegen.

Hatonn geht auf Stand-by

KAPITEL 7

Aufzeichnung Nr. 2 | HATONN

Donnerstag, 12. Oktober 1989, 16.45 Uhr, Jahr 3, Tag 57

Hatonn antwortet, danke. Nun, machen wir weiter.

Hier ein paar ernüchternde Fakten, die nur für Euch Amerikaner gelten. Über 30.000 Amerikaner sind bereits umgekommen, weil sie die Wahrheit über AIDS nicht wußten. Zwischen sieben und acht Millionen Amerikaner sind bereits infiziert. Eines von 60 Babys, geboren in New York City, ist infiziert; einer von 300 College-Studenten in Amerika ist infiziert; einer von 20 Ausländern (und ich meine hier nicht die extraterrestrischen Ausländer), die in Eurem Land um Begnadigung ersuchen, ist infiziert, und das zieht sich über alle Geschlechter – Männer, Frauen, Kinder. DIESE FAKTEN WERDET IHR NICHT IN EUREN MEDIEN HÖREN, MEINE FREUNDE.

GEHT UND SAGT ES EINEM BERG

Die ersten Stellen, zu denen wir diese Informationen nach der Zusammenstellung gebracht haben, waren die Medizin- und Rechtsverbände. Die meisten waren noch nicht einmal interessiert daran und ganz sicher hatte niemand Lust, damit im Establishment Wellen zu schlagen, um danach seinen beruflichen Status zu verlieren. (WAS, IN SCHÖPFERS NAMEN, IST LOS MIT EUCH, LEUTE?)

Daraufhin wurde das Material an jeden Gouverneur in jedem Staat geschickt, an den Präsidenten, den Vizepräsidenten (der jetzt Präsident ist und trotzdem nicht hinsieht, weil er auf anderen Hochzeiten zu tanzen hat), an FBI, CIA, NSA und an ausgewählte Mitglieder des Kongresses. Die Autoren, die das Material zusammengestellt hatten, wurden sage und schreibe mit ganzen drei (3) Antworten von drei

Gouverneuren regelrecht bombardiert und zugeschüttet; jedoch keine Reaktion von der Regierung.

Diese mutigen Männer wurden jedes Mal verhöhnt. Einer informierte die Regierung darüber, daß praktisch jeder Mensch, der positiv auf AIDS getestet wurde, eines frühen und schmerzhaften Todes sterben würde. Die Regierung sagte, das sei totaler Schwachsinn. Die Regierungsstatistiken sagten aus, daß vielleicht höchstens 10 % an dieser Krankheit sterben würden. Das war 1985. 1986 dann sagte die Regierung, daß vielleicht 50 % der Infizierten sterben würde, 1987 sagten sie, vielleicht 75 % und dann, 1988, bestätigten sie, DASS AIDS ZU PRAKTISCH 100 % TÖDLICH IST! SITZT IHR IMMER NOCH BEQUEM UND GEMÜTLICH?

Diese Informationen wurden medizinischen Fachzeitschriften immer und immer und immer wieder angeboten – keine wurde gedruckt. Selbst in Europa mit der guten alten London Times auf der richtigen Seite, war es nicht besser. Erinnert sich jemand, der das liest, an einen Arzt, der voller Verzweiflung ausrief: „ÄRZTE, WASCHT EURE HÄNDE! IHR INFIZIERT EURE PATIENTEN!" SOOO, VIEL ZU SPÄT – TOLL!

Diese Informationen auf Eurem Lebensweg in die Hände zu bekommen, ist an sich schon eine Meisterleistung, denn es wurde alles unternommen, sie zu verbergen, zu begraben und zu zerstören – das ging bis zu Mord, und ich mache keine Witze.

TV und Radiosender unterdrücken nicht nur die Werbung für das Material, das ich Euch hier gebe, sondern sogar die Erwähnung dessen. Kein Schmiergeld kann hoch genug sein, damit sie es veröffentlichen. Ein nationaler Radiosender führte ein Interview mit einem bekannten Talk Show Moderator und dann verweigerte der Sender die Ausstrahlung. Fast alle großen Namen der Fernsehsender und die in Verbänden organisierten TV-Interviewer und Talk Show Moderatoren haben NEIN gesagt. Tageszeitungen der großen Städte nehmen dazu keine Anzeigen auf und jetzt könnt Ihr sehen, in welchem Chaos Ihr steckt! ES BESTÄTIGT EUCH ABER, DASS WIR DIE WAHRHEIT BRINGEN, ODER ETWA NICHT?

WARUM HABEN ALLE ANGST?
ES IST DOCH NUR EURE SPEZIES, DIE IN DEN
TOD RENNT!

Die Entschuldigung ist natürlich, daß es zu kontrovers ist. *ES IST ZU KONTROVERS!?! „SIE" SAGEN, DASS DIESE INFORMATION PANIK IN DER ÖFFENTLICHKEIT AUSLÖSE, WENN SIE VERBREITET WÜRDE. *** DAS WILL ICH ABER AUCH STARK HOFFEN! ****

Wenn jemand Eure nationale Wasserversorgung vergiften würde und Ihr und Eure Familien wären auf dem besten Weg in den Tod, die ganze Familie, würdet Ihr nicht wünschen, Näheres dazu zu erfahren? Würdet Ihr in Panik verfallen? Oder, vielleicht würdet Ihr eher entrüstet zur Tat schreiten und die finden, die es getan haben, dann alles tun, was in Eurer Macht steht, um das Gift wieder herauszubekommen und in der Zwischenzeit alle Vorsichtsmaßnahmen treffen – um danach sicherzustellen, daß so etwas nicht mehr vorkommt.

DIE EINZIGEN, DIE IN DER FOLGE DER VERÖFFENTLICHUNG DIESER INFORMATION IN PANIK AUSBRECHEN WÜRDEN, WÄREN DIE WISSENSCHAFTLER, DIE FREIWILLIG ODER AUS ANDEREN GRÜNDEN AIDS GEZÜCHTET HABEN UND JETZT DIE FEHLINFORMATIONEN STREUEN, UM DIE VERTUSCHUNG AUFRECHTZUERHALTEN. WENN IHR AIDS GEZÜCHTET (GEMACHT) HÄTTET, WÜRDET IHR ES JEMANDEM ERZÄHLEN? UND WAS IST MIT EURER „GEHEIMEN" REGIERUNG UND DEN „GEHEIMEN" VERRÄTERISCHEN KONTROLLEUREN EURER WIRTSCHAFT UND SELBST EURES LEBENS?

WENN IHR UNSERE VORHERGEHENDEN DOKUMENTE (NENNEN WIR SIE DAS PHÖNIX MATERIAL) GELESEN HABT, KOMMT DAS DOCH NICHT ÜBERRASCHEND. ZEIGT ES EUCH NICHT ETWAS SEHR WICHTIGES, NÄMLICH DASS WIR AUS DEM KOSMOS DIE VERBORGENEN INFORMATIONEN IN DIE HAND NEHMEN MÜSSEN, UM SIE EUCH BLINDEN BÜRGERN VOR DIE NASE ZU HALTEN? *ZOLLT DIESEN TAPFEREN*

MENSCHEN EURE HOCHACHTUNG, DIE DEN MUT HABEN, EURE SPEZIES ZU RETTEN, DENN IHR STEHT KURZ VOR DER VERNICHTUNG. NUR EURE WÄCHTER, DIE GLEICHZEITIG AUCH EURE GRÖSSTEN INDIVIDUELLEN FEINDE SIND, HABEN DIE MITTEL ZUM ÜBERLEBEN UND ES WURDE KOMPLETT MIT ABSICHT DURCHGEPLANT, ALL DAS ZU TUN, WAS EUCH GERADE BLÜHT.

STELLT EUCH VOR, EURE LIEBEN SIND *TOT*

Trifft Euch der Ausdruck „Ausrottung der Menschheit"? Nun, Ihr habt die Methoden, das auf mehrere Arten zu erledigen, AIDS ist nur eine davon, aber es ist die, mit der wir uns gerade befassen, also bleiben wir dabei.

Ihr müßt die Auswirkungen erkennen und realisieren, daß AIDS, anders als alle anderen bekannten Krankheiten aus der Vergangenheit oder Gegenwart, JEDEN MENSCHEN AUF DIESER ERDE UMBRINGEN WIRD, wenn es unkontrolliert bleibt. DAS WIRD ES NICHT TUN, DENN ES GIBT HEILUNG, DIE JEDOCH VOR EUCH VERBORGEN WIRD. ES WIRD NUR EIN DRITTEL ODER DIE HÄLFTE DER ERDBEVÖLKERUNG DAHINRAFFEN, GENAUSO WIE ES EURE „BIG BROTHERS" PLANEN. *SCHIEBT DIE SCHULD NICHT AUF AUSSERIRDISCHE AUS DEM WELTRAUM – ES SIND EURE EIGENEN SOGENANNTEN FÜHRER!*

Ob Euch das jetzt gefällt oder Ihr das glauben wollt oder nicht – ob Ihr jetzt in Panik ausbrecht oder still in Euch gekehrt zu Eurem Sarg spaziert, die Zeit wird kommen, da Ihr trotz aller Vorsichtsmaßnahmen POSITIV AUF AIDS GETESTET WERDET, und das passiert schneller als Ihr denkt.

DA DRAUSSEN IST ES ÜBERALL

Die Anzahl der mit AIDS infizierten Personen verdoppelt sich in weit weniger als einem Jahr – in manchen Regionen sogar in nur kurzen sechs Monaten. Bei sieben bis acht Millionen Virusträgern in

Amerika, braucht man kein studierter Wissenschaftler zu sein, um festzustellen, wie lange Ihr in USA noch habt.

Konservativ geschätzt, hat Afrika etwa 100 Millionen registrierte Infizierte und eine Dunkelziffer von etwa 50 – 75 weiteren Millionen.

Brasilien ist als Land in sehr ernster Gefahr, denn während der 1970er Jahre wurde das gesamte Transfusionsblut aus Afrika importiert. Des Weiteren hat die WHO ein groß angelegtes Pocken-Schutzimpfungsprogramm in den 1970er Jahren durchgeführt.

Südjapan hat über 30 % Infizierte, aber aufgrund finanzieller Verwicklungen wird das sehr gut vor den Medien verheimlicht.

Rußland berichtet jetzt auch von AIDS als Problem und kein Mensch kann Rußland ohne einen gültigen Bluttest, der AIDS-negativ ist, betreten.

Kuba hat Konzentrationslager für AIDS-Infizierte erstellt und sie sind bereits jetzt überfüllt.

Haiti wird natürlich von AIDS verheerend heimgesucht; mehr als 15 % der Gesamtbevölkerung ist infiziert und die Lage verschlimmert sich täglich.

Ein führender „Guru" in Indien befürwortet den Tod durch Separation und Verhungern infizierter Personen.

Jede Nation dieser Erde (außer vielleicht dem Iran, der nichts berichten würde, auch wenn die Infektionsrate 100 % wäre), berichtet von wachsenden Problemen und ringt verzweifelt um Hilfe. Es ist auf jedem Kontinent, jedem Sub-Kontinent und auf jeder Inselkette – sei es Pazifik oder Atlantik.

NUN, WARUM GLAUBT IHR, BERICHTEN MEDIEN UND REGIERUNG NICHTS DARÜBER? KÖNNTE HIER VIELLEICHT ETWAS „FAUL" SEIN? WERDET IHR DURCHDREHEN, GANZ WIE SIE ES VON EUCH ERWARTEN, ODER WERDET IHR AUFSTEHEN UND EUCH HINTER DIE BEHANDLUNGSMETHODEN KLEMMEN FÜR DIESES DING?

GIBT ES HOFFNUNG?

Natürlich gibt es Hoffnung – allerdings nicht für ein Drittel bis die Hälfte der Bevölkerung, denn jeder hat sein Handeln zu lange hinausgezögert, aber sicherlich gibt es sie – sie existiert bereits, ist aufgebaut und arbeitet schon für die wenigen Auserwählten und ja, die mutigen Forscher, die jede Minute daran gearbeitet und jeden Cent, den sie erbetteln oder leihen konnten dafür gegeben haben, sind nur einen Wimpernschlag davon entfernt, das Gerät fertig zu haben – WIR WERDEN IHNEN IN DEN BEREICHEN, DIE IHNEN NOCH FEHLEN, DIE NÖTIGEN INFORMATIONEN ZUKOMMEN LASSEN. IHR KÖNNTET ABERMILLIONEN RETTEN, ABER DIE WAHRSCHEINLICHKEIT LIEGT NAHE, DASS IHR EUCH NICHT SCHNELL GENUG VON EUREM NICKERCHEN ODER FUSSBALLSPIEL ERHEBT.

Wenn Ihr warten wollt, bis Eure Regierung das „Zaubermittel" erfindet, könnt Ihr Euch gleich mit einem Tränentuch in der Hand komplett der Hoffnung ergeben.

Laßt mich kurz in einigen schwierigen Punkten Eure Erinnerung auffrischen. AIDS-Viren sind „rekombinante Retroviren". Ganz einfach, das heißt, sie haben die Fähigkeit, sich mit jeder Zelle, in die sie eindringen, zu rekombinieren und ihre Nachkommen oder neue Viren, die sie erschaffen, sind anders als die Elternviren. HTLV-3 alleine (das ist das im amerikanischen AIDS gewöhnlich vorkommende Virus) hat die mathematische Wahrscheinlichkeit, sich wie folgt zu verändern: 9.000 X 9.000 X 9.000 X 9.000 Mal (9.000 hoch 4). DIE GEWÖHNLICHE ERKÄLTUNG REKOMBINIERT VIEL WENIGER HÄUFIG UND IHR HABT TROTZDEM NACH MEHR ALS HUNDERT JAHREN FORSCHUNG IMMER NOCH KEINE BEHANDLUNG DAFÜR.

FERNER MACHT ES ÜBERHAUPT SINN, FÜR EIN HEILMITTEL FÜR AIDS DIESELBEN LEUTE ZU RATE ZU ZIEHEN WIE DIE, DIE ES AUCH GEZÜCHTET HABEN? WIEVIELE FÜCHSE WOLLT IHR NACHTS NOCH IN EUREN HÜHNERSTALL SPERREN?

Hoffnung? Ja, mehr als das, es gibt eine einfache, schnelle und relativ „kostenlose" Behandlung. Es ist ein alternatives, nicht-allopathisches, nicht-medikamentöses, physikalisch-technisches Heilmittel, basierend auf der Raman Spektroskopie. Im Grund werden derzeit einige Experimente gemacht, die vielversprechend sind. Unglücklicherweise hat Eure Regierung eine unterbelichtete Sichtweise zu allen Arten von Behandlungen für alle Arten von Krankheiten, ganz zu schweigen von AIDS, die sich nicht mit ihren rigiden Regeln zur Annahme, Registrierung und Legalisierung decken – nicht zu vergessen die Ecke für die riesigen pharmazeutischen Unternehmen. Nun, sie mögen eine allopathische Behandlung ins Auge fassen, wenn sie von einer hoch angesehenen pharmazeutischen Firma oder Universität kommt. Freunde, es wird einfach nicht passieren – selbst wenn sie heute die Genehmigung für eine Offensive mit aller Durchschlagskraft geben würden, ist es zu spät – ES IST ZU SPÄT! IHR MÜSST HEROISCHE MASSNAHMEN ERGREIFEN UND IHR MÜSST SIE *JETZT* ERGREIFEN!

Aus all den bisher genannten Gründen müssen Eure Experimente im Untergrund und unterfinanziert erfolgen, oder ganz aus dem Land verlagert werden. Das ist leider so, bedauerlicherweise. Die, die bisher daran beteiligt waren, haben den höchsten Preis dafür bezahlt, ihre Ermordung, und die Übriggebliebenen kämpfen weiter in dem Wissen, daß sie offenkundige Zielscheiben sind. So sei es – sie werden Unterstützung bekommen.

Ich unterbreche hier, um Euch eine Information zu geben: HOLT EUCH *DAS STRECKER MEMORANDUM*. ALLE EINNAHMEN WERDEN IN DIE FORSCHUNG GESTECKT – DIE INFORMATION, WO IHR DAS MATERIAL BEKOMMEN KÖNNT, FINDET IHR AM ENDE DIESES DOKUMENTES.

GLÜCK ODER SELBSTMORD?

Ihr alle wißt, daß es einfacher ist, einem König eine Lüge zu glauben, als einem Bettler die Wahrheit. WIR verbreiten die Wahrheit über

AIDS, denn Ihr sitzt hilflos in Eurem verworrenen Netz, Ihr habt um Hilfe gebeten und hier ist die Antwort.

Unglücklicherweise ist die Wahrheit nicht schön. Tatsache ist, daß Euch weder Eure Regierung noch Eure sogenannten AIDS-Experten die Wahrheit sagen und sie stattdessen Euren Lebensfaden in ihren Lügen festhalten. Eure Medien werden sie Euch auch nicht präsentieren – aus welchem Grund auch immer – denn sie informieren Euch auch sonst mit anderem abartigen Material. Aber natürlich grinsen sie über uns und machen sich lustig über die, die Zwiesprache halten und unsere Schiffe sehen, und wir sind auch überall hier in Eurem Raum und viele unserer Schiffe und ermordete Crew-Mitglieder befinden sich in Euren Gefängnissen und Militärhangars. AH, ABER DIE WAHRHEIT WIRD IMMER HERAUSKOMMEN – FRÜHER ODER SPÄTER, SIE WIRD ÖFFENTLICH!

Ihr könnt Euch überlegen, ob Ihr mit der offiziellen Propaganda weiterhin Theater spielen wollt, während „Rom" brennt. Es sind die Gleichen, die Euch in den frühen 1960er Jahren auch Gehirntumore (SV-40 Virus) als Ergebnis verunreinigter Polio-Impfungen beschert haben; eine Polio-ähnliche Erkrankung durch kontaminierte Schweinegrippe-Impfung in den 1970ern; und AIDS von ihren Pocken- und Hepatitis-B-Impfungen; oder Ihr macht Euch wenigstens die derzeitigen Gefahren klar bewußt, die Euch umgeben – was ist der Preis für Ignoranz? So sei es.

Genug für heute, Dharma. Es tut mir leid, daß ich Dich dazu bringen muß, derartige unangenehme Informationen zu tippen. Unglücklicherweise für Eure gesegnete Mutter Erde gibt es wenig wunderbare und angenehme Informationen, denn es ist die Zeit der Veränderungen.

Ich verändere meine Frequenz auf den Stand-by-Modus, so daß Du gut ruhen kannst und wir werden dann morgen weitermachen. Meine Kollegen erwarten die Gelegenheit, auch dabei zu sein.

SALU UND GUTEN ABEND HATONN MELDET SICH AB

KAPITEL 8

Freitag, 13. Oktober 1989, 06.30 Uhr, Jahr 3, Tag 58

Hatonn im Licht des Strahlenden, Commander Jmmanuel Sananda. Können wir beginnen? Danke.

Alles in Ordnung, Dharma, Commander Ashtar ist hier und wollte ein kleines Geleitwort geben – wir vertagen es auf Morgen. Es geht um Technologien als Unterstützungsmaterial für Euch, damit Ihr noch andere Dinge nachprüfen könnt, die auf dem Abstellgleis stehen und vor der Öffentlichkeit verborgen werden, um Jobs und Status nicht zu gefährden.

Es geht um Constable's Methoden zur Kontrolle der Umweltatmosphäre, die speziell in Südkalifornien angewendet wurde, um die Luftverschmutzung zunichte zu machen und drastisch zu reduzieren. Diese Studien wurden vor ein paar Jahren durchgeführt, eine einschneidende Reduzierung wurde dokumentiert, die Berichte wurden gestohlen und der Luftkontrolldienst veröffentlichte selbst falsche Ergebnisse.

Deshalb griff die Gruppe die Experimente im vergangenen Jahr wieder auf und beendete sie im Juli. Wieder ergaben sich nachweislich drastische Veränderungen bei Smogwarnungen und Verschmutzungsbelastungen – obgleich Verschmutzungsgutachten weiterhin durch die Medien veröffentlicht wurden. Diesmal wurde jedoch ein unabhängiger, privater Prüfungsausschuß für die Tests beauftragt und die Resultate wurden abgeschlossen und präsentiert.

Wieder wurden alle verfügbaren Ergebnisse gestohlen und dem Träger damit Schaden zugefügt. Ashtar wird Euch Lesern die Untersuchungsergebnisse präsentieren. Die Informationen werden auf

Eurer physischen Ebene noch einmal zusammengestellt und wenn wir wissen, daß sie „irgendwo" öffentlich zugänglich sind, werden wir Euch das wissen lassen. Ihr müßt Euch ständig ins Gedächtnis rufen, daß für Dharmas Sicherheit die Vorsicht oberstes Gebot ist – wir werden ihre Sicherheit nicht gefährden, um Euch eine „Sensation" zu „bescheren".

Umweltverschmutzung ist ein Multimilliarden-Dollar-Geschäft. Vor etwa 15 Jahren hatte ein Herr Merkel aus Texas ein Supergerät entwickelt und bereits getestet, um das Problem mit dem sauren Regen aus der Welt zu schaffen. Es war ein relativ kleines Ding, das man entweder in das Auspuffsystem eines Autos oder in den Innenraum eines Schornsteins einbauen konnte und welches das verschmutzende Material in Batteriesäure zur weiteren Verwendung und in reines, destilliertes Wasser umwandelte. Muß ich Euch extra sagen, was aus dieser wunderbaren Erfindung geworden ist? Das Gerät verwendete Polymere und Silizium; es war vom Konzept her sehr einfach und fast „kostenlos". Und außerdem hätte das Nebenprodukt Batteriesäure zur Lagerung von Elektrizität an sich schon große Gewinne abwerfen können.

Ihr hört besser damit auf, darüber zu diskutieren, ob Eure Kontrolleure Euch das alles antun oder nicht, DENN SIE TUN ES – JEDEN TAG UND IMMER! Dann gehen sie hin und ändern Eure Verfassung und verbieten das Verbrennen der Flagge. Was für ein Ablenkungsmanöver, für die Flaggenvernichter wird es so bedeutungsvoller werden, das Symbol zu verbrennen. Ihr könnt weder Moral noch Patriotismus durch Gesetze regeln, denn das ist etwas Individuelles und kommt von innen – sie legen damit Euch, dem Volk, nur noch mehr Fesseln an. Eure Verfassung wurde von Euren Gründervätern und den galaktischen Botschaftern perfekt erstellt; seither habt Ihr sie kontinuierlich abgerissen.

Ihr könnt Euch immer noch glücklich schätzen, seid Ihr doch ein bevorzugtes Land, von dem noch sehr schöne Dinge kommen werden. So sei es. Laßt uns wieder zurückkommen zu unserem Thema, denn es kann nur abwärts gehen, wenn Ihr nicht aufwacht, die Wahrheit betrachtet und über Eure Gefängnismauern klettert, denn Ihr verliert stündlich mehr Freiheit.

KANN AIDS AUF NATÜRLICHEM WEGE AUSSTERBEN?

NEIN! Es wird Euch erzählt, daß sich Heterosexuelle überhaupt keine Sorgen machen müssen, daß das AIDS-Virus eine durch Sexualität übertragbare Krankheit sei, daß sie sich nur schwer überträgt und daß es keine Anzeichen dafür gibt, daß sie auch auf die heterosexuelle Bevölkerungsschicht übertragbar ist.

Meine Teuren, gemäß Eurer World Health Organisation (WHO) gibt es in Afrika über 75 Millionen infizierte Heterosexuelle. Das zieht sich über alle Farben und Glaubensschichten hin. Die Zahlen verdoppeln sich alle paar Monate.

Was sind die von der Wissenschaft akzeptierten Voraussetzungen für eine Ausrottung? Ich zitiere hier einen Eurer führenden Virologen, Dr. Frank Fenner, Center for Resource in Environmental Studies in Australien (Zentrum für Quellennachweise für Umweltstudien). Das sind die medizinisch anerkannten Kriterien:

Unter der Bedingung der Ausrottung kann man praktisch die Möglichkeit der weltweiten Ausrottung einer Infektionskrankheit ausschließen, wenn EINES der folgenden Kriterien erfüllt ist:

1. „Die Infektionsursache wächst in Wildtieren oder Vögeln." Das heißt, wenn man davon ausgeht, daß sie von Affen abstammt, was sie nicht tut; oder, Ihr glaubt, daß sie von domestizierten Rindern und Schafen abstammt, was den Tatsachen entspricht, würde beides die Ausrottung verhindern.

2. „Die Infektion verbleibt jahrelang im System des befallenen Menschen." Hier haben wir offenbar den zweiten Faktor, der gegen die Ausrottung spricht, denn die Viren existieren 14 Jahre und länger und haben ein langsames virales Wachstum.

3. „Die Krankheit besteht aus multiplen serologischen Typen."
Es gibt tausende Varianten des AIDS-Virus; mindestens 9.000
hoch 4 verschiedene AIDS-Typen sind möglich, das ist das
dritte Kriterium für die Unmöglichkeit der Ausrottung.

4. „Der notwendige Grad des sozialen Zusammenwirkens kann
nicht erreicht werden wie durch eine menschliche Geschlechts-
erkrankung." Mit anderen Worten, wenn die Krankheit sexuell
übertragbar oder eine Geschlechtskrankheit ist, kann man sie,
einmal angelaufen, nicht mehr ausrotten, weil man den Grad
des sozialen Zusammenspiels, der für eine Ausrottung notwendig ist, nicht mehr erreichen kann. Und mit ziemlicher Sicherheit ist es diese Kategorie – sei sie richtig oder falsch – denn
die Wahrnehmung der Masse und soziales Zusammenwirken
basiert auf Massenbewußtsein.

Also, nicht nur, daß AIDS nur EINES dieser Kriterien nicht erfüllt,
wie es oben angegeben ist, sondern es erfüllt ALLE VIER NICHT!
Wenn sich AIDS also Holter-die-Polter unter Euch Menschen einmal
ausgebreitet hat, seid Ihr dazu gezwungen, Euch für eine lange Zeit
damit herumzuschlagen, oder solange, bis es Euch ausgelöscht hat. Ihr
habt ein Riesenproblem mit all den mutierten Viren, und nicht nur
allein mit dem AIDS-Virus.

BEHANDLUNGEN?

Bei denen, die es sich finanziell leisten können, kommt derzeit ziemlich häufig ein Medikament zur Anwendung, ich glaube, Ihr nennt
es AZT. Das Virus wird den Inhaltsstoff bevorzugt für seine Selbst-
erschaffung nutzen, was zu einem Defekt in der Virenproduktion führt
und das Virus stirbt innerhalb des Körpers ab. Natürlich stirbt damit
auch der Körper ab, so daß das Medikament nicht wirklich perfekt ist.

Es gibt andere Möglichkeiten, die das Immunsystem stärken und
eine gewisse Abwehr gegen die Krankheit aufbauen, jedoch das Virus
nicht töten, das sind z. B. hohe Dosen verschiedener Vitamine und

Mineralstoffe. Sie lösen das Problem zwar auch nicht, erschaffen aber eine gewisse Lebensqualität und verlängern die Lebensfunktionen.

Es gibt eine Behandlung, die sehr effektiv war, und wieder wird sie von Euren orthodoxen Medizinern nicht angewendet. Im Falle von Wunden durch Kaposi Sarkome, die „gezüchtet" wurden, sind Spirochäten vorhanden – die Verursacher von Syphilis. Liebe Freunde, das kann mit Penicillin behandelt werden – aber NICHT in der Zusammensetzung, wie sie in den USA verwendet wird. Es muß ein wasserbasiertes Penicillin sein, das in Megadosen verabreicht wird. Das emulsionsbasierte Penicillin, das heute verwendet wird, kann die Membranen nicht durchdringen, um das verursachende „Kleinzeug" zu erreichen. Überraschenderweise kann AIDS als tertiäre Syphilis betrachtet werden und wenn Ihr in den medizinischen Berufen mal genauer hinschauen wolltet, könnte sehr vielen Erkrankten durch entsprechendes Eingreifen eine höhere Lebenserwartung beschert werden.

Auf dem Schauplatz wird jetzt eine andere Substanz auftauchen, die gute Chancen hat, dabei zu helfen, diese letzte Todesplage abzuwürgen. Diese Substanz kann die Zellwände durchdringen und mit dem Virus selbst reagieren. Sobald sich das bestätigt hat, werden Informationen über die neuen Substanzen vom Hersteller publiziert werden.

ES GIBT EINEN WEG

Es gibt eine Technik, die bereits praktiziert und bei den weiter oben genannten wenigen Auserwählten angewandt wird. Es wird da und dort in einer oder zwei Eurer Universitäten daran herumgebastelt, Baylor in Texas ist eine davon. Aber grundsätzlich ist Forschung dazu verboten und es läuft ohne irgendwelche Fördermittel. (Das ist das Kriterium, das Euch zeigen soll, daß sie brauchbar ist!!!)

Ich gebe Euch zuerst ein Beispiel: wenn Ihr einen Kristallbehälter mit Schallwellen (Tönen) bombardiert, wird er durch die pulsierenden Schwingungsauswirkungen zerplatzen. Nun, wenn Ihr zu diesem Zeitpunkt einen schönen Weinkelch in der Hand haltet, wird er zerspringen, das Glas kann Euch zwar in die Finger schneiden, aber die Schallwelle wird *Eurer Hand nichts anhaben.*

VIREN SIND *KRISTALLINE* STRUKTUREN UND SIE WERDEN AUF EINE SPEZIELLE KLANGFREQUENZ GENAUSO REAGIEREN WIE EUER WEINGLAS. SIE WERDEN ZERBRECHEN. NUN, IST DAS NICHT RICHTIG NETT? VIELLEICHT KÖNNT IHR SIE „ZU TODE SINGEN". DAS MAG EIN WENIG EINFACH KLINGEN, ABER NICHT ALLZUSEHR – IHR WERDET SIE *NIEMALS* ALLE AUF IRGENDEINE ANDERE WEISE ERWISCHEN!

ROYAL RIFE,
DER GRÖSSTE ERFINDER SEIT TESLA

In den Jahren zwischen den Mittzwanzigern und etwa 1945, hatte R. Royal Rife eine Methode entwickelt, mit der er kleine kristalline Viren mit einer genau passenden Radioklangwelle bestrahlte und sie damit sprengen konnte, ohne menschliches Gewebe zu zerstören.

Orthodoxe Ärzte entgegneten natürlich sofort, das sei blanker Unsinn (oder Schlimmeres). Nun, die nächste Frage an diese „Unsinn"-Anhänger ist, einmal Erkundigungen einzuziehen, warum oder weshalb sie glauben oder nicht, daß man Viren mit Licht zerstören oder durch Rütteln abtöten kann? Ah so – und dann fragt sie, welche Methode sie in ihren Laboratorien anwenden, wenn sie bei Experimenten diese „Tierchen" aus ihren Höhlen blasen. SIE VERWENDEN ULTRAVIOLETTES LICHT, WAS NICHTS ANDERES IST ALS ELEKTROMAGNETISCHE STRAHLUNG EINER GEEIGNETEN WELLENLÄNGE.

Selbst auf Eurer dichten Erde ist es über alle ungenauen Angaben hinaus hinlänglich genug bewiesen, daß korrekte elektromagnetische Strahlung Viren töten kann und wird.

Und genau aus dieser vorgenannten Universität kam dann auch die öffentliche Information, daß sie mit Blutproben experimentiert hatten – einmal verseucht mit einem Herpesvirus, dem Zytomegalie-Virus (das ist tödlich für Patienten mit Organtransplantationen), und zum anderen mit AIDS-Virus. Sie bestrahlten das Blut mit Laserlicht und zeigten, daß sie das Virus töten konnten, ohne Zellen zu beschädigen. Die Zellen waren immer noch lebensfähig, die Viren jedoch waren abgestorben.

Nun, würde das nicht irgendwie genau das Thema treffen, Viruserkrankungen mit *elektromagnetischen* Behandlungen zu heilen? GENAU AUS DIESER ECKE, LIEBE LESER, WIRD DIE AIDS-HEILUNG KOMMEN.

Eine einfache Maschine, viel einfacher als Eure bereits eingeführten Röntgengeräte, kann nach der Diagnose, um welches Virus es sich handelt, dafür benutzt werden, den Menschen mit dem passenden Frequenzstrahl ruckartig zu behandeln, was das Virus abtöten wird, und nicht nur im Blut, sondern im ganzen Körper. Um eine erneute Infektion auszuschließen, muß eine Ganzkörperbehandlung erfolgen.

Damit könnt Ihr nicht nur das AIDS-Virus, sondern alle humanen Retroviren komplett auslöschen. Sie sind nicht mehr als tierische Retroviren, die in Menschen leben. Die Patienten können individuell behandelt und damit die Krankheiten weltweit ausgelöscht werden. Damit könnt Ihr natürlich auch Eure Tierbestände reinigen.

NUN, WO IST DR. RIFE ?

Das Virus ist ein äußerst winziges, kleines Biest, das mit keinem Gerät richtig zu sehen ist. Dr. Rife entwickelte eine Methode, mit der man das Virus sichtbar machen kann. Rife war ein sehr talentierter Maschinenbauer und erfand ein Mikroskop, mit dem er tatsächlich lebende Viren beobachten konnte. Das Mikroskop hat einen Vergrößerungsfaktor von 70 – 100.000 in lebendem Gewebe. Diese Geräte gab es wirklich und zwei oder drei davon gibt es heute noch, die begierlich darauf warten, daß sie von findigen Köpfen und geschickten Händen wieder zur Perfektion gebracht werden. Es erfordert jedoch seitens Eurer wissenschaftlichen Kreise ein komplettes Umdenken, was Denkweisen und Konzepte betrifft – Ihr seht, es hat sich bis heute weder politisch noch individuell bei der Menschheit etwas verändert.

Rife hat dieses Gerät selbst erfunden, konnte damit die Viren in lebendem Gewebe erkennen und war auch in der Lage, die tödliche (mortale) Schwingungsrate festzulegen, das ist die Frequenz, mit der er die Viren bestrahlte, um sie auszulöschen. Genauso wie ich eine bestimmte Frequenz wähle, um hier mit Dharma zu kommunizieren, könnte ich ebenso die Frequenz heraufsetzen, um damit ihren Kopf, Körper, oder den kleinsten Fremdpartikel in einer ihrer Zellen zur Explosion zu bringen. Aber weder ich noch meine Kollegen spielen mit diesen Dingen herum, denn es ist uns nicht erlaubt, in irgendeiner Art und Weise einzugreifen, weder durch Kosmisches Gesetz noch ohne die volle Erlaubnis der Teilnehmer. Aus diesem Grund habt Ihr keine körperlichen Übergriffe aus der äußeren Sphäre. Kosmische Gesetze zu brechen, zieht eine sehr empfindliche Strafe nach sich.

Es ist ein sehr, sehr ernstzunehmender Gesetzesbruch, sich in planetarische menschliche Aktivitäten einzumischen. Wir müssen eine weitreichende Einladung zur Intervention abwarten, oder die Situation hätte schwerwiegende Folgen im äußeren Raum, weit außerhalb Eurer Atmosphäre. Wir können beobachten, besuchen, kommunizieren, welche zu Euch schicken und alle Arten von Dingen tun, aber weder entführen wir Euch, noch fügen wir Euch irgendein Leid zu. Wenn jemand Menschen dazu bringt, schwere Verbrechen zu begehen, so geschieht es durch eine Vereinbarung mit dem Menschen und seinem eigenen Willen. Es ist wie mit dem Mißverständnis über Hypnose; im Zustand der Hypnose wird niemand etwas tun, zu dem er nicht auch hellwach oder mit ein wenig Alkohol oder Drogen fähig wäre. Vergeßt die Altweibergeschichten – wir aus der kosmischen Ebene sind keine Bedrohung für Euch – *IHR SELBST SEID EURE BEDROHUNG!*

Dr. Rife nannte die Rate der tödlichen Schwingungsfrequenz MOR. Er fand heraus, daß er die Zelle bombardieren, alle Atome außer dem Virus unsichtbar machen und es im Wesentlichen mit monochromatischem Licht bestrahlen konnte, das Ihr heutzutage Laser nennt. Bei diesem Vorgehen „leuchtet" das Virus auf, absorbiert Energie und beim Abgeben der Energie wird es sichtbar, er erhöhte die

Schwingungsbandbreite der Energieeinstrahlung in das Virus und konnte damit das Virus zum Zerbersten bringen.

Das ist nicht nur plausibel, sondern absolut glaubwürdig und durchführbar.

Es arbeitet auf der gleichen Basis wie die Sichtbarmachung unserer Raumschiffe – wir können gesehen werden, wenn wir die richtige Frequenz an die menschliche Visualisierungsmöglichkeit anpassen – das ist eine deutliche Verlangsamung unserer Schwingungsfrequenz – oder, wir heben die individuelle menschliche Frequenz an, damit sie zu unserer eigenen paßt. Es muß ein klein wenig von beidem sein, um jedermann durch Lichtstrahlen zum Schweben zu bringen – unsere Transportmöglichkeiten, die aber etwas anderes sind als mentale Frequenzen, die für Teleportationen für weitaus größere Reisedistanzen genutzt werden. Wir bewegen uns in einer Raum-Zeit-Krümmung, die weder Raum noch Zeit kennt. Aus diesem Grund ist ein Aufenthalt in Eurer Dichte für uns äußerst unbehaglich, da wir uns nach einer bestimmten Zeit bei Euch Verwirrung, Gedächtnisverlust et cetera einhandeln.

Die irdische Menschheit jedoch muß erhöht werden über den Bereich der niederen menschlichen Aktivitäten und Denkmuster hinaus, bevor wir diesen Himmelskörper durch den Übergang in eine höhere Frequenz bringen können – das bedeutet, daß sich eine Menge [A.d.Ü.: Menschen] einer Veränderung widersetzen und deshalb den „physischen" Übergang nicht erleben wird, da die Erde ihre eigene Reinigung und topographische Veränderungen vollzieht. Auf Eurer Achse seid Ihr sehr unausgeglichen und wenn die Naturphänomene beginnen, wird es unvorstellbar sein und kein Stein wird auf dem anderen bleiben.

ES IST MIT SICHERHEIT ÜBERFÄLLIG, DASS IHR UNS ANERKENNT UND MIT UNS TEILT, WAS WIR EUCH AN GROSSARTIGEN GESCHENKEN ZU BRINGEN HABEN UND ES GIBT EINE MENGE VORBEREITUNGEN ZU TREFFEN FÜR DAS, WAS AUF DIESEM PLANETEN ZUR ERFÜLLUNG

KOMMT. ICH HABE DIE KOSMISCHEN UNIVERSELLEN GESETZE DER SCHÖPFUNG NICHT GEMACHT – ICH HALTE DIESE GESETZE JEDOCH GETREULICH EIN UND IHR WERDET DAS AUCH LERNEN, ODER IHR WERDET EUCH SELBST AUSLÖSCHEN. DIE PROPHEZEIUNGEN DER ENDZEIT SIND NICHT MYSTISCH. ES KOMMT JETZT EINFACH ZUR VOLLENDUNG UND IHR BEFINDET EUCH INMITTEN DER VERÄNDERUNGEN, WÄHREND DERER SICH DIE ERDE REINIGEN WIRD UND DIEJENIGEN UNTER EUCH, DIE BLEIBEN UND DARAN TEILNEHMEN MÖCHTEN, WERDEN IHRE ABSICHTEN UND IHRE TATEN KLÄREN – ES BLEIBT EURE FREWILLIGE WAHL, WAS ES SEIN WIRD

ES WIRD EUCH NICHT ERLAUBT SEIN, EURE KRIEGSSPIELZEUGE UND GEWALTTÄTIGKEITEN IN UNSERE UNIVERSEN ZU TRAGEN, UM HIER DIE ORDNUNG DER SYSTEME AUFS SPIEL ZU SETZEN. SO SEI ES. DENN DIES IST EIN KOSMISCHES GESETZ UND IHR VON DEN GEFÄNGNISPLANETEN WERDET EUCH REHABILITIEREN, ODER WIR WERDEN EUCH NICHT MIT UNS SPIELEN LASSEN.

Dharma, laß uns damit Schluß machen, bitte. Der Kommandant wird Eure verborgenen Waffensysteme mit den zeitumgekehrten Wellen, die Ihr „Skalar"-Wellen nennt, Tesla Strahlen und so fort noch mit Euch diskutieren. Ich erinnere dich daran, Chela, daß du das nicht alles verstehen mußt, außer auf eine allgemeine Art, und daß diese Informationen selektiert werden. Es wird denjenigen, für die das gedacht ist und die es bekommen werden, sehr viel sagen. Die Herren Russell und Tesla bleiben auf Stand-by. Als Co-Kommandant und dein Chohan ziehe ich den Hut vor deinem Dienst.

SALU SALU SALU – ICH DIENE IN DER DREIEINIGKEIT DER KRAFT

ICH BIN COMMANDER GYEORGOS CERES HATONN

FREQUENZ WIRD GEKLÄRT HATONN MELDET SICH AB

KAPITEL 9

Aufzeichnung Nr. 1 | HATONN

Samstag, 14. Oktober 1989, 08.30 Uhr, Jahr 3, Tag 59

Hatonn hier, um laufende Nachrichten zu besprechen, bevor wir auf unser Thema Retroviren zurückkommen.

Ich „sag das jetzt mal so", kleine Chela, und erinnere Dich daran, die SPIRAL TO ECONOMIC DESASTER im *letzten* Monat an die Öffentlichkeit gebracht zu haben. Während die Menschen herumfummeln, fällt das Kartenhaus zusammen.

Um Deine Erinnerung an vor einem Jahr etwas aufzufrischen – wir haben Euch genau gesagt, wie es kommen wird. Vor sechs Monaten sagte ich Euch, Ihr sollt aus dem Aktienmarkt aussteigen, alles in kleine Scheine Bargeld umtauschen und es vergraben, wenn nötig. Ich habe Euch wenigstens die wichtigsten Anzeichen genannt, und daß der Zusammenbruch des Marktes wahrscheinlich im Herbst dieses Jahres 1989 kommen wird und weiterhin, daß Ihr bis November mit allem fertig sein solltet – nun, was verstehst Du hierbei nicht, Dharma? Als wir die Aufzeichnungen geschrieben haben, sagte ich Dir, daß es fraglich ist, ob wir sie noch rechtzeitig gedruckt bekommen – und siehst Du, das ist jetzt wochenlang her. DIE BIG BROTHERS WOLLEN DIESE INFORMATIONEN NICHT BEI EUCH DA DRAUSSEN, CHELAS.

Wir könnten, alleine für Euer Land, ein tausendseitiges Werk für jeden einzelnen Sachverhalt schreiben, geschweige denn vom Rest der Welt und stoßen Euch damit vor den Kopf. Wir bemühen uns, Euch Informationen zukommen zu lassen, wie Ihr diesen Übergang in einer Art physischen „Lebendigkeit" übersteht, und diese etwas heimtückischen Dinge müssen zuerst gebracht werden, ohne dabei groß spirituell zu werden. Wenn sich das Gesagte als wahr herausstellt und die

Menschheit kann unseren Informationen „trauen", wird sie blitzartig den Kapitän des Schiffes erkennen.

Ihr werdet bei lebendigem Leib aufgefressen und habt Euch selbst an die Lüge verkauft, daß das alles zu Eurem Besten sei und Ihr wollt mehr und mehr und mehr Kontrolle durch Eure Regierung; Ihr wollt, daß Euch Eure Regierung immer mehr Geld abnimmt, um das zu sichern, was Ihr unbedingt haben wollt und wo, „denkt" Ihr, werdet Ihr landen, wenn die Spreu weggeblasen wird? Diejenigen, die, sagen wir mal, in einer Protestaktion Eure Flagge verbrennen, sind nicht die Verräter – es sind diejenigen, die schreiben und neue und härtere sklavische Abhängigkeiten in Kraft setzen. Das sind die Verräter und Ihr erkennt sie nicht.

WIR EMPFEHLEN NICHTS WEITER, ALS EINEN OFFENEN VERSTAND ZU HABEN, UM WAHRHEIT UND WISSEN ANNEHMEN ZU KÖNNEN. IHR MÜSST REALISIEREN, DASS EUCH ZIVILES CHAOS ZERSTÖRT; SUBVERSIVER STURZ EURER REGIERUNG HÄTTE VERHEERENDE FOLGEN FÜR EURE BÜRGER. IHR BRAUCHT NUR EINE INFORMIERTE ÖFFENTLICHKEIT, DIE SIEHT, WAS VOR IHREN AUGEN VOR SICH GEHT UND DANN EINEN BESSEREN WEG FINDET, UM GERADEAUS DURCHZUGEHEN – NICHT MIT GEWALT; ZEIGT EINEN BESSEREN WEG AUF! DIE SCHLANGEN WERDEN SICH SELBST AUFFRESSEN; BÖSES WIRD SICH SELBST ZERSTÖREN – LEST DIE PROPHEZEIUNGEN NOCH EINMAL; IHR SEID DURCH DIE ZWEITAUSEND JAHRE GEKOMMEN! ES IST IN DER VOLLENDUNG! *IHR STEHT AM ANFANG!*

Ja, *es wird schlimmer,* und Germain begleitet diesen Weg der Anträge in dieser Angelegenheit Schritt für Schritt und doch wird die Kraft nicht mit Absicht auf den Übergang gerichtet, sondern bei jeder Transaktion tritt Habgier zutage – vielleicht wird Dein Team das heute besser verstehen – was glaubt IHR, wird bis Montag Abend passieren? WIR HABEN TAUSENDE VON STUNDENLANGEN TONBÄNDERN, DIE SICH MIT DIESEN THEMEN BEFASSEN UND HABEN

TAUSENDE BESCHRIEBENE SEITEN ZU DIESEM MATERIAL – WARUM GEHT NICHT EINER HIN UND HOLT SIE HERAUS? WARUM MACHST *DU* WEITER MIT DEINEN EWIG GLEICHEN FRAGEN, DIE WIR BEREITS VOR MONATEN IN JEDER EINZELHEIT BEANTWORTET HABEN? WERDET IHR NIE DAHIN KOMMEN, UNS ZU GLAUBEN? MANCHMAL WEISS NICHT EINMAL ICH, WARUM WIR KOMMEN, ODER WARUM WIR UNS DAFÜR SO ABMÜHEN, WEIL ALLES SO HOFFNUNGSLOS SCHEINT. DIE WAHRHEIT KOMMT IMMER ANS LICHT, AUCH WENN SIE UNTER BLÖDEN BESCHREIBUNGEN UND LÜGEN VERGRABEN IST, DIE NUR DAZU DIENEN, SIE HERABZUWÜRDIGEN; UND IHR ENTSCHEIDET EUCH DANN NOCH FÜR DIE LÜGE. SO SEI ES; WIE HART MÜSST IHR GETROFFEN WERDEN, DAMIT IHR VERSTEHT? ICH HABE STUNDE UM STUNDE NUR ÜBER DEM FINANZMARKT GESESSEN UND WEITERE STUNDEN MIT DER WIRTSCHAFT ALS GANZES UND DEM KOLLAPS, DER KOMMEN *MUSS*, ZUGEBRACHT. NEIN, ICH WERDE ES NICHT NOCH EINMAL DIKTIEREN – *IHR KOMMT JETZT IN DIE GÄNGE UND HOLT DIESE INFORMATIONEN AUS DER VERSENKUNG, UND LEST NICHT NUR DAS NEUE BUCH, DENN AUF DIESEN SEITEN STEHT NICHT ALLES. WENN IHR EUCH DAS MIT VERSTAND ANSEHT, WERDET IHR BEINAHE SOFORT UNTERSCHEIDEN KÖNNEN, WAS SICH GERADE ENTFALTET. IHR LEST DIE LEKTIONEN DURCH UND LEGT SIE WEG, WEIL ES EUCH ZU VIEL IST – DANN WARTET IHR AB UND SCHAUT, WAS DER NÄCHSTE TAG SO BRINGT – NEIN, NEIN, NEIN – DAS IST SO, ALS OB ICH EINE ZEITUNG FLÜCHTIG LESEN WÜRDE; ICH SPRECHE VON WISSEN UND VERSTÄNDNIS IN EUCH – IHR HÖRT NOCH NICHT EINMAL DIE ANTWORTEN ZU EUREN EIGENEN PERSÖNLICHEN FRAGEN. SO SEI ES, DENN IHR STECKT DA DRIN, BRÜDER, UND ES WIRD SEIN, WIE ES SEIN WIRD UND WER NICHT GEHÖRT HAT, WIRD FÜHLEN, GENAU WIE JEDER ANDERE, DER ALLES IN ABREDE GESTELLT HAT.*

Warum ist die Menschheit nicht vorbereitet? Man hat Euch für die Vorbereitung Abertausende von Jahren gegeben – schon lange vor dem Mann aus Galiläa vor zweitausend Jahren. Wenn Ihr ein ordentliches Schutzsystem hättet, könnte die Gemeinschaft Eurer Bürger diesen elementaren Stürmen standhalten, die über Eure Küsten hinweg fegen und aus dem Himmel auf Euch niederbrechen werden. Gute Güte, wie viele WARNUNGEN braucht Ihr noch?

HATONN IST EKELHAFT HEUTE MORGEN? NEIN, HATONN UND MITSTREITER SIND EINFACH NUR GENERVT UND ANGEFRESSEN. SO SEI ES.

Laß mich zurückkehren zu unserem Thema AIDS und der Retrovirus-Plage. Wenn Ihr nicht schnell etwas bewerkstelligt in dieser Sache, braucht Ihr Euch auch um nichts Anderes mehr zu kümmern.

BEDENKT ETWAS SEHR WICHTIGES, IHR, DIE IHR VERMUTET, BEI DIESEM ÜBERGANG DIE AUSERWÄHLTEN GOTTES ZU SEIN – ES GIBT MILLIARDEN MENSCHEN AUF EUREM PLANETEN UND HIER KOMMT DIE WAHL DES FREIEN WILLENS ZUM TRAGEN. BEI DENJENIGEN, DIE MIT DEM MEISTER UND DIESER GESEGNETEN SCHÖPFUNG ERDE DEN ÜBERGANG BESTEHEN – MUSS NICHT NOTWENDIGERWEISE EINER VON EUCH DABEI SEIN. GLAUBE OHNE TATEN WIRD EUCH NICHT RÜBERHELFEN UND TATEN OHNE DIE GNADE GOTTES WERDEN ES AUCH NICHT TUN. AUGEN UND OHREN SOLLTEN JETZT MAL IN AKTION TRETEN!

Jetzt ein Wort der Vorsicht an Alle, die gedenken, in diesen Bereich hier hereinzuflattern, um mit Dharma und Oberli zu arbeiten – laßt das, oder seid äußerst vorsichtig, selbst dann, wenn Ihr sie nur besucht. Was Ihr als gute Vorsätze hegt bezüglich den Meistern „helfen" und „dienen", wird sehr wahrscheinlich den Einen oder Anderen von ihnen sehr viel kosten, nämlich sein Leben. Sie stehen unter ständiger Dauerbewachung. „Denkt" nicht einmal im Entferntesten daran, in ihre Nähe zu kommen, weder um mit ihnen zu leben, noch um mit ihnen großartige oder außergewöhnliche „psychische" Readings oder

Seminare zu planen etc. Wenn Ihr unbedingt am Gruppengedöns teilhaben wollt, geht dafür bitte – BITTE – zu unseren Brüdern, die sind da gut im Geschäft.

UNSERE ARBEIT IST ES, DEN VÖLKERN IN ALLEN MÖGLICHEN AUSFÜHRUNGEN DAS WORT ZU BRINGEN. JA, ES WIRD WUNDERBARE JOBS UND TEILNAHMEMÖGLICHKEITEN AUF DIESEM GEBIET GEBEN, ABER DERZEIT SIND WIR SEHR DARUM BEMÜHT, *JEGLICHE PERSÖNLICHE PUBLICITY ZU VERMEIDEN.* GESCHÄFTSBESPRECHUNGEN UND PLANUNGSSITZUNGEN VON GRUNDLEGENDER BEDEUTUNG MACHEN WIR AUSSERHALB ODER ZUMINDEST MIT GENÜGEND VORWARNZEIT, DASS WIR GANZ LEICHT DIE ÜBERWACHUNGSELEKTRONIK AUSSCHALTEN UND ELEKTROMAGNETISCHE SPIONAGEFREQUENZEN STÖREN KÖNNEN. IHR DENKT ICH MACHE WITZE? TESTET MICH AUS! DIEJENIGEN UNTER EUCH, DIE GLAUBEN, SIE WERDEN HATONNS WUNSCH EINFACH ÜBERRENNEN – PASST MAL LIEBER AUF DIE KLEINEN GREMLINS AUF, DIE EUER LEBEN KONTROLLIEREN, WÄHREND IHR GERADE DABEI SEID, ANDERE PLÄNE ZU MACHEN! WIR HABEN DIE ABSICHT, DIESE GRUPPE HIER IN KÖRPERLICHER UNVERSEHRTHEIT UND DIE INFORMATIONEN ÜBER DIE WAHRHEIT IN FLUSS ZU HALTEN. UNSERE DUNKLEN BRÜDER UND IHRE HANDLANGER SIND SICH DARÜBER VÖLLIG IM KLAREN UND, EHRLICH GESAGT, ICH ZIEHE DEN BEREITS VERTRAUTEN FEIND EINER NEUEN TRUPPE VOR, DIE WIR BESTÄNDIG MARKIEREN UND ÜBERWACHEN MÜSSEN. WENN DU NICHT VERSTEHST WOVON ICH SPRECHE, DANN GEHÖRST DU ZU DEN IMMER NOCH „SUCHENDEN" UND BEWEISE SAMMELNDEN FÜR DEIN GLAUBENSSYSTEM – *DU KANNST WIEDERKOMMEN, WENN DU DEINE WAHRHEIT GEFUNDEN HAST – GEFÄHRDE JEDOCH NICHT UNSERE IRDISCH NIEDERGELASSENEN, DENN FÜR SIE IST ES SCHON SCHWER GENUG,*

BEI DEN ERDLINGEN ORDENTLICH ZU FUNKTIONIEREN, DENN SIE WURDEN VON IHREN HÖHEREN FÄHIGKEITEN UND DEM UNGLAUBLICHEN RAHMEN IHRES WISSENS ABGESCHNITTEN UND ES IST IHNEN UNTERSAGT, IHRE, WIE IHR ES NENNEN WÜRDET, „MAGISCHEN" TALENTE ZU BENUTZEN. SIE MÜSSEN GEMÄSS DEN INFORMATIONEN FUNKTIONIEREN, DIE WIR PRÄSENTIEREN, DAMIT WIR ÜBERWACHEN KÖNNEN, WAS IHR IN DER BEVÖLKERUNG AKZEPTIEREN UND ANWENDEN KÖNNT. BITTE BEMÜHT EUCH UM VERSTÄNDNIS FÜR DIESE SICHERHEITSVORKEHRUNGEN. DIE WERTVOLLSTE UNTERSTÜTZUNG, DIE IHR ALLE UNS ANGEDEIHEN LASSEN KÖNNT, IST, ALLES IN BEWEGUNG ZU SETZEN, UM DIESE SCHRIFTEN AN DIE ÖFFENTLICHKEIT UND AUF DIE „BESTSELLER-LISTEN" ZU BRINGEN – DIE MENSCHEN MÜSSEN SEHEN WAS UM SIE HERUM VORGEHT – DIE ZEIT ZUM „AUFWACHEN" IST DA!

Dharma, bevor Commander Ashtar kommt und erschöpfend viel über Prana (solar-kosmisch; Skalar- das, was Ihr übernommen habt) und Elektromagnetismus generell zu sagen hat, wirst du bitte die nächsten paar Stunden damit verbringen, die letzte Aufzeichnung von „Paul Andrew" zu transkribieren und zu übersetzen. Ich danke dir, Chela. Als Mutter, die den jungen Mann viel zu früh verloren hat, ist das eine sehr schwierige Aufgabe, aber es muß getan werden für Paul, denn er trug viele Anteile von größter Bedeutung. Wir ehren ihn für seinen gut gemachten Job in der schwarzen Dichte Eurer Wirklichkeit.

Ja, Chela, ich möchte diesen Abschnitt aus Sicherheitsgründen in den AIDS-Dokumenten plaziert haben, so daß er für jeden zugänglich ist, der auch die anderen Aufzeichnungen bekommt, so wie sie fertiggestellt werden.

Bitte ruf durch zum Weitermachen, wenn du soweit bist.
HATONN GEHT AUF STANDBY

KAPITEL 10

Sonntag, 15. Oktober 1989, 08.00 Uhr, Jahr 3, Tag 60

Guten Tag. Ashtar möchte beginnen bitte.

Die Meisten auf Eurer Erde, die sich eingehend mit der Möglichkeit von Behandlungsmethoden von Retroviren an ihren Standorten befassen, bringen sie in der Regel in Verbindung mit Kriegs-„Strahlen", Frequenzen und dies und das. Ja, diese Dinge existieren und müssen auch besprochen werden, jedoch möchte ich davon absehen, mich in längere Diskussionen über Kriegsmaschinerien einzulassen, es sei denn, sie stehen in direkter Verbindung mit AIDS.

Es erübrigt sich zu sagen, daß Ihr weiterhin versucht, riesige Empfängersysteme im Weltraum zu installieren und diese Waffen [A.d.Ü.: Strahlenwaffen] dann weiter zu streuen. Damit habt Ihr monumentale Probleme, weil Ihr nicht mit den Unfällen umgehen könnt, die damit passieren. Zum Beispiel in Tschernobyl und den Laboratorien in Livermore, Kalifornien.

Diese Strahlungssysteme benötigen eine gigantische Energiemenge, um sie praktikabel zu machen und deshalb werden die Anlagen normalerweise in unmittelbarer Nähe zu Kernkraftwerken oder großen Elektrizitätswerken gebaut, z. B. Euer San Clemente-System. Das ist Euer tödlichstes Spielzeug und, einmal außer Kontrolle, löst es Kettenreaktionen aus, die Euren Planeten innerhalb von ein paar Sekunden pulverisieren können. Es ist Euch keine Methode bekannt, eine solche Kettenreaktion wieder unter Kontrolle zu bringen. Ich möchte auf einige Interventionen hinweisen, die wir auf irdische Aufforderung hin unternommen haben und an die Ihr Euch erinnern und die Ihr zuordnen könnt, danach wollen wir mit dem Thema fortfahren.

Das größte Risiko ist, daß die Strahlung sich selbst speist und durch Rückwärtseinspeisung ihren Weg zurück zu ihrer Quelle findet. Genau das ist in Tschernobyl passiert. Dies bestätigt auch die Aussagen von Commander Hatonn, die er Euch schon ein paar Mal gegeben hat – wir vom Raumkommando wurden gebeten, die Reaktion aufzuhalten – was wir auch taten, aber erst, nachdem bereits ein viel zu großer Schaden entstanden war, um den Reaktor langsam herunterzufahren und damit größere Nachteile für Euch und unser Schiff zu vermeiden.

Wißt ihr, um eines unserer Schiffe nahe genug an die Quelle des Strahlendrucks zu bekommen, müssen wir in das elektronische Feld, das unsere Stabilitätskontrollen deaktiviert. Wenn wir einmal in sichtbarer Form manifestiert sind, sind wir „massig" angreifbar, wie Ihr in Eurer menschlichen Form. Im Dezember 1988 wurde das Raumkommando wieder von den Sowjets angerufen und bei dieser Intervention haben wir ein plejadisches Schiff mit Mannschaft verloren. Neun der etwa 12 Mannschaftsmitglieder wurden auf der Stelle getötet, und die Anderen hatten schwere Verbrennungen und Verletzungen. Die Sowjets haben jedoch unsere Leute mit großem Respekt, Sorgfalt und Brüderlichkeit behandelt. Wir haben unsere eigenen Ärzte hingeschickt, die diese Verletzten behandelten, bis sie wieder sicher nach Hause transportiert werden konnten. Wir haben ein zweites Schiff geschickt, um unsere Leute aufzunehmen und diese Aktion war mit viel Wertschätzung verbunden.

Und erneut, kurz vor Eurem wichtigen Gipfeltreffen gab es wieder eine kleine Machtdemonstration für Euch, und wieder hatten sie ein Problem mit der Rückwärtseinspeisung. Wir wurden wieder um Intervention angerufen, wir antworteten und wieder waren wir blockiert und unser Schiff stürzte ab. Diesmal jedoch gab es nur relativ kleine Schäden, wir haben sie repariert und konnten das Schiff retten.

Dann glitt Euch in Eurem eigenen Forschungslabor, wie oben erwähnt, ein Test komplett aus den Händen, wobei Eure Kondensatoren und Transformatoren weggeblasen wurden und Ihr auf dem Weg in die Auslöschung wart. Bei dieser Gelegenheit wurden wir von

Eurer Regierung gerufen und wir waren tatsächlich in der Lage, die Reaktion ohne Verluste von Schiff oder Mannschaft zu stoppen. Das war auch 1988 und wurde durch Eure Medien als Elektrizitätsproblem verbreitet.

Oh ja, Eure Führungsspitze kennt uns sehr gut, Freunde, sehr, sehr gut. Wir haben unsere Repräsentanten bei allen Meetings auf höherer Ebene, normalerweise Commander Hatonn und mich – wenn auch weiterhin in holographischer Form, denn Ihr habt Euch da einen groben Schnitzer erlaubt, als Ihr uns bei einem dieser Meetings „gefangen nehmen" wolltet – wir sind höhere Frequenzformen und Ihr könnt uns nicht festhalten – Ihr *könnt* aber unsere manifestierten Repräsentanten mit einer etwas niedereren Schwingung festhalten.

Warum wir geantwortet haben? Weil das die Strahlungen sind, die Euch in die Vergessenheit pusten. Ihr würdet zu einem grandiosen Problem an allen Ecken und Enden des Universums werden. An diesem Punkt einer Explosion hätten wir massive atmosphärische Reaktionen rund um Euren Erdball, die wir nicht stoppen könnten. Wir würden Eure Sphäre in ein Plasmaschild einkapseln und darauf hoffen, daß wir Euch lange genug darin halten könnten, damit Ihr Eure Umlaufbahn halten und sich damit die Auswirkungen auf Euer Sonnensystem vermindern würden. Ihr, als Menschheit und Zivilisation, würdet dabei verdampfen.

Es ist uns nicht erlaubt, Eure kleinen Atom-such-finde-zerstöre-Kriegsspiele zu verbieten; wir sind angewiesen, in planetaren Vernichtungssituationen einzugreifen.

All diese Informationen wurden Euch reichlich gegeben in Euren Lehrstunden und Zusammentreffen mit welchen auf Eurer Erde. Dharma mit Gruppe haben Tausende von Stunden der Aktion in Zeitabschnitten aufgezeichnet, als der Vorfall stattfand – in minutengenauen Details. Die Informationen müssen mal von jemandem organisiert, zusammengestellt und katalogisiert werden, damit wir uns nicht wiederholen und für Euch alles neu strukturieren müssen, denn wir haben keine Zeit für Wiederholungen. Es müssen jedoch welche sein, die selbst-genügsam sind, denn es gibt noch keine betriebliche Unterstützung für Einzelpersonen.

Das ist Euer Problem, Ihr geht von Ort zu Ort mit jeder Menge guter Absichten und keinerlei Unterstützungsmittel. Eure Arbeit und Taten sind rückwärts gerichtet. Zur Zeit des Meisters in Galiläa gab es keine Technik und deshalb gingen sie von Ort zu Ort, verweilten dort und lebten von der Arbeit eines Anderen, im Austausch gegen das erhaltene Wort. Heutzutage ernennen sie sich selbst zum Träger des wahrgenommenen Rufes und rennen, springen und hüpfen ziellos durch die Gegend. Auf diese Art und Weise könnt Ihr die Massen nicht erreichen und es ist völlig nutzlos, schlimmer noch, es verleitet Eure Brüder dazu, über Euch zu lachen und Euch in einen Topf mit Aussteigern, Hippies, Schmarotzern und Schlimmeres zu werfen. Jmmanuel Jesus Sananda wird auch in einer Uniform des Raumkommandos erscheinen und nicht im flatternden Gewand aus Sackleinen, Ihr müßt mit diesem läppischen Unsinn aufhören.

Ah ja, Commander Ashtar ist streng und unverblümt – wir aus unseren Dimensionen WISSEN, wie es ist, Ihr malt Euch Bilder aus in der HOFFNUNG, daß es irgendwie so sein muß – und ihr, meine Lieben, steht auf der Kippe zu absolut verheerender, qualvoller Auslöschung. Hinzu kommt, daß Millionen Eurer sogenannten „christlichen" Brüder auf irgendeinen großen „Aufstieg, hinauf und hinweg" auf eine glorreiche Wolke hoffen und was wirklich passieren wird, ist, daß sie sich in ihrer Ignoranz ins Nichts der dunklen Bruderschaft manövrieren, weil sie sich von uns (die wirkliche Realität) abwenden. GOTT MACHT NICHTS SCHLUDRIG, TREIBT NICHT AUF WOLKEN DAHIN, ER PLANT. FÜR JEDEN VON EUCH IST EIN PLATZ VORBEREITET UND IHR SPIELT EURE WIR-TUN-SO-ALS-OB-SPIELE. „WIR TUN SO ALS OB – WIR CHANTEN, BETEN, HALTEN UNS AN DEN HÄNDEN, SINGEN LIEDER, TRAGEN WEISS, BLAU ODER PURPUR UND VIELLEICHT GEHT DANN ALLES VORBEI!" *ES GEHT GAR NICHTS VORBEI, DIE VERÄNDERUNGEN KOMMEN ALLE WIE ERWARTET UND*

WERDEN SCHLIMMER SEIN, ALS IHR ES EUCH IN EUREN KÜHN-STEN TRÄUMEN AUSMALEN KÖNNT. OH, ES WIRD HERRLICH-KEIT UND WUNDERBARE ERFAHRUNGEN GEBEN FÜR DIE, DIE DIE WAHRHEIT DAHINTER VERSTEHEN. ABER DIEJENIGEN, DIE IHRE AUGEN UND OHREN VERSCHLIESSEN UND GOTTES SEND-BOTEN ABWEISEN, WERDEN HERAUSFINDEN, DASS DER ENGEL LUZIFER PERSÖNLICH IHREN WEG DAMIT GEPFLASTERT HAT, DASS ER SIE KONSTANT AUFFORDERTE, ZU GLAUBEN, DASS „WIR" IN BÖSER ABSICHT KOMMEN – NEIN BRÜDER, WIR SIND EUER AUSWEG UND DAS IST DIE WAHRHEIT. ES WIRD WIRKLICH NICHT ERWARTET, DASS SEHR VIELE – RELATIV GESEHEN – DIE WAHRHEIT ERKENNEN, BEVOR ES ZU SPÄT IST.

Bevor wir weitergehen zum Thema, möchte ich noch eine Bemerkung zu Eurem problematischen „Finanzsystem" machen. Beobachtet, was jetzt passiert; sie werden das Problem mit ein bißchen Klebeband zusammenkleben. Das Papiergeld wird in Publikumsfonds usw. investiert, in der Bemühung, Abhebungen und Liquiditätsengpässe auszugleichen. Das wird, wenn es funktioniert, die Fonds in ernsthafte Schwierigkeiten bringen. Ihr befindet Euch in einem ziemlich prekären Finanzchaos. Betet jedoch, daß es funktioniert, denn wir brauchen noch etwas mehr Zeit vor dem großen Kollaps. Wir benötigen für unsere Projekte noch die Bereitstellung von größeren Geldmitteln und wir brauchen noch ein paar Wochen, bis wir das erledigt haben. Meine Lieben, bitte versteht, daß IHR DA DRIN HÄNGT! ES DREHT SICH JETZT ALLES UM EUCH – ENTWEDER IHR HANDELT GEMÄSS DER INFORMATIONEN, DIE WIR BRINGEN, ODER IHR WERDET GROSSE NACHTEILE BEKOMMEN – SORGT DAFÜR, DASS UNSERE INFORMATIONEN NACH DRAUSSEN GELANGEN. SEHT ZU, DASS DIESE SCHRIFTEN UNTER DIE LEUTE KOMMEN UND GELESEN WERDEN. VERSUCHT NICHT, SIE EINZELN ZU KOPIEREN; SUCHT EUCH EINE ODER MEHRERE BEZUGSQUELLEN UND SAGT DEN LEUTEN, WO MAN SIE BEKOMMEN KANN – WIR GEBEN EUCH INSTRUKTIONEN,

WIE IHR DIE UNSRIGEN BEGLEITET DURCH DIE VERÄNDE-
RUNGEN DES ZU ENDE GEHENDEN ZYKLUS UND HINEIN,
HINDURCH UND BIS JENSEITS DES ÜBERGANGS, UND ZWAR
SO VIELE, WIE HÖREN UND MIT UNS GEHEN WOLLEN. SO SEI
ES, SO SEI ES.

WIE STEHT ES JETZT MIT AIDS?

Ihr steht vor einem unglaublichen Problem riesenhaften Ausmaßes. Es erfordert sofortiges Handeln und große Mengen an Geldmitteln, die überraschenderweise geringer ausfallen, als Ihr annehmen könnt, weil die Beteiligten Lebens-motiviert statt Gier-motiviert sind. Wir sind darauf vorbereitet, alle Gewinne aus diesen Schriften direkt in die notwendigen Programme zu investieren – weshalb es von Vorteil wäre, wenn die Bücher gekauft oder die Forschungsteams direkt unterstützt würden. Diese Forschungen würden niemals direkt von Eurer Regierung mit Fördermitteln bedacht werden, möglicherweise aber ein Schutzsystem, deshalb überlegt Euch genau, welche Priorität Ihr der Anlage Eurer Vermögen geben wollt.

Es gibt nur eine Handvoll verfügbare Forscher, die diese Arbeit machen können. Man wird Euch die bereits entwickelten Maschinen vorenthalten, von diesem Gesichtspunkt müßt Ihr ausgehen; erwartet es also nicht, damit Ihr nicht Däumchen drehend hängen gelassen werdet. Wenn Ihr Eure Maschinen dann fast fertiggestellt habt, werden die Big Boys wahrscheinlich auftauchen, um Euren „*Tag zu retten*". Ihr müßt bedenken, daß die paar Kontrolleure selektiert sind und die meisten Eurer Kongreßabgeordneten usw. genauso in die Irre geführt sind wie Ihr. So, wie Eure Regierungen momentan funktionieren, kommt es nicht in Frage, daß rechtzeitig etwas getan wird, um die Massen zu retten. Aber selbst, wenn Ihr rund um die Uhr arbeiten würdet, würdet Ihr trotzdem eine große Anzahl an Leben an diese Plage verlieren, und das ist unvermeidlich.

Ordentlicher Elektromagnetismus ist Eure einzige Lösung und das müßt Ihr sehr schnell aufbauen. Es gibt noch Einige bei Euch, die die

Arbeit tun, Andere sind nicht mehr unter Euch. Die Dres. Tesla, Russell, Rife und Priore gehören dazu, Ihr müßt sie nur sorgfältig zuordnen. Ihr müßt jedoch Eure derzeitigen Forscher zu einer Geschäftseinheit zusammenbringen – Strecker und Cathie und einige Andere, die ich in diesem Dokument nicht nennen möchte aufgrund der Gefahrenlage, in der sie sich befinden. Ich erwähne nur diese, denn sie sind in der Öffentlichkeit bereits bekannt und können mit ihrer gefährlichen Situation umgehen. Erd-Menschen, Ihr habt sehr Edelmütige und äußerst Waghalsige unter Euch, die trotz der ständig über ihnen hängenden Gefahr für ihr Leben und das ihrer Familien, ihre Arbeit in Eurem Interesse weiterführen.

Ihr hättet diese Dokumente schon längst, wenn nicht ständig welche wegen Angst und Schrecken wegfallen würden. FÜR EINE SACHE ZU LEBEN UND ZU ARBEITEN, LIEBE BRÜDER, IST VIEL SCHMERZHAFTER UND SCHWIERIGER, ALS FÜR EINE SACHE ZU STERBEN. TOD IST NICHTS ANDERES ALS VERWANDLUNG. DENKT DARÜBER NACH, BITTE.

Erweiterter Prana-Elektromagnetismus kann das Problem lösen, wenn Ihr Euch wagt, das weiter zu führen. Wenn Ihr ein Kernteam aus Euren sachkundigsten Forschern zusammenführt, werdet Ihr Tausende finden, die alle anderen unterstützenden Arbeiten machen können, wie Tests und Kontrollstudien – eben alle Arten von Hilfsdiensten.

DAS KOMMUNIKATIONSSYSTEM DER MEISTERZELLEN

Der wesentliche, eigentliche Status über die Zellkontrolle wurde bereits entdeckt und dargelegt. Dieses riesige Kommunikationssystem kontrolliert alle Zellen und deren Funktionen im ganzen Körper. Es ist ein „lebendes elektromagnetisches" System. Eure neuen Forscher möchten dieses System „Scalar" nennen, nun, wir haben nichts dagegen und deshalb werde ich es als SEM bezeichnen, weil Ihr ja Euer Alphabet so gern habt.

Das Muster der SEM-Leitfähigkeit entsteht nicht durch die Elektronenschalen der Atome, sondern direkt durch die SEM-Wege der Atome. Die organisierten Signale der SEM-Muster, die nicht-spezifischen Vektor-Elektromagnetischen (EM) Wellen, die extern den Nullvektor auf bereits bestehenden Wellen summieren, können praktisch für jeden speziellen Zweck konstruiert werden. Das beinhaltet die Fähigkeit, ein Teilchen, wie z. B. ein Virus, eine Krebszelle, Leukämie, Bakterien, zu zerstören – also alles innerhalb oder außerhalb einer individuellen Zelle – wobei diese Frequenzen erschaffen werden können und tatsächlich auch die DNS/RNS verändern. Von dieser Seite aus gesehen, kann das Immun- und Reparatursystem des Körpers oder der Zelle erreicht und selektiv beeinflußt werden. Also ist die gesamte Biochemie und Zellfunktion, inklusive ihrer Genetik, komplett technisch ausführbar.

Des Weiteren kann man ein spezielles „Strukturmuster" gestalten und es dafür nutzen, die Kerne des Biosystems damit aufzuladen, um eine erwünschte Immunreaktion hervorzurufen. Wenn diese Einspeisung einmal erfolgt ist, wird sie vom „Meister"-System aufrecht erhalten und erschafft damit eine permanente Immunität – mit anderen Worten, Ihr bringt den Meistercomputer dazu, sich an den neuen Daten auszurichten und die alten zu verwerfen.

Um das gerade beschriebene Thema zu verstehen, müßt Ihr etwas über die Basisfunktionen von Gehirn, Bewußtsein und Denken wissen. Auf Eurer Ebene wurde das alles schon isoliert und ausreichend ausgearbeitet, um es wissenschaftlich zu erfassen. Allerdings ist die Isolierung etwas grob gesehen, denn es ist der ätherische Aspekt des Lebens an sich und Euch ist es nicht gegeben, die Wirklichkeit zu sehen. Das Konzept ist aber ausreichend für unser Thema.

BESCHREIBUNG VON BEWUSSTSEIN UND DENKEN

Ihr versucht andauernd in Eurer Holter-die-Polter-Manier etwas zu isolieren, das so einfach ist, daß Ihr es nicht finden könnt. Ihr schaut da, wo es nicht ist. Sucht doch innerhalb des Rahmens, wo etwas gefunden werden kann und da alles Leben auf die eine oder andere Weise elektrische Energie ist, schaut dort zuerst. Durchsucht das elektrische System. Beobachtet die ionischen Entladungen in und um die unzähligen Synapsen des menschlichen Nervensystems – es wurde vom Schöpfer wunderbar zusammengefügt – und die verlangsamte Entladung und Abwanderung der Ionen durch die Zellmembranen. Wenn Ihr das als ein biologisches Ganzes seht, werdet Ihr feststellen, daß es eine riesige Anordnung von beständigen und dauerhaft anhaltenden Punkt-Entladungsvektoren, geladene Stromvektoren usw. ist. Überall innerhalb des mikroskopischen Raumes, den ein Körper innehat, summieren sich diese Vektoren fast ganz auf Null Resultante. Aber laßt Euch davon nicht verwirren. Dies ist eine allgemeine Erklärung für diejenigen, die etwas davon verstehen und damit sie wissen, daß sie auf dem richtigen Weg sind, und um ihnen einen weiteren Einblick zu geben, während es für Euch Alle ein Überblick über das Ganze ist. Wir müssen unglücklicherweise auch in verschlungenen Pfaden arbeiten, um unsere Wunder zu vollbringen – es ist uns nicht erlaubt, das „für Euch zu tun"!

Dharma, du bemerkst, daß wir hier mit Ausdrücken wie Null, Nicht-Null, unter Null und über Null hantieren. Ich hätte gerne, daß du das in Beziehung setzt zu den Auffassungen in Pauls Theorie. Und ja, das Band, das du transkribiert hast, ist nicht das Endgültige, das dir von ihm im März 1985 gegeben wurde. Aber es wird ausreichen, das Konzept ist korrekt und schlußendlich würdigen wir ihn jetzt dafür, denn sein Beitrag war der letzte vor seiner physischen Abspaltung. Er wird geehrt werden für das, was er zu diesem Mammut-Werk beigetragen hat, denn er war „über seiner Zeit" und für diese gesegneten Wesen ist es die reine Quälerei aufgrund der Unfähigkeit, sich anzupassen oder „einzufügen". Von ihnen wird gefordert, Andere dazu anzuspornen, in ihre akzeptierten und geplanten Aufgaben einzutreten und entsprechende Maßnahmen zu ergreifen. Ich hoffe, daß dir das etwas beim Verständnis dafür hilft, Chela.

Wenn ich sage, daß diese elektromagnetischen Vektoren sich zu fast Null--Resultante summieren, heißt das, daß nur ein winziger Nicht-Null-Vektor-Rest verbleibt. Diese Null-Vektor-Summierung beinhaltet jedoch unglaublich ergiebige und umfassende Signale, Kanäle, dynamische Beziehungen und Strukturen.

Diese Null-Vektor-Summierung ist das Biopotential des Körpers in seiner Ganzheit. Es ändert sich dauernd und dynamisch. Für diejenigen unter Euch, die das vom esoterischen Standpunkt aus anschauen, es ist das „aurische" Feld – die Aura. Sie hat vielfache virtuelle Zustandsebenen und lebt und ist verankert in den Atomkernen der Körpermaße. Es ist eine „Maschine" im virtuellen Zustand, die den virtuellen Teilchenfluß der geladenen Teilchen des Körpers aktiviert, strukturiert und dynamisiert. Aus diesem Grund ist sie ein feines Gebilde und kontrolliert die körperliche Elektrizität und deren Verteilung. Auf diese Art und Weise kontrolliert sie die Biochemie des Körpers und erhält sie aufrecht.

Dharma, ich werde abberufen und deshalb benötige ich eine Pause. Danke.

Ashtar geht auf Stand-by

KAPITEL 11

Aufzeichnung Nr. 1 | ASHTAR

Dienstag, 17. Oktober 1989, 07.00 Uhr, Jahr 3, Tag 62

Ashtar hier. Mir wurde aufgetragen, ein paar Kommentare zu dringenden Angelegenheiten abzugeben.

Oberli, seid Euch darüber im Klaren, daß in Eurem Haus die Überwachung verstärkt wurde. Bitte mache „Victory" darauf aufmerksam, daß der Kontakt mit Euch auf ein Minimum zu beschränken ist. Es ist zwar unser Wunsch, niemanden auszuschließen, der mithelfen möchte, aber er wird zu einer sehr überwachten und kontroversen Person. Die Vorabinformation ist jetzt zu früh in die Hände des Top Elite-Personals beim Militär gelangt. Durch die lange Produktionszeit des Buches wurde der Plan geändert. Wir wollten das zwar so, aber erst nachdem das *SPACE–GATE* veröffentlicht ist. [A.d.Ü.: Phönix-Journal Nr. 03, ist bereits beim *tredition* Verlag auf Deutsch erhältlich.] Wir wünschen uns die Verleugnung durch die Regierung, aber keinen Rückgang im Vertrieb. Diese Bücher müssen in die Öffentlichkeit kommen, warum ist *SPACE–GATE* noch nicht publiziert? Es liegt jetzt seit August in Sedona.

Und was noch schlimmer ist, das zerstörendste Material aller Zeiten zeigt den Weg direkt zurück zur Schreiberin und alle Vorkehrungen, die wir getroffen haben, um sie unbekannt zu halten, sind jetzt mit einem Schlag zunichte gemacht worden, weil wir eine Kontaktmöglichkeit schaffen wollten. Victory hat in seinem Überschwang den Feind direkt in Euren Wohnsitz dirigiert. So sei es, wir werden den Schutz verstärken müssen und Du mußt Dharma immer in der Nähe des Hauses halten.

Ihr seid immer noch am Spielen; selbstbezogen und herumeiernd experimentiert Ihr und macht Euch immer wieder öffentlich bekannt – Ihr müßt jetzt sehen und wissen, und deshalb haben wir das auch geschehen lassen – damit Ihr zu einer besseren Selbstdisziplin und -kontrolle durch eigene Kraft findet und den Raum betreten könnt. Im Moment ist es für Dharma sehr gefährlich. Love-Ins und Traumtänzereien sind für Euch nicht angesagt. Sie werden sich NICHT bei Euch ausbreiten und in Zelten bei Euch wohnen, vermutlich, um sich „um Euch zu kümmern". Wie dumm, wirklich. Manchmal ist jedoch der etwas dümmlich wirkende Schakal eher der weise Meister des Fuchsbaus – behaltet das in Euren Herzen! Diese, in ihrer scheinbar trägen Geistesschwäche, verspotten die Namen der Meister, denen sie zu dienen vorgeben. Wir hegen großes Mitgefühl mit Euch und wir haben diesen Vorfall unter Kontrolle – aber Eure Lektionen kommen ständig und unerwartet. Reibt Euch daran nicht auf, denn das war eine geführte Aktion. Diejenigen, die ohne Zurückhaltung leben, sind für alle gefährlich. Jedes gesprochene Wort muß vom Standpunkt des Empfängers aus betrachtet werden. DAS IST NUR EINE ANMERKUNG ZUR VORSICHT, KEINE RÜGE, BITTE. WIR BENÖTIGEN FÜR DIESE INFORMATIONEN EINE KOMPLETTE STREUUNG UND ICH MÖCHTE EUCH NICHT AUSBOOTEN – DAS WÄRE SOWIESO PASSIERT, ABER DER ZUSAMMENBRUCH DES [A.d.Ü.: Informations-] FLUSSES WAR IN SEDONA. AUCH DAS SOLL KEINE RÜGE SEIN, SONDERN EUCH EINFACH DARAN ERINNERN, WIE SCHWIERIG ES IST, INNERHALB DER GRENZEN DES FREIEN WILLENS DER MENSCHEN ZU ARBEITEN. *WIR HABEN AUCH UNSERE PROBLEME!*

IHR DÜRFT ES NICHT ZULASSEN, DASS DIE HERKUNFT DIESER PUBLIKATIONEN ZUM ALLGEMEINGUT WIRD. LASST UNS DIE RESSOURCEN SCHÜTZEN. IN EINEM MONAT WERDEN WIR SIE VOLLSTÄNDIG VERÖFFENTLICHT HABEN, DESHALB LASST UNS SCHNELL UND STILL WEITER ARBEITEN. MACHT EUCH NICHT ALLZU VIELE GEDANKEN, ACHTET

EINFACH AUF UNZUMUTBARE GEFAHREN. DHARMA, BITTE GEH NICHT ANS TELEFON. SCHALTET DEN ANRUFBEANT-WORTER EIN, WENN IHR NICHT HIER SEID, UM ANRUFE ENTGEGEN ZU NEHMEN.

Ihr werdet herausfinden, daß diejenigen in höheren Positionen, die verletzlich sind, alles tun werden, um ihre schlechten Führungs- und Managementqualitäten zu verbergen. Das ist genau das gleiche wie mit der Explosion auf dem Geschützturm Eures US-Schiffes (ich nenne keine Namen, denn ich will die Lüge nicht weiter befeuern), allerdings hat die Elite jetzt die Schuld an den Toten auf einen unbescholtenen, armen (und toten) Seemann abgewälzt und das Fiasko einer Selbst-mordbombe zugeschrieben, die von ihm im Munitionslager plaziert wurde. Das Böse kennt keine Grenzen, liebe Brüder, keine. Und so macht es der Feind mit Allen, die er loswerden will, sie legen eine Falle mit einer gestellten Situation und decken die Beweise auf oder „was auch immer". Ihr dürft ihnen keine Chance geben, und wisset, daß alle Radikalen um Euch herum unter höchster Beobachtung sind. Dharma hat keine neuen Informationen und die Spione wissen das; wenn dann Radikale dazu kommen, die dort herumschwirren, werden sie sie – egal wie – aus dem Spiel nehmen. Wir passen sehr genau auf, was wir in diesen Büchern preisgeben, so daß es immer Sicherungskopien für diejenigen gibt, die das ganze überwachen. Es ist wie mit den Schüssen auf Präsident Kennedy durch seinen Leibwächter – die Wahrheit ist als Photo auf dem ganzen Globus präsent – Ihr habt es einfach nicht gewußt. Wir spielen nicht mit dem Leben unserer Schreiber.

Genießt die Vorträge über Nostradamus. Auf diese Art und Weise versorgen wir Euch mit neuem Material – durch viele und auf unter-schiedlichen Verständnisebenen. Es wird zwar immer noch Rätsel geben, die von ein paar wenigen gelöst werden können, aber im all-gemeinen werden es Alle mit letztlichen Instruktionen bekommen. Wir werden Euch ständig Informationen aus der Quelle geben, die vorrangig sind, so daß alle Zugang dazu haben und Arbeitsleistung und Material anbieten, um die Verteilung fortbestehen zu lassen. Bitte gebt die Informationen weiter, was die Quellen unserer empfohlenen Lesung betrifft.

Wollen wir jetzt zu unserem Thema zurückkehren. Laßt diese Ansagen zum Tagesgeschehen innerhalb der Kapitel der Bücher bestehen, denn zu diesem Zeitpunkt ist das die einzige Möglichkeit, diese Botschaften an viele weiterzugeben. Wenn Ihr weitermacht, wird Euer Verleger für weiterführende Arrangements auch Informationen bekommen. Macht einfach weiter, denn wenn Ihr in die richtigen Kanäle eingeführt werdet, wird Eure Last erleichtert werden. Wir sehen und verstehen auch Eure Situation und denkt daran, es braucht seine Zeit, eine Basis zu erstellen, wenn man richtig aufbauen will und Ihr müßt alle in Eure Aufgaben hineinwachsen, usw. usw.

Ich glaube, wir haben am 15. in der Mitte des Diktates über –

FUNKTIONEN VON BEWUSSTSEIN UND GEDANKEN

aufgehört. Ich sprach über Reste von Nicht-Null. Eure modernen Wissenschaftler betrachten nun diesen Überrest und versuchen herauszufinden, wo und wie Bewußtsein und Gedanken mit diesem Überrest vervollständigt werden können. Nein, das ist die falsche Herangehensweise. Die Restbestände aus dem ENH-Feld sind Müll – Abfall. Ihr müßt die Maschine betrachten, die innerhalb der Null-Vektor-Summe läuft. Diese verpufften Nebenprodukte sind nicht die Bewußtseins-/Gedankenprozesse selbst, sondern die sich im Auslaufen befindenden Funktionen des Prozesses.

Wenn Ihr das Bewußtsein in einen Ruhestatus versetzt und die Bestandteile der Null-Vektor-Summe photographiert, erkennt Ihr tatsächlich die höchst komplexe, umfassende Struktur (Muster) dieser einzelnen Teile; dann macht sehr, sehr kurze Zeit danach eine zweite „erstarrte" Photographie derselben Teile, subtrahiert das vorher gemachte „erstarrte" Muster, und die (Delta-)„Differenz" dieser beiden Muster stellt die Myriaden von Gedanken und speziellen Formen im virtuellen Stadium dar. Allgemein gesehen, gibt dies den

Inhalt eines denkenden Verstandes wieder. Jede Wesenheit wird ein variables Denkmuster haben, denn bei jedem Individuum löst ein Gedankenanstoß ganz unterschiedliche gedankliche Reaktionen aus. Aber Ihr werdet den tatsächlichen elektrischen Fluß der Funktionen besser verstehen. Des Weiteren kann die Schnelligkeit von „normal" zu „beeinträchtigt", von „voll funktionsfähig" zu „zurückgeblieben", von „normal" zu „Substanz beschädigt" usw. tatsächlich festgestellt und die beschädigten Synapsen im Elektrizitätskreis isoliert werden.

Der Geist steuert das übergreifende Funktionieren und Verändern des gesamten Musters mit seinen Unterbauten und die Fähigkeit des Organismus, darüber zu verfügen und es einzusetzen. Die Fähigkeit des Organismus, dies oder jenes „zu tun", benötigt ein paar mehr „verschachtelte" Ebenen des virtuellen Status', zwei oder mehr höhere Dimensionen, die aber im Wesentlichen die gleiche Bedeutung haben. Grundsätzlich befinden sich all diese elektromagnetischen Vektor-Bestandteile mindestens in der fünften Dimension und können deshalb als höher dimensional oder, wie in manchen Abhandlungen steht, als hyperdimensional bezeichnet werden. Ich selbst mag die Bezeichnung „hyper" statt „höher" nicht, denn sie deutet auf Übertreibung oder Tamtam hin. Aber Ihr werdet das in der irdischen Literatur öfter finden. „Supra" oder auch „super" wäre eine bessere Bezeichnung dafür.

HÖHER DIMENSIONAL

Jede Komponente, die die Vektoren antreibt, ist höher dimensional. Ein Gedanke ist ein „exakter" Wandel eines Tonmusters. Der Gedanke muß vor der Umwandlung in Töne da sein, die den Gedanken stimmlich ausdrücken. Außer im Fall von direktem „Channeling", wie bei dieser Schreiberin – ist der vorausgehende Gedanke meiner und sie hat keinen Vorausgedanken über den Inhalt. Das jedoch ist ein höchst signifikanter Beweis des Status „höher dimensionale Form bei der Arbeit", des „Super/Supra" Bewußtseins. Das geht über die unterbewußte Ebene des Funktionierens hinaus.

Viele Gedanken sind komplett ohne Bewußtsein, mehrlagig, gleichzeitig oder parallel. Einige könnte man als fortlaufend angeordnet bezeichnen und einzeln betrachten und verarbeiten – das hängt vom beteiligten Bewußtsein ab.

Das Unterbewußtsein ist ein perfekter Parallelprozessor – für ein ganzes Gedankenbündel zur gleichen Zeit. Auf der anderen Seite steht das Bewußtsein als Serienprozessor; es kann zu einer Zeit nur einen Gedanken bearbeiten. Die meisten Menschen denken nie darüber nach, daß sie im bewußten Zustand nur einen einzigen Gedanken zu einem Zeitpunkt fassen können.

In einem gesunden, hellwachen Zustand ist das Bewußtsein so schnell, daß Menschen durch diese Gewohnheit glauben, mehrere Dinge auf einmal wahrnehmen zu können. Was aber passiert ist, daß das Bewußtsein nur DEN EINEN [A.d.Ü.: Gedanken] wahrnimmt, während das Unterbewußtsein aber ALLES UM diesen Gedanken herum registriert, von einem Raum über Kleidung, Sprechweise, und und und – und so eine fortlaufende Bibliothek aufbaut.

Wenn nun das Bewußtsein die unterbewußten Inhalte betrachtet, bemerkt es etwas, was mehrere Bedeutungen hat – zu gleicher Zeit. Das ist Symbolik. Das Unterbewußtsein bietet Symbole mit mehreren Bedeutungen an in dem Bemühen, dem Bewußtsein eine Idee zu vermitteln. Träume sind dafür ein exzellentes Beispiel – oder auch „Tagträume" – die dem Bewußtsein eine Idee nahebringen wollen. Nur derjenige, der den „Traum" hat, kann ihn auch tatsächlich analysieren, denn das ist das Persönlichste vom Persönlichen überhaupt. Man kann einen erfahrenen Therapeuten für „Traumarbeit" zu Rate ziehen, der dem Bewußtsein hilft, den zu übermittelnden Gedanken zu finden, aber seid vorsichtig mit Psychiatern und Psychologen, die EURE TRÄUME FÜR EUCH „DEUTEN" –

NUR *IHR* SELBST KÖNNT DIE BEDEUTUNG EURER TRÄUME ENTSCHLÜSSELN UND DIESE BEDEUTUNG KÖNNT IHR FINDEN, ABER NUR DURCH EUCH SELBST.

Warum ich in dieses Material gehe? Weil Veränderungen und Steuerungsfunktionen im Körper, bis hinunter zur winzigsten Zelle, von Geist und Gedanken beeinflußt werden. Ein verwirrter Geist wird eine körperlich kranke Antwort erhalten, ebenso wie ein klarer Geist einen kranken Körper heilen kann, indem er Defekte im Steuerungssystem beseitigt.

POTENTIELLE AUSWIRKUNGEN VON SEM-WELLEN

Das Potential liegt in der Fähigkeit der SEM-Wellen, in die Kerne vorzudringen und innere Veränderungen innerhalb der Substrukturen (Gedanken) zu aktualisieren. Die Kerne befinden sich in beständigem „Ladeprozeß". Die Teilchen verändern ihren Status, sie laden sich zu ihrem aufgeprägten Potential auf, einschließlich des Potentials jedes Bestandteiles dieses aufgedrückten Potentials. Geist, Gedanken und Erinnerungen sind allgegenwärtig und werden im Atomkern gespeichert.

Das Biopotential eines dynamischen Bewußtseins nutzt „negative" Energie und „negative" „Zeit". DA DER KERN POSITIV AUFGELADEN IST, SIND POSITIVE ENERGIE UND POSITIVE ZEIT NEGATIV GELADENE ERSCHAFFUNGEN. Und genau das bekommt Ihr durch Photoneninteraktion mit den Elektronenschalen des Atoms. Da sie mit negativer Zeit arbeitet, also dem Bewußtseinsbiopotential in Negentropie, kann sie aus Chaos und Unordnung die Ordnung wieder herstellen.

Auf diese Art und Weise kann die Blaupause des lebenden Organismus eine Ordnung inmitten der Entropie herstellen (eine Messung der nicht zur Verfügung stehenden Energie in einem geschlossenen thermodynamischen System, in Beziehung gesetzt zum Status des Systems hinsichtlich einer Veränderung des Maßstabs variierend mit der Hitzeaufnahmefähigkeit im Verhältnis zur absoluten Temperatur, bei welcher die Energie aufgenommen werden kann). Diese Definition gebe ich Euch hier, damit Ihr die Hitzeeinwirkung auch sorgfältig als wichtigen Bestandteil in Eure Betrachtungen mit einbezieht, wenn Ihr ein spezielles Teil, wie z. B. ein Virus, „zum Bersten" bringen möchtet. Behaltet bitte auch folgende Definition von Entropie im Gedächtnis: sie ist das Maß der Unordnung in einem geschlossenen thermodynamischen System, bezüglich eines konstanten Multiplikators des natürlichen Logarithmus der Wahrscheinlichkeit des Auftretens eines speziellen molekularen Arrangements des Systems, das sich mit der Wahl einer passenden Konstante auf das Maß der nicht verfügbaren Energie reduziert. Der lebende Organismus muß in der Lage sein, in einem physischen Körper die Ordnung in den physischen Zellbestandteilen aufrecht zu erhalten. Da das „AIDS"-Virus und seine Mutationen die bestehende DNS in allen Zellen eines infizierten Körpers verändern, muß der gesamte Körper gereinigt werden. Ich gehe davon aus, daß ich das damit auf den Punkt bringe.

Somit befinden sich funktionierender Geist und Biokontrollsysteme – das Meisterzellenkommunikationssystem, das Immunkontrollsystem, das System zum Überschreiben der alten Muster und das Reparaturkontrollsystem – alle in den Atomkernen, die dynamisch über Musterpotentiale oder Musterladungen allesamt über Resonanz und Frequenz usw. miteinander agieren.

DAS „GERÄT" VON ANTOINE PRIORE

Priore konstruierte ein Gerät für elektromagnetische Behandlungen und erreichte damit bei Tausenden von Tierversuchen eine hundertprozentige „Abtötung" (Heilung) aller Arten von Karzinomen, Leukämien usw. Bereits in Euren 1960er Jahren hat er diese Versuche mit amerikanischen Wissenschaftlern geteilt. Während der Forschungszeit förderte die französische Regierung Dr. Priore's Forschungen mit mehreren Millionen US-Dollar.

In eine Röhre mit Plasma aus Quecksilber und Neongas (behaltet diese Kombination im Kopf, Sir Russell wird sich später nochmals dazu äußern), wurde eine gepulste 9.4 Gigazyklenwelle, moduliert mit einer Trägerfrequenz von 17 Megazyklen eingeleitet. Diese Wellen wurden von Hochfrequenzsendern und Magnetronen unter Einfluß eines Magnetfeldes von 1.000 Gauß produziert (die cgs ‚Zentimeter-Gramm-Sekunde' Einheit magnetischer Induktion gleich der magnetischen Flußdichte, die eine elektromotorische Kraft von 1/100.000.000 Volt in jedem linearen Zentrum pro Sekunde im rechten Winkel zum magnetischen Fluß induziert).

In diesem Tierversuch setzte Dr. Priore die Tiere diesem Magnetfeld aus während er sie mit einer Wellenmischung aus rund 17 Wellen, bestrahlte, die aus der Plasmaröhre strömten und das Magnetfeld modulierten und ritten, das durch den Tierkörper floß. *Unter anderem, da Plasma eine Querwelle in eine Längswelle konvertieren kann, können auch Phasenkonjugationen und Zeitumkehr-Wellen erzeugt werden.*

Phasenkonjugierte elektromagnetische Wellen sind Träger negativer Energie und negativer Zeit. Sie stellen Negentropie dar und bewegen sich vom Chaos in die Ordnung. Den Beweis findet man bereits in Hunderten von technischen Dokumenten in nicht-linearen phasenkonjugierten Optiken in der orthodoxen wissenschaftlichen Literatur, jedoch wird weiterhin die wahre Definition der Terminologie falsch interpretiert. Dr. Priore's Gerät produzierte ein SEM-Signal mit absichtlich konstruierten, entfalteten Bestandteilen, einschließlich Phasen- und konjugierten elektromagnetischen Wellen.

Außerdem denkt daran, daß es inkonsequent ist, Wellen zu senden, wenn Ihr keinen korrekt eingestellten Empfängerkristall für die genaue Frequenz habt. Ihr müßt die Information in einen allein funktionierenden Apparat integrieren.

Dharma, hier bräuchte ich eine Pause, weil ich noch andere dringende Termine habe. Ich möchte jedoch heute noch eine Diskussion über das Material von Dr. Rife führen. Ich danke Dir für Deine Aufmerksamkeit. Ich verstehe, daß das für Dich ein sehr schwieriges Thema ist, da Du ohne technisches Verständnis arbeitest. Vertraue einfach darauf, daß diese Information für alle, die an diesem Projekt arbeiten, von großem Wert ist. In Deinem Dienst, ich gehe auf Stand-by.

Kommandant Ashtar klärt die Frequenz

[A.d.Ü.: Für mich gilt das gleiche wie für Dharma. Ich übersetze das ohne technisches Wissen und ich bitte deshalb um Nachsicht. Technisch Interessierte können das sicherlich alles aus dem englischen Original heraus verstehen. Das Kapitel 11 im Original (http://www. phoenixsourcedistributors.com/PJ_08.pdf) sind die Seiten 65 bis 70.]

KAPITEL 12

Dienstag, 17. Oktober 1989, 17.15 Uhr, Jahr 3, Tag 62

17.04 h ERDBEBEN IN SAN FRANCISCO

Ja, Dharma, hier ist Ashtar. Ich will nicht allzu viel zu dem Erdbeben kommentieren; ich bitte Dich jedoch dringend, alles genau zu beobachten, denn während der letzten Woche hattet Ihr sehr starke Erdbeben vor Alaska und Japan – das heißt, daß die Erde um die Platten herum unter erhöhten Druck gerät. Augenscheinlich sind wir nicht in der Lage, Eure ernsthafte Aufmerksamkeit dafür zu bekommen – wenn sich diese Platten wirklich verschieben, wird das weit über Euer Fassungsvermögen hinausgehen und sehr Wenige unternehmen etwas oder haben eine Überlebensstrategie. So sei es. Es ist noch nicht Evakuierungszeit, wenn also Manche von Euch glauben, sie würden in geckige Raumschiffe hinaufgedudelt werden – das sind frühreife Planungen. Dieses Thema wurde aber bereits in aller Tiefe von Commander Hatonn behandelt – aber Einige von Euch scheinen es zu lieben, auf der Kippe zu leben – also, entlang dieser Küstenlinie kann es täglich zu einem großen, tiefen Bruch kommen. Gehabt Euch wohl und betet genug, Ihr, die Ihr dort am Abgrund lebt. Des Weiteren kann jedes Nachgeben an einer der sich überlappenden Hauptverwerfungslinien das Ganze zum Kippen bringen.

ROYAL R. RIFE

Kommen wir zurück zu unserem Thema AIDS und anderen Retroviren.

Royal Rife's Werk zeigte ganz klar spezifische Frequenzen, die mit bestimmten Viren und kranken Organismen verbunden sind. Darüber hinaus hatte sein universelles Mikroskop keine Beschränkungen der Wellenlänge in der Auflösung, da es flüchtige Wellen oder Wellen aus hyperdimensionalen Bestandteilen benutzte. Infolgedessen konnte es direkt in den wirksamen Status hinter der Grenze des Photons blikken. Tatsächlich konnte es nicht nur die äußerst kleinen Punktzellen sichtbar machen, die zwischen den gewöhnlichen Zellen liegen und mit dem „besten" herkömmlichen Lichtmikroskop kaum sichtbar sind, sondern es macht auch etwa sechzehn miteinander verschachtelte, tieferliegende und kleinere Strukturebenen innerhalb der Punktzelle sichtbar. Nie zuvor und seither wurde eine solche Eindringtiefe erreicht. Es gibt zwei oder drei solcher Mikroskope, die repariert werden können.

Mit diesem Mikroskop konnte er den virtuellen Zustand der funktionierenden und sich bewegenden Energie erkennen. Die Biologie, die er mit seinem Mikroskop erkannte, war dem Stand der Biologie von heutzutage weit voraus. Es war von der Vorstellung her ganz unorthodox und für Eure orthodoxen medizinischen und wissenschaftlichen Bereiche die totale Bedrohung. Wenn man eine unheilbare Krankheit erschafft und verbreitet, die den eigenen Zwecken dienen soll, wünscht man sich ganz sicher nicht, daß die Heilung bereits vor der Infektion auftaucht. Oh ja, genau das ist auch passiert, Ihr kleinen Träumer. Mit diesem Mikroskop konnte Rife nicht nur die kleinen Schädlinge „sehen", sondern er lernte damit auch, die lebenden inneren Strukturen und lebende Elektrizität zu manipulieren. Jetzt betrachtet Euch auch bitte den in dieser Woche vergebenen Nobelpreis für die Isolation einer einzelnen Elektrizitätseinheit und ihre Stabilisierung. Diesem Gewinner gebührt Ehre. Lernt von diesem Forscher, was Ihr könnt – und Ihr werdet feststellen, daß elektrische Einheiten lebendige Strukturen sind.

Da ineinander verschachtelte, auch „höhere" oder hyperdimensionale Räume sind, war Rife's Mikroskop das erste und einzige Instrument, das einen Blick direkt in höhere Dimensionen und die höher dimensionalen Lebensformen zur Beobachtung erlaubte.

Zur Lebenszeit Rifes war für die medizinische Wissenschaft ein solches Gerät absolut undenkbar, heute könnte man jedoch mit der Technologie substantieller flüchtiger Wellen beweisen, daß Rife's Mikroskop in der Lage war, genau das zu tun, was er und andere Wissenschaftler berichten. Aber was passiert? Es wird weiterhin versteckt, um die Interesselosigkeit zu vertuschen und vergangenes Wirken lächerlich zu machen. Vielleicht ändert sich in der Geschichte nichts außer Namen und Orte.

Hier ist es wichtig, für den nicht technisch informierten Leser zu erklären: „flüchtig" bedeutet, wie Dampf zu verschwinden – sich wie Dampf aufzulösen.

Bevor ich weitergehe, möchte ich noch einmal zu den phasenkonjugierten Wellen und phasenkonjugierten Kopien von Wellen und Signalen zurückgehen. Ich habe die Angewohnheit, zu schnell vorzugehen, selbst für meine Sekretärin, ich bitte um Entschuldigung, Dharma.

Eingebettet in diese überaus komplexen Modulationen und Spektren, hat jede Zelle ein kompliziertes elektromagnetisches Strahlungszentrum. Eine fehlerhafte Zelle verändert dieses Spektrum fehlerhaft. Wenn Ihr jetzt das normale Zellspektrum vom fehlerhaften Zellspektrum abzieht, habt Ihr ein spezifisches Delta, das bei einer Induktion diese Art abnormaler Zelle in eine normale Zelle zurückführt.

Wenn Ihr zum Beispiel solch ein Einzelmuster für eine Krebskonversion habt, könnt Ihr eine normale Zelle damit bestrahlen und sie damit in eine Krebszelle umwandeln. Ich schlage jedoch vor, Ihr phasenkonjugiert dieses einzelne Krebs-Konversionsmuster. Die phasenkonjugierte Replik wird das Muster sein, das genau diese Art der Krebszelle wieder in einen normalen Zustand zurückführt. Wenn man die phasenkonjugierten Repliken der dieser Krebszelle eigenen Deltafrequenzen in die Zellen eines Körpers induziert, der diese Krebsart hat, wird das Meisterkontrollsystem der Krebszelle diese zeit-umgekehrten Signale modulieren. Das wird die Krebszellen im Körper zu einem sauberen Meisterzellkontrollsystem des Tieres zurückführen.

Auf diese Art und Weise werden die Krebszellen sofort zerstört oder in den Zustand einer normalen Zelle zurückgeführt. Für alle krankheitserregenden Bakterien und Viren, einschließlich AIDS, gibt es einen sehr ähnlichen Prozeß. Die Viren können aufgrund ihrer kristallinen Struktur sogar noch viel leichter zerstört werden.

In der Sowjetunion wurde nachgewiesen, daß jeder Zelltod und jedes Krankheitsmuster durch ein spezielles Muster auf einem elektromagnetischen Signal induziert werden kann. Wenn die in Frage kommenden Zellen lange genug mit den mustertragenden Signalen bombardiert werden.

Diese Experimente wurden in Australien komplett übernommen und weitergeführt. Diese Dokumente sollten leicht, sagen wir von Cathie aus Neuseeland, zu bekommen sein und könnten von den Forschern abgegriffen werden. In Australien haben sie Zelltod und Krankheiten zwischen Zellkulturen mit einem Abstand von 100 Fuß induziert – wirklich eine sehr passende Entfernung. Unglücklicherweise wurden Tausende dieser Experimente in Militärlaboren gemacht, aber ich sehe kein großes Problem, sie trotzdem zu bekommen.

Auch Wissenschaftler in Westdeutschland haben diese Zellexperimente nachgestellt. Allerdings müßten bei diesen Experimenten einige unveröffentlichte Daten gesammelt werden; das war Teil der entsprechenden sowjetischen Arbeit, die die elektromagnetische UMKEHR des Zelltods und Krankheit darstellt, die durch Bestrahlung mit phasenkonjugierten Repliken der das Induktionssignal tragenden Muster zeigt. Kurz: wenn eine Handlung in Vorwärts-Zeit eine Kondition induziert, dann wird die Zeit-Umkehr dieser Handlung die Kondition umkehren. (WIE IHR SEHT, ARBEITET IHR IN HÖHEREN DIMENSIONEN, IN DENEN ES WEDER ZEIT NOCH RAUM GIBT!) Das Konzept ist so lächerlich einfach, daß es sich Euch entzieht. Die Zeitumkehr eines elektromagnetischen Krankheitsprozesses ist ein spezieller elektromagnetischer Heilungsprozeß für diese spezifische Krankheit.

Das ist auch genau die Technik, an der von der Gruppe, die Commander Hatonn in vorhergehenden Büchern erwähnt hat, geforscht wird. Ihr könnt eine Heilung für AIDS und andere Krankheiten wie Krebs, Leukämien, und jede andere Krankheit, die Euch Menschen bekannt ist, heilen – Ihr könnt sogar die Blockaden lösen, die sich im Kreislaufsystem befinden.

ETWAS ÜBER PRIORES GERÄTE

Priore strukturierte die Trägerphotonen im Inneren seines Gerätes und machte sie so zu Vakuum-Maschinen. Diese Struktur enthielt das dynamische Delta für die Krankheit. Dieses Spektrum leitete er in ein riesiges rotierendes Plasma, danach phasenkonjugierte er seine Vakuum-Maschinen und danach leitete er diese zeit-umgekehrte Vakuum-Maschinen hinab zu einem starken Magnetfeld, das alle Zellen des zu behandelnden biologischen Organismus durchdrang. Die Skalar-Komponenten – das sind die strukturierten Photonen, die die Zeitumkehr der Krankheit darstellen – wurden absorbiert und in allen Zellen neu bestrahlt, indem sie die Atomkerne und Organismen bis zum potentiellen Niveau dieses genauen Heilungs- und Umkehrmusters aufluden.

Auf diese Weise induzierte er eine spezielle phasenkonjugierte Replik zur Krebsumkehr in jede Köperzelle, wobei er das zelluläre Biopotential auflud und ein dauerhaftes Heilungsdelta in das Meisterkontrollsystem der Körperzellen einprägte. In dem Prozeß, der das Leukämie-Muster storniert, wird die Aufladung der Atomkerne auch storniert und entlassen. Die neue zeit-umgekehrte Ladung zerstörte auch die Krebszellen oder konvertierte sie zurück in normale Zellen. Das, meine Freunde, heilte die Krankheiten selbst in unheilbarem Zustand – alle. Ja, ich sagte ALLE!

Außerdem, für die Zweifler, er konnte selbst Schlafkrankheit und jede Virusinfektion usw. usw. heilen. Mit anderen Worten, dieser Prozeß bedeutete ernsthaften Streß für jedes beteiligte zelluläre Kontrollsystem-Delta. Das bewirkte eine Rückkehr zu normalen Zellen und zum Meisterzellkontrollsystem des Körpers.

WAS ABER PASSIERT MIT EINER NORMALEN ZELLE, DIE SICH DORT BEFINDET?

Beim Zusammenprall des normalen Kontrollsystems mit den normalen Zellen ohne Delta – gibt es keinen Streß. Beim Zusammenprall des abnormen Kontrollsystems in Tumorzellen gibt es großen und speziellen Streß, da sie zur Umkehr in ihr normales Kontrollsystem der normalen Körperzelle gezwungen werden. Wenn die Krebszelle diesem Streß nicht standhalten konnte, starb sie auf der Stelle. So fungierte das Prioresche Signalmuster ausgleichend als Aufforderung zur Rückkehr zur normalen Zellstruktur und bei der normalen Zelle gab es keine Beeinträchtigungen – das heißt, wenn das skalare Kontrollmuster in Übereinstimmung mit dem Meisterkontrollsystem des Körpers arbeitet.

Das Priore-Signal stimulierte und streichelte die normale Zelle und verletzte sie in keiner Weise. Auf der anderen Seite ist das skalare Potentialmuster einer abnormalen, z. B. einer Krebszelle, nicht synchron mit dem körpereigenen Meisterzellsystem und deshalb nicht phasenverriegelt mit ihm. Deshalb verursacht das Priore-Signal einen direkten Eingriff in das unabhängige skalare Kontrollsystem der abnormalen Zelle. Das Interferenzmuster bestimmte die Rekonstruktion der normalen Energie für die Krebszelle und blockierte gleichzeitig ihre abnormalen skalaren Lebenssignale. Dies zerstörte die Krebszelle durch zwei Mechanismen:

1.) die physische Energie wurde direkt in die abnormalen Zellen eingeleitet und verursachte dort einen mechanischen Schaden, und

2.) die Krebszelle als unabhängiges „Lebewesen" wurde gelähmt und getötet, da ihr skalarer Lebenskanal mit ihrem primitiven Bewußtsein verbunden wurde, der wiederum ihr primitives Bewußtsein mit ihrem Körper verband.

DAS KRANKE WIRD IN DEN
NORMALZUSTAND ÜBERFÜHRT

Wenn die Krebszelle durch den Priore-Streß vor ihrer Zerstörung in eine normale Zelle übergeführt wurde, blieb sie eine normale
Zelle und der Priore-Streß hatte auf sie keine Auswirkung mehr. Jede
Krankheit, sei sie zellulärer, biochemischer oder genetischer Natur,
kann auf ähnliche Weise geheilt werden. Die Priore-Methode hat zum
Beispiel auch ganz klar gezeigt, daß sie Fettablagerungen in den Arte-
rien umkehren und niedrige Cholesterolwerte auf Normalwerte brin-
gen kann, selbst bei abnormal hohen Cholesterol-Werten. [A.d.Ü.: im
Original steht „diets" statt „levels". Ich gehe davon aus, daß das ein
Übertragungsfehler ist.]

Es muß allerdings jede Körperzelle, selbst die Haare, bestrahlt und
behandelt werden, das heißt, mit dem Signal aufgeladen werden, denn
das Krankheitsmuster befindet sich in jeder Körperzelle. Das Meisterzellenkontrollsystem ist holographisch. Das Muster, das als Basis dient
und leistungsfähig arbeitet mit seinem dynamischen und oszillieren-
den Bestandteil, ist dann in jedem Bestandteil, das bedeutet, in jedem
Atomkern, da es sich ja in wirklich jeder Zelle befindet.

Jede Körperebene, die größer als eine Zelle ist, hat auch ihr eigenes
entsprechendes Modulationsmuster auf übergeordneter Ebene. Der
biologische Körper kann zum Beispiel nicht mehr vorhandene Glied-
maßen ersetzen, wenn er durch den Priore-Prozeß seine natürlichen
Selbstheilungskräfte nutzen kann. Obgleich das Werk Priores, seine
Geräte und deren Funktion der französischen Akademie für Wissenschaften vorgestellt wurde, ging es weit über die Verständnismöglich-
keiten dieser Gruppe hinaus.

Freunde, ich spreche hier nicht von antiker Geschichte – ich spre-
che von den 1970er Jahren. Die Akademiker hatten keine Ahnung von
Elektromagnetik und Phasenkonjugation, was aber genau das Gerät
von Priore war. Und mehr noch, die medizinische Welt sah darin einen
Ausstieg aus ihren höchst teuren Dienstleistungen – also eine doppelte
Motivation, um diesen störenden, verrückten Menschen auszubooten.

Traurig für die Menschheit – im Jahr 1974 wurden die Fördergelder gestrichen, zu einem Zeitpunkt, als Priore gerade ein Gerät fertigstellte, das einen gesamten menschlichen Körper bestrahlen konnte. Mit diesem Gerät wäre es möglich gewesen, fast alle menschlichen Krankheiten zu heilen. Ach ja, in diesem Fall wäre es Euch nicht möglich gewesen, diese Plage und dieses Leid zu genießen und das Ende des Zyklus wäre unzweifelhaft verschoben worden. Unglücklicherweise verändern Menschen die gegebenen Möglichkeiten kaum in etwas Positives – sie rennen blindlings immer schneller in die Katastrophe.

In diesem speziellen Gerät verwendete Priore eine Lampe, in der 17 spezifische Frequenzen gemischt und auf einen Träger mit 9.4 Gigazyklen aufmoduliert wurden. Das Gerät war groß genug, um den ganzen Körper des Menschen auf einmal zu bestrahlen. Es wäre in der Lage gewesen, Krebs, Leukämie und AIDS mit einer zwei- oder fünfminütigen Bestrahlung zu heilen – mit einer Woche Abstand.

Während Priore noch in Eurer Dimension weilte (körperlich), wurde eine große Anstrengung unternommen, das Gerät mit klinischer Forschung auf den Markt und damit in Gebrauch zu bringen. Die Geräte sollten in Frankreich gebaut und dann an die Käufer verschickt werden, an große Forschungs- und Entwicklungslabors, wo sie dann lokal patentiert werden sollten. Ich glaube, es reicht, wenn ich sage, daß „big Brother" die Fördergelder für das Projekt gestoppt hat und das Werk in der Schublade landete.

Es ist eine Tatsache, daß diese Signale fast jede zelluläre Krankheit oder Disposition eines Körpers umkehren können. Das Programm, eine Heilung für AIDS auf diese Art zu finden, benötigt nur entsprechende Fördermittel und eine Zusammenarbeit der richtigen Leute (aus bekannten Gründen bleiben sie ungenannt), um die Arbeit zu tun.

WAS IST JETZT MIT DEN SOWJETS?

Nun, die Sowjets haben schlüssig bewiesen, daß es möglich ist, jede zelluläre Krankheit oder jedes tödliche Muster elektromagnetisch zu übertragen und gezielt in Zellen einzubringen, die die Bestrahlung aufnehmen. Sie haben auch herausgefunden, daß das über eine größere Distanz von mehreren tausend Meilen möglich ist. Zucken Eure Zellen hier und da mal zusammen?

Die Sowjets haben laut ihrer Berichte den Effekt mit ultravioletten Photonen als Träger erreicht. Die ultravioletten Photonen wurden von sterbenden Zellen oder kranken Zellen beim Sterben ausgesandt. Das ist die Biolumineszenz, die die richtige Substruktur trägt. Ein Photonenbombardement der Zielzellenkultur mit den entsprechenden Todesmusterphotonen – und erinnert Euch, diese konditionierten Photonen sind spezielle Vakuum-Maschinen – induzierten das exakte Krankheitsmuster in die Schalen, nachdem sie mit der gleichartigen Zeitperiode aufgeladen wurden. Während dieser Aufladung wurde das ins Auge gefaßte Atommodell in einer Zellkultur mit passenden Photonen-Vakuum-Maschinen aufgeladen, die das genaue Todesmuster der Zelle trugen. Während des Ladevorgangs wurde das Todesmuster schrittweise in das Meisterzellenkontrollsystem der Zellkultur induziert.

Die westdeutschen Wissenschaftler nutzten Infrarotwellen, das heißt, das mit infrarot aufbereitete Photonen-Vakuum-Gerät. Bitte merkt Euch speziell, daß es im Bereich der Quantenmechanik, besser bekannt als Elektrodynamik, gut bekannt ist, daß, wenn ein Photon aus der Oberfläche eines dielektrischen Körpers ausbricht, der gesamte dielektrische Körper an dieser Emission teilnimmt. *Noch eine Definition bitte: „dielektrisch": Nichtleiter eines elektrischen Stromes. Auch „dielektrische Erhitzung": Die schnelle und gleichmäßige Erhitzung mithilfe eines nichtleitenden Materials mit einem hochfrequenten elektromagnetischen Feld. (Wer Augen hat, der sehe!).* Wenn ein Photon von der Oberfläche eines dielektrischen Körpers absorbiert wird, nimmt der gesamte dielektrische Körper daran teil. Ihr solltet auch wissen – ob jetzt zelluläre Krankheiten durch Signale mit Zeitumkehr korrigiert werden können oder nicht – daß das auch Euren freundlichen Sowjets aufgefallen sein muß, da sie diese bereits großflächig in ihren weitverbreiteten skalaren elektromagnetischen Waffen einsetzen – oh ja, das sind die mit der Rückwärtseinspeisung.

DIE SCHÖNHEITEN VON RIFE

Mit Rife's Mikroskop kann man Viren leicht erkennen, da es auch leicht die Wellenlängenbegrenzung der benutzten Lichtfrequenz überwinden kann.

Es wurde jetzt auch in Euren eigenen physikalischen Studien bewiesen, daß die Begrenzung der Wellenlänge in optischen Instrumenten durch Verwendung flüchtiger komplexer Wellen überwunden werden kann. In Rife's Mikroskop wurden solche Wellen benutzt und deshalb war die Wellenlänge des normalen Lichts keine Begrenzung.

Wenn man zur Erzeugung komplexer Wellen ein Instrument benutzt, kann es auch benutzt werden, um phasenkonjugierte Wellen zu erzeugen. Rife's Mikroskop konnte auch dazu verwendet werden, das genaue Farbfrequenzmuster für eine bestimmte Krankheit des Organismus festzustellen. Hier gibt es bereits ein breites Wissen, denn es erlaubt, die Frequenzmuster genau aufeinander abzustimmen.

Nun, Rife hat auch die übliche liebenswürdige Behandlung seiner Mitmenschen als Ausgleich für seinen Dienst bekommen. Er kam ins Gefängnis und nach seiner Entlassung war er ein gebrochener, entmutigter Mann. Er lebte zurückgezogen bis an sein Lebensende und sein Tod wurde kaum beachtet.

Ihr könnt von Glück reden, wenn Ihr schnell genug reagiert, denn es leben immer noch einige Menschen mit direktem Wissen über seine Arbeit und seine Workshops. Wenn Ihr Euch sputet, könnt Ihr sein Werk aus der Versenkung holen und es nachmachen. Wenn Ihr zögert, wird Eure Bevölkerung von der Plage genannt AIDS dahingerafft und Ihr werdet keinen freien Platz finden, der groß genug ist, daß er Eure Trauer fassen könnte.

Dharma, es ist spät und wir sind beide müde. Laß uns das jetzt bitte beenden und wir werden uns um unsere Feinde morgen kümmern. In liebender Fürsorge und Anerkennung gehe ich auf Stand-by.

Commander Antheose Xandeau Ashtar klärt die Frequenz.

Guten Abend,

Ashtar geht

KAPITEL 13

Mittwoch, 18. Oktober 1989, 07.00 Uhr, Jahr 3, Tag 63

7.0 ERDBEBEN IN SAN FRANCISCO, 17.04 h AM 17. OKTOBER EPIZENTRUM SANTA CRUZ, KALIFORNIEN

Hatonn ist hier, Dharma. Ich möchte kurz etwas zu Eurem derzeitigen Status sagen; allerdings sind die Fragen und Bitten, die ich höre, etwas nervig, selbst wenn ich dafür Verständnis habe. Außerdem bemerke ich, daß wir mit unserer Arbeit nicht recht vorankommen, wenn ich nicht kommentiere.

Für uns ist es immer spaßig, wenn wir uns mitten in diesem Desaster das Bewußtsein der Menschen bei ihrer Arbeit ansehen und das, was sie von sich geben. Es gab keine einzige öffentliche Aussage darüber, welche glückliche Wendung es ist, daß Gott in der Erdbebenregion dafür gesorgt hat, die Geschehnisse abzumildern.

Ich möchte auf einiges hinweisen und ich wünsche, daß Ihr das sehr sorgfältig überdenkt, bezüglich der „Zufälligkeit", wie es hätte sein können.

1.) Wie oft habt Ihr ein Baseballspiel der Weltklasse, das um 17.00 h in einem bestimmten Gebiet ausgetragen wird? Meine Bildschirme zeigen keinen einzigen Toten in diesem Stadion, das bis auf den letzten Platz belegt war mit Menschen, die zu der Zeit bei der Arbeit oder auf dem Heimweg gewesen wären. Außerdem wären viele, die im Stadion waren, in ihren abgelegenen Häusern oder auf ihren Arbeitsplätzen gestorben.

2.) Die meisten Büros haben am frühen Nachmittag geschlossen, sodaß sich die Beschäftigten auf den Heimweg machen konnten, um die Spiele-Eröffnung um 17.00 h zu sehen, was während des Erdbebens zu einem geringeren Verkehrsaufkommen auf den Straßen führte.

GOTT UND DIE SCHÖPFUNG SIND EUCH KINDERN, DIE SICH WEIGERN ZUZUHÖREN, SEHR DANKBAR. UND JETZT BETTELN DIEJENIGEN AM ANDEREN ENDE DER SPALTE DARUM, ZU WISSEN, WIEVIEL ZEIT SIE NOCH HABEN! NUN, DIE ANTWORT, DIE IHR ERWARTET, WERDET IHR NICHT BEKOMMEN – ES IST NICHT UNSERE AUFGABE, EUCH GENAUERES ZU SAGEN. WIE VIELE WERDEN DAS ALS WARNUNG BETRACHTEN? ES GIBT JA SCHON WELCHE, DIE SAGEN „PUHH, ICH BIN GANZ FROH JETZT, DASS ES VORÜBER IST, DANN BRAUCHEN WIR UNS JETZT KEINE GEDANKEN MEHR ZU MACHEN!" ES WURDE EUCH GESAGT, IHR SOLLTET EIN ERDBEBEN DER STÄRKE 10 ÜBER DIE GANZE LÄNGE DER SPALTE ERWARTEN – DIESES WAR ES *NICHT*, BRÜDER.

Warnungen – Warnungen – Warnungen! Wie viele hören auf Warnungen? Und außerdem, wie viele genießen dieses Ereignis und erwarten den Bus von hier oben – die Wolkenbank mit dem Meister? Könnte die Offenbarung vielleicht richtig sein, fragen sie? Könnte es sein, daß das jetzt die Zeit ist? Holt Eure kleinen Taschenrechner heraus und rechnet!

Oh nein, es wird nicht so sein, wie Ihr es Euch erbittet – „laßt es uns zehn Minuten vor dem Problem wissen", sodaß „ich Euch das glauben kann". Ihr wurdet immer wieder gewarnt und gewarnt. Wir haben sogar welche aus dem Erdbebengebiet herausgeholt, nur damit sie ihre Meinung über die Wahrheit ändern und sie sind in noch gefahrvollere Gebiete in der betroffenen Region gegangen. So sei es – ich erinnere Euch – : „Ich werde ganz unerwartet mitten in der Nacht kommen

wie ein Dieb." Und „diese Dinge kommen ohne Vorwarnung …!"
Nein, die, mit denen ich arbeite, werden geschützt sein, aber nicht
im Angesicht einer Vorwarnung – das nennt man die Wahl aus dem
freien Willen heraus, wenn Ihr dort seid, wo Ihr Euch entscheidet zu
sein.

Evakuierung? Ihr könnt Euch überhaupt nicht vorstellen, wie viele
Lebensformen wir heutzutage auf dem Schiff haben – viele haben im
Schockzustand die Dimension gewechselt, und wir haben sehr viel
Arbeit mit unserer Aufgabe.

Jetzt laßt mich Euch noch etwas sagen, worüber Ihr nachdenken
könnt. Möglichkeiten und „Zeichen" sind verwirrend – sich vorzube-
reiten ist sehr einfach. Eure Seher haben das für den 18. Oktober kommen sehen – das ist sehr nahe dran – Ihr lagt nur ein Jahr daneben! Auf
einer Ebene, die weder Zeit noch Raum kennt, ist das ziemlich genau.
Viele von Euch „fühlen" ja auch die Veränderungen und „daß etwas
Großes kommt" in diesem Oktober und haben das auch ausgesprochen – ES IST EUCH NICHT GEGEBEN, DAS ZU WISSEN, DENN
MENSCHEN KÖNNEN KEINE KATASTROPHEN VERHINDERN;
DER MENSCH WÜRDE SICHERSTELLEN, DASS DAS SCHLIMM-
STE ZUR RECHTEN ZEIT KOMMT.

Wie viele Katastrophen können die Taschenbücher Eurer Regierung abdecken? Ihr könntet Schlange stehen, um das herauszufinden.

HAT IRGEND JEMAND VON EUCH SEIN RADIO AUF
MEINEN KANAL EINGESTELLT? HÖRT MICH – DIE KÜSTEN-
LINIE VON KALIFORNIEN WIRD IN SCHUTT ZERFALLEN –
BALD! NEHMT EURE KLEINEN SELBSTE AUS DIESEM GEBIET
HERAUS – JETZT, SCHNELLSTENS, ODER AUF GUT GLÜCK,
WIR HABEN IMMER MEHR VERANLASSUNG, ALLE UNTER-
STÜTZUNGSSYSTEME ABZUSCHALTEN UND DER ERDE DIE
NATÜRLICHEN ERSCHÜTTERUNGEN ZU GEWÄHREN. FÜR
DIE, DIE GLAUBEN, WIR KÄMEN IN FEINDSCHAFT UND
MIT BÖSER ABSICHT, PRÜFT AM BESTEN EURE FINGER UND
ZEHEN, HERZEN UND GEHIRNE, DENN ICH FÜRCHTE, DIE

MEISTEN VON EUCH IN DIESEN GEBIETEN HABEN TEILE IHRES GEHIRNS VERLOREN.

Ja, Ihr in Tehachapi werdet das auch spüren – ich habe Euch niemals etwas anderes gesagt; ich habe Euch gesagt, daß Ihr, die Ihr zu uns gehört, sicher sein werdet und das Gebiet geschützt ist – wenn notwendig durch ein Lift-Off, um den Kristall zu schützen. Eine Erhöhung von 1.200 auf 12.000 Fuß [A.d.Ü.: zwischen 400 und 4000 Metern] ist kein Pappenstiel, meine Lieben – unser Vater hat Euch keinen Spaziergang versprochen – es wurde Euch gesagt, es würde weit jenseits Eures Verständnisses liegen.

IHR WURDET SO SANFT WIE MÖGLICH ÜBER DEN ERNST DER LAGE INFORMIERT – WER WIRD DEN RUF HÖREN? DER VATER WIRD ALLE HALTEN, DIE KOMMEN, UM DEN ÜBERGANG IN PHYSISCHER FORM ZU ERMÖGLICHEN, DAMIT IHR EURE REISE FORTSETZEN KÖNNT – ES IST DER MENSCH, DER AUF DER TRENNUNG BESTEHT, NICHT DER VATER.

Dharma, laß uns das bitte hier klarstellen, daß alle entlang der Küstenlinie und in den dort liegenden Städten in höchster Gefahr sind, Leben und Vermögen zu verlieren. Wir möchten nicht, daß Geräte und Erfindungen in diese gefährliche Gegend gebracht werden. Was würde es uns bringen, wenn, sagen wir, dafür gesorgt wird, daß Dr. Strecker seine Aufgabe zu Ende bringt und das Priore/Rife/Tesla Gerät auch fertig ist und dann alles zusammen über dem Kopf von Dr. Strecker zusammenbricht und alle Forscher getötet werden – das wäre doch zu dumm. wir wünschen uns Fördergelder und wir wünschen uns, daß diese konzentriert hier in der Gegend von Tehachapi landen, wo wir uns kümmern und Entwicklungen vornehmen können.

Das gleiche gilt für die hereinkommenden Fördergelder – bringt sie auf Banken, die außerhalb der Gebiete mit den schlimmsten Prognosen liegen. Ihr müßt Eure Förderungen in Geldwert bekommen, damit wir an diesen Projekten arbeiten können – das System verkraftet nicht mehr viel, es schwankt schon vor dem Kollaps. Diejenigen, die mit den Fördergeldern betraut sind, haben noch ein letztes Zeitfenster, um ein Geschäft zu machen, und wenn Ihr das nicht ordentlich macht, werdet Ihr alles beim Zusammenbruch des Systems wieder verlieren – VERTEILT ES IN PROJEKTE, DIE EUREM ACKERLAND UND EUREN MENSCHEN ZUGUTE KOMMEN – DIE VON GOTT UND DEN MENSCHEN GEMACHTEN KATASTROPHEN WERDEN SICH SO VERSCHLIMMERN, DASS IHR DARUM FLEHEN WERDET, DIE BERGE MÖGEN AUF EUCH FALLEN, DAMIT IHR ES HINTER EUCH HABT – ABER ES WIRD KEINE FLUCHTMÖGLICHKEIT GEBEN. HABE ICH EUCH NICHT GERADE GESAGT, DASS UNSERE SCHIFFE SICH SCHON UM SEHR VIELE VERLASSENE UND GETRENNTE SEELEN KÜMMERN? NUN, SIE WÄREN NICHT AN BORD, WENN ES DIE MÖGLICHKEIT DER „FLUCHT" GEGEBEN HÄTTE. *NIEMAND SOLL DEN ZYKLEN DER VERÄNDERUNGEN ENTGEHEN KÖNNEN! SO SEI ES UND SELAH! KEINER SOLL ENTKOMMEN, WENN ER VORBEREITET IST (LEST EURE HEILIGEN SCHRIFTEN UND SCHAUT EUCH GUT AUCH DAS KLEINGEDRUCKTE AN UND DAS, WAS EURE GELEHRTEN ENTFERNT HABEN) – KEIN MENSCH SOLL ENTKOMMEN!*

Diejenigen, die Einfluß haben und denen auch die Verantwortung übertragen wurde, Aufklärung zu betreiben, müssen sich jetzt an ihre Verträge erinnern, oder Ihr werdet in dem Treibsand stecken bleiben, in dem Ihr Eure Köpfe vergraben habt. Die Meinen werden in ein Schiff hochgenommen werden, denn ihr Werk ist vollbracht, das Wort wurde hinaus gesandt, wie es vereinbart war und wer „gelistet" ist, wird jetzt bekommen – was Ihr damit macht, ist Eure Sache, nicht meine. Es liegt an Euch, wenn Ihr es versäumt habt, Euch um die Herde des Vaters zu kümmern und Euch stattdessen unklugerweise Gier und Verzögerungen hingegeben habt.

Ich möchte, daß Ihr Euch alle diese Woche die Ausgabe der *Times* kauft. Der Tempel der Juden wird wieder aufgebaut werden und Österreich wird der Koalition beitreten, während DREI Länder in ein anderes Ganzes zusammengeführt oder entfernt werden – das macht zusammen ZEHN! Plagen, Hungersnöte, Pest, Kriege und Erdverwerfungen werden sich steigern und alles verschlimmern. Was braucht Ihr noch, um die Warnung zu erkennen?

Schwarzmaler Hatonn. Glaubt Ihr, ich habe Spaß an Schwarzmalerei? Glaubt Ihr, ich habe Spaß daran, meine Brüder in Schmerz, Sorge und Trauer zu sehen? Wir kommen, um Euch nach Hause und an den Ort zu geleiten, den der Meister für Euch vorgesehen und in des Vaters Königreich vorbereitet hat – in Sicherheit, Liebe und Freude. Die Schwarzmalerei ist für die Bösartigen und alle, die sich weigern, das Signalhorn zu hören.

Ihr seid in den Tagen des sich verdichtenden Chaos', in dem sich der Mensch selbst finden wird, weit über die Grenzen seiner Unfähigkeit hinaus. So sei es; laßt den, der Augen hat – sehen, und den, der Ohren hat – hören, denn der Tag des Herrn ist da und der Mensch soll sowohl seine Schwächen als auch seine Stärken erkennen.

Commander Ashtar hat Euch vorgewarnt, in diesen Tagen auf höchster Alarmstufe zu sein – achtet auf alle natürlichen Vorgänge in den Regionen Eures „Feuerrings" und verbindet das, denn dort liegen die wichtigsten Signale. Hört auf die Aussagen Gottes und nicht auf die der Menschen, die Euch „Expertenrat" zuteil werden lassen – diese Experten haben Euch erzählt, daß es keine UFOs gäbe, daß AIDS kein Problem sei, daß Ihr keine Schutzunterkünfte und keine Überlebensprogramme brauchen würdet – aber heute Morgen wäre es für einige Menschen In Kalifornien sicherlich sehr praktisch gewesen, wenn sie Notrationen, Kochgelegenheiten, Taschenlampen und gemütliche, nette, gebaute Schutzräume gehabt hätten, denn wenn ein Mensch bei guter Gesundheit bleiben kann, kann er auch wieder aufbauen. Ihr habt ein Problem mit Eurer Wasserversorgung, denn in manchen Regionen fließt Öl in Eure Gullys – bereitet Euch vor und Ihr könnt selbst damit klarkommen. Laßt bitte diese eine Lektion genug sein.

Dharma, ich stehe in Deinem Dienst, und da Anfragen hereinkommen, werde ich diese beantworten. Es ist allerdings sehr wichtig,

daß Ihr mit dem Virusmaterial weiterkommt – ACHTE AUF DEINE
EIGENE INNERE INTUITION – TAUSENDE WUSSTEN AUF DIE
MINUTE, DASS DIESES ERDBEBEN KOMMT UND TAUSENDE
WISSEN GENAU, WANN DAS NÄCHSTE KOMMEN WIRD –
EURE WAHRNEHMUNG WIRD GESCHÄRFT, HÖRT AUF EUER
INNERES WISSEN – HÖRT AUF EURE INNERE FÜHRUNG,
DENN SIE WIRD EUCH NICHT VERLASSEN – NIEMALS!

Das russische Weltreich beginnt, dem Druck nachzugeben – verpaßt diese Dinge nicht, die von den Zerstreuungen zugedeckt werden.
Honnecker's Entfernung in Ostdeutschland ist ein wichtiger Punkt für
diese Zeitqualität. Wirklich sehr wichtig.

Das öffentliche, aber noch eher das „geheime" Treffen zwischen
verhaßten Feinden im Mittleren Osten ist von herausragender Wichtigkeit in einer Art und Weise, die Ihr noch nicht einmal erkennt, weil
es überhaupt keine Aussagen hinsichtlich der wirklichen Pläne gibt,
die geschmiedet werden. Wenn dieser Tempel seine Arbeit aufnimmt
und die Opferrituale wieder komplett in den Hochburgen eingesetzt
werden; dann seht Euch vor, dann ist der Zeitpunkt gekommen. Nun,
wieviel mehr wollt Ihr noch wissen?

Dharma, geh und mach jetzt eine Pause bitte, damit wir mit den
Instruktionen von Ashtar und unseren geschätzten Wissenschaftlern
weitermachen können. Gehe in Frieden, Kind, und verschwende keine
Gedanken an die täglichen Sorgen, denn Du gehst unter des Vaters
Schwingen und wir kennen Dich und die Deinen – die Deinen sind
gesegnet und sollten sich freuen, denn Du hast Deinen Sinn und Deine
Erfüllung gefunden. So ist es und laß es zu, daß es bemerkt wird für
die Wahrheit, die es ist.

Schaue weiter in die Himmel, von wo Deine Beweise und Deine
Bestärkung kommen – achte auf Deine Spektrum-Stroboskope, denn
das sind Deine „sichtbaren" Verbindungen zu den verschiedenen
Mutterschiffen, die Deine Frequenzen erhalten – achte auf alle „lei-
sen Anstöße" und antworte darauf, wenn Du Deine Räume geklärt
hast. Sitze nicht herum und spekuliere was jetzt was ist und wer und

wo – an diesem Punkt kommt es nicht darauf an, und hält Dich nur von dem ab, was zu tun ist.

Die Zeit ist gekommen und vorüber, wir haben unser zentrales Kommandoschiff „Phönix" neu benannt und die passenden Mitarbeiter sind dauernd an unser System angeschlossen. Willkommen an Bord!

HATONN GEHT AUF STAND-BY

KAPITEL 14

Aufzeichnung Nr. 2 | ASHTAR

Mittwoch, 18. Oktober 1989, 10.00 Uhr, Jahr 3, Tag 63

Ashtar hier und bereit für AIDS, Grüße und Segen für die Wahrheit, die hier fließt und daß sie die beabsichtigten Empfänger erreichen möge. Ich diktiere, Du schreibst, und nach Gottes Willen werden offene Augen und Ohren dafür empfänglich sein. Man hat Euch gesagt, daß Ihr nicht verstehen werdet, was Euch von den Kadetten der Silver Cloud gebracht wird und wir beabsichtigen, jedem von Euch einen Teil der Einblicke in das entsprechende Thema zu geben und wenn Ihr zusammenarbeitet, wird sich Euch das Ganze erschließen. Ich mag auch nicht gerne in Rätseln sprechen, aber Eure Kontrolleure werden nichts unversucht lassen, die Fortführung dieses Materials zu stoppen, weshalb wir keine andere Wahl haben.

Eure Forscher sind so nah an den Antworten, daß die Summe in der Einfachheit verloren geht. Deshalb ist Dr. Russell jetzt bereit, Euch ein wenig Grundinformation zu geben, möchtest Du ihn bitte empfangen.

SIR WALTER RUSSELL

Ah, gut, daß alte Freunde wie wir die modernen Kennzeichnungen, die man unseren Wesen anheftet, auch lesen können. Guten Tag in Licht und Strahlen des Ganzen. Ich möchte gerne bei Euch verweilen und in angenehmer Nähe sehr vieles mitteilen, aber wir haben eine dringliche Aufgabe, der wir uns widmen müssen. Wir haben eine lange Rückreise, meine Freundin, und ich freue mich sehr, wieder mit Dir zusammenarbeiten zu dürfen. Danke daß Du da bist, denn ich nutze das Geschenk des ätherischen Schreibens nicht.

Oder habt Ihr am Ende der Lehrstunden und Spekulationen wirklich eine genaue Vorstellung davon, was das Lebensprinzip oder Wachstumsprinzip bestimmt oder wie man eine Störung durch „Nichtwachstum" oder Desintegration herbeiführt? Ihr müßt eine Idee von der Spirale des Lebensprinzips und das sich immer wiederholende Bewegungsmuster der Frequenzwege haben. Ihr müßt wissen, daß es ein fortwährendes simultanes Prinzip von Auffaltung-Zusammenfaltung gibt, das alle natürlichen Muster als Sequenz wiederholt, sie aufzeichnet und fallen läßt, wenn sie wiederholt werden. Das ist ein wichtiger Grundsatz der Wahrheit, den Ihr beherzigen müßt, wenn Ihr die Lebensströme von Retroviren unterbrecht – das ist bei unserem Thema der Fall.

Ihr müßt Euch des Aufzeichnungsprinzips bewußt sein, mit dem der Schöpfer die Gesamtsummen der aufeinanderfolgenden Zyklen aufzeichnet in Seinem entfaltenden und sich wieder zusammenfaltenden Universum bis zum endgültigen Ende dessen Manifestation auf einem Planeten und dem Beginn von etwas Neuem. Meine Lieben, das ist weit wichtiger als einfaches „vielleicht ja" oder „vielleicht nein". Noch einmal, alles – ALLES – ist ein Zyklus des Auffaltens und Zusammenfaltens und ich werde später in dieser Dokumentation zu diesem Konzept noch mehr sagen.

Das Geheimnis des „Lichts" ist die Antwort auf *ALLE* bis jetzt unbeantworteten Fragen und noch viel mehr, was Euch bei der Entdeckung freuen wird, während Ihr Euren Weg geht; und auch für diejenigen, die im Lauf der Zeitalter noch nicht in ihr Wissen gekommen sind. Diese Offenbarung der Natur des Lichts wird das Erbe der Menschheit im kommenden Zeitalter des größeren Verständnisses sein. Dessen Entfaltung wird auch die Existenz Gottes beweisen, sowohl für Wissenschaft als auch für Religion. Das allein wäre schon die Mühe wert, oder nicht?

Es wird keinen einzigen Lebensbereich geben, der nicht von diesem neuen Wissen über die Natur des Lichts betroffen sein wird, von Universitäten zu Labors, von Regierungen zu Industrien, von Nation

zu Nation. Ich finde es jedoch einfach schwierig, hier alles als Sammelsurium von Streichungen darzustellen, um sich wenigstens das Not-
wendigste vorstellen zu können. Deshalb werde ich mich bemühen,
Euch Konzepte zu geben, die Euren derzeitigen Bedürfnissen entsprechen. Ich glaube, ich werde einige verständige Empfänger finden.

ELEKTRIZITÄT RELATIV ZUM BEWUSSTSEIN DEFINIERT

Ich will denen, die meine Informationen lächerlich machen, gleich
im Vorfeld sagen, daß ich nicht vorhabe, das, was Ihr „physische, nach-
prüfbare, wissenschaftliche Methode" nennt, von der Prana-Quelle,
was das Bewußtsein und eine höhere Dimension ist, zu trennen, da
es einfach nicht möglich ist. Nur Menschen mit höherdimensionalem
Bewußtsein können diese Puzzles lösen und sind in der Lage, das physikalische Konzept auf ein Gerät zu übertragen.

*ELEKTRIZITÄT IST DIE ANSTRENGUNG ODER SPANNUNG,
DIE VON DEN BEIDEN SICH GEGENÜBERLIEGENDEN SEHN-
SÜCHTEN DER GEDANKEN DES UNIVERSELLEN BEWUSSTSEINS
ERZEUGT WIRD: DER WUNSCH NACH AUSGEGLICHENEM TUN
UND DER WUNSCH NACH RUHE.*

Dieses *elektrische Universum* besteht aus einer Komplexität von
Anstrengungen, die durch die Interaktion dieser beiden gegensätzli-
chen, sich abwechselnden elektrischen Begierden entstehen. Alle Materie ist elektrisch. Deshalb ist auch alle Materie eingebunden in weniger
oder mehr Anstrengungen gemäß der Intensität des Wunsches, der die
Ursache allen elektrischen Verlangens ist und dem sie unterworfen ist.

Die Anstrengung oder Spannung wird mit der Entfernung der
beiden Gegensätze größer. Was wir Hochspannung nennen, ist nichts
weiter als eine große Anstrengung, um einen Zustand aufrechtzuerhalten, der weit vom Ruhezustand entfernt ist.

Nun, was mag das mit Viren zu tun haben, die die Körperzellen besetzt haben und nicht mehr verschwinden, sondern weiterhin
mutieren und sich gegen das zentrale Meisterzellsystem auflehnen?

Das ist einfach, Ihr leitet die passende tonale Lichtfrequenz in die Zellen und erzeugt eine solche Anspannung in den Viren, daß sie nicht „ganz" bleiben können und sich auflösen, um sich in Richtung Ruhepol auf den Weg zu machen. Wenn das erledigt ist, finden die Partikel die Ruhe und wenn sie das tun, sind Belastung und Spannung vorbei. Die Spannung WURDE zwar nicht zur Ruhe gebracht, sondern sie hat einfach aufgehört zu existieren.

Das gesamte elektrische Universum ist ein komplexes Labyrinth ähnlicher Spannungen – von den niedrigsten bis zu den höchsten. Jedes Materiepartikelchen ist von seinem Zustand der Einheit getrennt und alle sind durch einen elektrischen Lichtfaden miteinander verbunden, der die Spannung des Getrenntseins mißt. Daraus wird ersichtlich, daß ALLES eigentlich EINS ist. Jede Struktur innerhalb der sozialen Struktur strebt als wirkendes Ganzes seiner Einheit zu.

Ich liebe das Beispiel mit Natriumchlorid. Wenn sich Natrium und Chlor aus der Einheit ihres Zustandes als Natriumchlorid trennen, wird eine elektrische Spannung zwischen der dann getrennten Trinität aufgebaut. Wenn der Wunsch nach Getrenntheit von Natrium und Chlor geäußert wird, wird die elektrische Spannung, die sie im Ruhezustand zusammengehalten hat, gesprengt und vergeht. Genauso ist Natrium und Chlor völlig aufgehoben.

Der Grund dafür ist, daß alle Materie eine Verkettung elektrischer Spannung ist. Wenn die Spannung aufhört, hört auch der von ihr erschaffene Zustand auf. Hier eine sehr wichtige Bemerkung: Elektrische Spannung existiert NUR zwischen UNAUSGEWOGENER elektrischer Materie in Bewegung, die von anderer elektrischer Materie in Bewegung abgespalten ist. Elektrizität hört dann auf, wenn der Ruhezustand eintritt. Elektrizität ist deshalb eine duale Kraft, die anscheinend einen Ruhezustand stört, indem sie ihn in zwei gegensätzliche Zustände trennt und diese in scheinbare Bewegung versetzt. Ein Austausch zwischen den beiden Gegensätzlichkeiten in Bewegung hebt den unausgeglichenen Zustand am Ende eines Zyklus elektrischen Ausdrucks auf. Deshalb muß es für jeden Zyklus eine Projektion und eine Reflexion geben – um erfolgreich zu sein, kann man nicht die Hälfte des Ganzen haben.

Jetzt betrachten wir uns das Gerät, mit dem man spezielle Anspannung auf ein intrazelluläres Virus ausüben kann. Nun, Ihr wißt schon, daß Ihr zwei sehr unterschiedliche Dinge unterschiedlicher Zusammensetzung habt.

MENSCH UND MATERIE IN ZYKLEN AUSGEDRÜCKT

Ihr müßt Euch den Zyklus eines Dinges oder Organismus vorstellen. Bei einem Menschen müßt Ihr an einen „sich entwickelnden Menschen" als Kleinkind, Kind und Jugendlichen denken. Den Entwicklungs-Zyklen folgen die Abbau-Zyklen, in denen er allmählich alles zurückgibt, was er sich geliehen hat von seinem Ruhenullpunkt und kehrt zurück zu diesem Nullpunkt, um sich dort wieder die Kraft zu leihen, sich als Mensch neu auszudrücken usw. Dieser Prozeß der Natur, der seine Gestaltungszyklen in neun kleineren Zyklen ausdrückt, ist auffallend präsent in den Leben-Tod-Zyklen der chemischen Elemente. Kohlenstoff drückt in sich schon den Plan der Materie aus. Alle neun Oktaven und Hauptfrequenzen der Elemente sind Stationen der Entfaltung und Neugestaltung von Kohlenstoff. Die ersten viereinhalb Oktaven führen durch die generoaktive Zusammenziehung der Gravität (zyklische Elektrizität) zur Reife von Kohlenstoff. Dies ist der härteste Zustand seines Wandels, an dem er auch den höchsten Schmelzpunkt hat (hier habt Ihr wieder die Integration der Vibrationsfrequenz in Wechselbeziehung mit der Temperatur, die durch Vibration auf einer gegebenen Substanz erzeugt wird). Die letzten viereinhalb Oktaven führen von der Reife durch das Alter in die Auflösung am Ende der neun Oktaven durch die radioaktive Ausdehnung der Leere.

Wenn Ihr jetzt Euren Körper betrachtet, stellt Ihr fest, daß, wenn Ihr die Frequenz innerhalb Eures Meisterzellkontrollsystems, sagen wir, auf der Ebene der Reife, aufrechterhalten könntet, Ihr nicht mehr zurückgehen müßtet in den degenerativen Faktor.

Nun haben wir hier einen anderen fundamentalen Grundsatz, von dem aus wir Hypothesen aufstellen können. Generoaktivität beginnt bei der Geburt von Kohlenstoff in der ersten Oktave mit generoaktiver, innerlich explodierender Lichtgeschwindigkeit von 186.400 Meilen pro Sekunde [A.d.Ü.: ca. 300.000 km pro Sekunde]. *Sie endet mit einer gleichen radioaktiven äußeren Explosionsgeschwindigkeit. Diese Geschwindigkeit ist die Grenze, bei der sich selbst in gekrümmten Wellenfeldern Bewegung reproduzieren kann, bevor sie den Nullpunkt erreicht, an dem Bewegung und Krümmung enden.*

KOHLENSTOFF, AMPLITUDE UND OKTAVEN

Kohlenstoff erfüllt den Plan des Schöpfers in Seinem Wunsch, nur eine Form zu erschaffen: die Form des Kubus. Kohlenstoff ist der einzige Stoff, der wirklich in reiner kubischer Form kristallisiert, mit allen Vorteilen des reinen Kubus und dessen Sphäre als bestem Beispiel. *Alle anderen Elemente, die als Kubus kristallisieren, sind achtfache Erweiterungen von Kohlenstoff.* Alle diese Erweiterungen haben die vier-null-vier Position der Wellenamplitude.

In den vorausgegangenen Wachstumsphasen des Kohlenstoffes sind alle Elemente enthalten, genauso wie im Menschen alle seine Aktionen und Reaktionen seiner vorherigen Stufen enthalten sind. Wasserstoff ist ein um eine Oktave jüngerer Prototyp von Kohlenstoff. Er bildet sich auf der vier-null-vier Wellenamplitude, genauso wie sich Kohlenstoff auf der vier-null-vier bildet, nur eine Oktave weiter. In Wasserstoff ist eine ganze Oktave elementarer Töne enthalten. Einige davon wurden kürzlich entdeckt und fälschlicherweise als Isotope bezeichnet. Isotope sind halbe Tonschritte wie sie ein Violinist zwischen den ganzen Tönen erklingen lassen kann.

An diesem Punkt passiert auf dem sich entfaltenden Lebensbild von Kohlenstoff etwas ganz Erstaunliches. Der Erstarrungspunkt von Wasserstoff liegt bei minus 259 Grad Celsius und bei einer Oktave, auf halbem Wege, verhält sich der Aufstiegsprozeß der Natur wie ein Schleudertrauma, nämlich dort, wo sich Generoaktivität und

Radioaktivität als Gleichgestellte treffen. Dieser Effekt läßt Kohlenstoff in eine so dichte Substanz erhärten, daß der Schmelzpunkt auf 3.600 Grad Celsius in dieser einen Oktave springt.

Die Natur gleicht diese beschleunigende Aktion sofort aus, indem sie Stickstoff als Gas ausschüttet, das nächste Element nach Kohlenstoff, welches bei minus 210 Grad Celsius erstarrt. Es kommt für den Rest seiner Oktave aus diesem gasförmigen Zustand nicht mehr heraus.

NEON

Hier ist noch eine wichtige Bemerkung. Der kosmische Same der Silizium-Oktave ist Neon.

Die Natur zeichnet jede Aktion und jeden Wunsch eines Körpers auf, genauso wie jeden bewußten Wunsch und Seelengedanken in jenen kosmischen Elementen, die als „Inertgase" [A.d.Ü.: Schutzgase] bekannt sind; Helium, Neon, Krypton, Argon und auch einige andere. Diese kosmischen Elemente, die sich nicht mit physikalischen Elementen verbinden, sind die Basis des göttlichen Aufzeichnungssystems, in dem jeder Gedanke und jede Handlung einer jeden erschaffenden Entität gespeichert ist als Wachstumssaat aus den Zentren von Sonne und Erde, gedacht zur Wiederholung, bis ihre Sinnhaftigkeit erfüllt ist.

Alles in der Natur hat seinen Zweck und nichts in der Natur erfüllt seinen Sinn in nur einem Lebenszyklus.

Die Natur vervielfacht die Zeitdimensionen ihrer Lichtwellen, so daß strukturierte Aufzeichnungen von Formen, die sich weit über das menschliche Empfindungsvermögen hinaus ausgedehnt haben, in diesen Rahmen eintauchen können, um *diese Zeitdimensionen zu trennen,* bis sie wieder in der anderen Hälfte ihres Zyklus über dem menschlichen Empfindungsvermögen hinaus verschwinden.

Wenn Kohlenstoff eine Oktave älter wird an der vier-null-vier Position von Kobalt in der sechsten Oktave, teilt es seinen ganzen Ton in zehn Isotop-Töne auf; fünf auf jeder Seite.

Durch die Spaltung in Kobalt-Isotope hat Kohlenstoff viel von seiner Vitalität und seinem Charakter verloren. Sein Schmelzpunkt ist auf 1480 Grad Celsius gefallen, der nur leicht höher ist als das Siliziumstadium von Kohlenstoff. Weil er diese Position mit zehn anderen (Isotopen) teilt, hat er auch viel von seiner ursprünglichen kubusförmigen Qualitätsbalance verloren, die die vier-null-vier Position manifestiert. Es wird aber ersichtlich, daß, wenn ein unausgeglichenes Partikel in einen zuvor ausgeglichenen Zustand, sagen wir, in eine Zelle gerät und mit einem höher dimensionalen Ton schwingt, es einen immensen Druck auf das zelluläre System ausübt, was eine sofortige Verschlechterung des Zellsystems bewirkt; wenn man jetzt noch eine Substanz dazu gibt, sagen wir einen Retrovirus, der die Fähigkeit hat, sich in exakt diese Zellstruktur einzunisten, habt Ihr die Möglichkeit, die Balance wieder herzustellen – allerdings zum Schaden des lebenden Zellgewebes, denn die Kohlenstofferschaffung kann nicht funktionieren oder überleben, wenn ein Angreifer präsent ist.

DIE METALLE ALS GEGENSPIELER

Ich werde dieses Thema ziemlich schnell abhandeln, aber einige von Euch werden die Wichtigkeit dieser sich gegenüberstehenden Elemente verstehen. Bitte behaltet im Kopf, was ich gerade sagte: „Wenn Kohlenstoff eine Oktave älter wird an der vier-null-vier Position von Kobalt in der sechsten Oktave, teilt es seinen ganzen Ton in zehn Isotop-Töne auf; fünf auf jeder Seite." Laßt uns aber jetzt noch die vier-null-vier Position betrachten.

Dies ist eine ausgleichende Position zwischen den metallischen Gegensatzpaaren wie Eisen und Nickel, Mangan und Kupfer, Chrom und Zink oder Natrium und Chlor. Wenn eines dieser Paare seine metallischen Eigenschaften verliert, wie zum Beispiel Eisen und Sauerstoff in Rost oder Natrium und Chlor in Natriumchlorid, kommen sie beide in die Ruhe- und Ausgleichsposition in ihren Kristalleigenschaften als Salze; sie kristallisieren im kubischen System, wenn sie gleiche oder fast gleiche Gegensatzpaare sind. Natriumchlorid ist ein exzellentes Beispiel. Man kann seine fast echten Kuben in Natriumchlorid (gewöhnliches Tafelsalz) sehen oder in den etwas verdrehten kubischen Kristallen in Natriumjodid.

Die vier-null-vier Position in den Oktaven der Elemente ist die Ruheposition, in der jede Aktion ihren halben Zyklus beendet und die nächste Hälfte beginnt. Es kommt zu einem Ruhepunkt, bevor es wieder zu dem Ruhepunkt zurückgeht, wie es alle Aktionen und Reaktionen in der Natur tun.

Nun betrachten wir ein Retrovirus, welches ein lebender, kristalliner Organismus ist. Speziell rekombinante Retroviren – erkennt Ihr, daß sie sich am Ende wieder neu zusammenfügen müssen, um zu überleben, da sie ja im Grunde in eine fremde Kultur eingedrungen sind und ihr Umfeld anpassen müssen, um es für ihre Existenz bewohnbar zu machen?

RHODIUM IM ZERFALL

Bei einer Oktave des weiteren Alterns wird Kohlenstoff zu Rhodium und klettert wieder zu seiner Amplitudenposition bei vier-null-vier durch fünf Anspannungen und steigt durch fünf weitere Anspannungen wieder ab. Rhodium ist vitaler als Kobalt, denn sein Schmelzpunkt liegt bei 1950 Grad Celsius.

Die kosmische Saat der Rhodium-Oktave ist Krypton. Große Vitalität läßt sich in den Schöpfungen der Natur oft nachweisen, wenn sie vollständig gereift sind. Das Prinzip des radioaktiven Todes ist im Stadium des Zerfalls des Körpers genauso wichtig wie das generoaktive Prinzip beim Aufbau. Diese Vitalität wird durch die Opposition des generoaktiven Widerstandes noch erweitert. So starke, grundlegende Metalle wie Silber, Nickel, Kupfer, Tantalum, Wolfram, Osmium, Platin und Gold gehören in die nächsten beiden in Alterung befindlichen Halbzyklen von Kohlenstoff.

Die nächste Oktave von Kohlenstoff ist Lutetium und der kosmische Same ist Xenon. Der kosmische Same der letzten Auflösungsoktave von Kohlenstoff kommt aus dem unbekannten Inertgas Niton.

OKTAVEN ENTWICKELN SICH AUS IHREM IN DER

*VERGANGENHEIT AUFGEZEICHNETEN SAMEN UND SIE MÜS-
SEN EINEN SAMEN HABEN, IN WELCHEM SICH IHR DERZEITI-
GER EINTRAG ENTWICKELN KANN. DIESES PRINZIP IST IN DER
NATUR „ABSOLUT"!*

BEACHTET DIE INERTGASE

Die Oktaven der chemischen Elemente „wachsen" aus Saaten,
genau wie alle Dinge aus Saaten wachsen. Von dem Moment an, an
dem sich die Elemente aus ihrem Samen heraus entwickeln, bewegen
sie sich beständig in einem Zustand des Übergangs, vom Anfang bis
zum Ende ihres Zyklus.

*ELEMENTE SIND KEINE FESTEN, ERSCHAFFENEN DINGE. ES
SIND ZUSTÄNDE, DIE UNTER DEM DRUCK VON LICHTWELLEN
ENTSTANDEN SIND.* DIESE, UNTER DEM DRUCK VON LICHT
ENTSTANDENEN ZUSTÄNDE DER CHEMISCHEN ELEMENTE
VERÄNDERN SICH FORTWÄHREND, VON DER KINDHEIT BIS
INS HOHE ALTER, GENAUSO WIE ES IM TIERREICH DER FALL
IST. DIE INERTGASE SIND KOSMISCHE ELEMENTE, DIE SICH
MIT KEINEM ANDEREN ELEMENT VERBINDEN.

Sie stellen das Aufzeichnungssystem dieses erschaffenden Universums dar. Sie umgeben die Null, aus der die Bewegung kommt und
wohin sie zurückgeht. Sie stellen ein Minimum an Bewegung in der
Welle dar, so, wie die Amplituden die Maximalbewegungen darstellen.
Sie sind die Samen der Oktaven der Materie und jede Oktave hat ihren
eigenen Samen genauso, wie verschiedene Bäume auch unterschiedliche Samen haben. Außerdem tragen sie den Ton eines Farbstrahls
mit unendlichen Abstufungen in sich, die jedoch alle demselben „Ton"
angehören und jeder hat eine harmonische Frequenz, die zu seinem
Pendant in der Materie paßt.

Wenn Ihr Euch also mit Kohlenstoff befaßt – was Menschen ja tun –
werdet Ihr aus diesem Grund innerhalb des Spektrums von Neon
funktionieren müssen, da dies der Same ist.

Elemente sind Wellen, und Wellen verschwinden und erscheinen wieder. Das Aufzeichnungssystem Gottes erlaubt es nicht, daß irgend etwas Erschaffenes ohne die Aufzeichnung seines Seins und die Reaktionen seiner Erscheinungsstufen verschwindet. Alle Bewegungszustände werden in den Inertgasen festgehalten. In den Inertgasen befinden sich die Seelen ihrer körperlichen Manifestationen im Bewegungsuniversum. In ihnen existiert der Wunsch nach Ausdruck und die Strukturform dieser Oktave.

Die kosmischen Inertgase füllen den kompletten Raum zwischen den Sternen des Himmels aus. Durch ihre ausbalancierende Null schirmen sie die Bewegungszustände voneinander ab. Durch den Willen des Schöpfers bringen sie alle Bewegung ins Sein, gemäß des innewohnenden strukturierten Wunsches.

Es gibt neun kosmische Gase, wobei das erste und das letzte das gleiche ist. Der Zyklus beginnt mit Alphanon und wird mit Omeganon beendet – um erneut mit Alphanon zu beginnen. Es gibt keinen Anfang und kein Ende – genau wie bei einem Seelenleben. Hier ist die Liste der kosmischen Gase: Alphanon, Betanon, Gammanon, Helium, Neon, Argon, Krypton, Xenon, Niton und Omeganon. Bis heute kennt Ihr Helium, Neon, Argon, Krypton und Xenon. Es wird jetzt Zeit für Euch, darüber hinaus zu sehen.

Dharma, ich stelle fest, daß dies sehr ermüdend für Dich ist, denn Du hast vor unserem Treffen schon mehrere Schreibstunden für Kommandant Hatonn absolviert. Ich nehme an, der Kommandant erlaubt das Teilen dieses Dokumentes vom frühen Morgen, denn Ihr werdet niemals den Menschen, Gott und das Ende des Zyklus in dieser speziellen Zeitgeschichte Eures Planeten voneinander trennen können. Es soll Euch die Bestätigung bringen, daß Ihr nicht alleine seid, denn der Herr sendet Euch die Himmlischen Heerscharen zu Eurer Begleitung und Ihr befindet Euch im letzten Teil des Countdown. Ich bin sehr dankbar, daß ich in diesen mühsamen Zeiten dazu ausersehen wurde, Euch Informationen zu bringen, denn mein Lebensstrom wurde, genauso wie der Eure, auf die Tage der Verwirrung und Beschwernis ausgerichtet. Ich bin sehr glücklich und demütig, daß ich dabei sein darf.

Ich werde mich jetzt zurückziehen, damit Du Dich erholen kannst. Ich werde auf Dein Zeichen hin verfügbar sein.

Danke für Deine bereitwillige Teilnahme und Deine Geduld mit meiner Trödelei. Ich möchte sehr ausführliche Informationen über das Thema liefern und wir haben weder die Zeit noch die Notwendigkeit, denn mein Werk ist für diejenigen verfügbar, die die große Verwirrung erwarten.

Ich hätte heute gerne noch eine weitere Sitzung, da ich das Spektrum noch analysieren möchte, denn Licht ist die universelle Sprache und der Mensch hat das noch gar nicht ganz realisiert. Ich finde es aber höchst interessant.

Walter Russell zieht sich zurück

KAPITEL 15

Aufzeichnung Nr. 2 | RUSSELL

Donnerstag, 19. Oktober 1989, 06.15 Uhr, Jahr 3, Tag 64

Walter (Russell) hier, um das Thema Spektrum zu beleuchten und einige analytische Ausarbeitungen zu besprechen. Ich bemerke, daß wir in der Gruppe, die meine Interpunktion und falsche Schreibweise überarbeitet, gut vorankommen. Ich werde mich bemühen, etwas sorgfältiger zu arbeiten. Euer Leben ist so übervoll mit Verpflichtungen, daß ich mich gar nicht gut dabei fühle, Euch so viel Arbeit zu machen. Ich glaube, diejenigen um Dich herum verstehen nicht, wie anstrengend diese Arbeit wird.

SPEKTRALANALYSE

Licht ist die universelle Sprache. Durch die Spektralanalyse der Lichtwellen könnt Ihr Menschen jedes Element in seiner glühenden Phase analysieren und erkennen. Mit dem Spektroskop wurde Euch die Möglichkeit gegeben, die Lichtstrahlen durch Prismen in ihre Bestandteile zu zerlegen, die die Lebensgeschichte jeder Phase des in beide Richtungen führenden Zyklus ausmachen.

Mein Kollege Royal benutzte abgerundete, keilförmige Prismen aus Quarzkristallblöcken, um das Licht zu polarisieren, das er durch sein Spektroskop leitete. Ihr müßt die Möglichkeit haben, jeden Anteil des Spektrums durch das Prisma zu leiten. Diesen Anteil könnt Ihr festlegen, so daß Ihr einen sehr schmalen Bereich auswählen könnt, der jeder Farbe von Infrarot über die sichtbaren Farben und dann dem gesamten ultravioletten Spektrum entspricht – alles in ausgesprochen engen Bereichen, die dazu ausersehen werden können, die Muster auszuleuchten. Da Ihr auf Variationen einer gegebenen Frequenz eines

Partikels stoßen könnt – Bakterien, Viren, usw. – werdet Ihr sehr, sehr entscheidende und winzig kleine, perfekt abgestimmte Variationen finden. Laßt Euch davon aber nicht irreführen und denkt daran, die perfekte Einstellung muß bei der perfekten Zelle erfolgen, so daß auf dem eingedrungenen Partikel der Streß aufrechterhalten werden kann.

Euer Problem wird dann bedeutsam, wenn die Zerstörung schnell passiert, selbst in einem sehr langsam wachsenden Retrovirus während seiner Integration in die DNS-Struktur. Die beste Zeit für die Korrektur ist natürlich vor dieser Invasion.

Wenn Ihr so wollt, ist hier der Punkt der „präventiven Medizin", was auch die Methode Eurer Wahl sein sollte – in anderen Worten, wenn Eure Frequenzen einmal perfekt eingestellt sind und gut angenommen werden, könnt Ihr den „gesunden" Körper regelmäßig behandeln.

Ihr werdet durch das sich verstärkende Wohlbefinden, den langanhaltenden Idealzustand und die Erneuerung des gesamten Körpers herausfinden, daß dies eine sehr begehrte Therapie oder fortdauernde Behandlung für eine gesunde Gesellschaft werden wird.

Von Anbeginn an erzählt wirklich jedes Element die Geschichte seiner gesamten früheren „Inkarnationen" in anderen Oktaven. Jede Zeile einer Oktave wird in der nächsten wiederholt, aber aufgrund des wechselnden Drucks der aufeinanderfolgenden Oktaven in eine andere Stellung gebracht. Nehmen wir als Beispiel Wasserstoff.

Das Spektrum von Wasserstoff ist überwiegend rot. Eine leuchtende rote Linie zeigt seine derzeitige Oktave. Andere rote Linien sagen etwas über die vergangene Geschichte in niedereren Oktaven aus.

Wenn Ihr jetzt die Geschichte (Historie) von Wasserstoff nehmt und sie vergleicht mit dem komplexen Spektrum von, sagen wir, Eisen, wird sie im Vergleich zu Alexander dem Großen zu der Geschichte eines düsteren Kindes.

In der Spektralanalyse von Eisen, zum Beispiel, sieht man die zu Eisen gehörenden Linien und die, die seinen alten und älteren Werdegang darstellen, mit einem Blick. Diese Linien zeigen auch die relative

Fähigkeit des Eisenatoms, sich aufzuladen oder zu entladen. Die Wellenlänge 7181.8 ist *sofort* erkennbar als zum Eisen in seiner derzeitigen Oktave gehörend; 6916.8 ist seine neuere Geschichte und 6944.8 ist die wesentlich ältere Geschichte und so fort.

Das sichtbare und unsichtbare Spektrum ist in mehrere tausend Linien aufgeteilt. Jede Linie ist in ihrer Farbnuance und ihrer Ebene unterschiedlich. Jede Linie beweist, daß dieses Universum sich verändernder Bewegung ein Universum mit unterschiedlicher Druckbelastung ist. Auch wenn die Farbe nicht sichtbar ist, hat sie doch eine sehr spezielle Frequenz.

Es gibt eine Zahlenkombination, die in allen Fällen zu allem paßt. Sei es nun ein Quadrat von, eine Summe von, eine Teilung von, ein Mehrfaches von usw. usw. einer Harmonie eines gegebenen „Dinges":

DIESE ZAHLENKOMBINATION IST 169443, DIE WIEDERUM GLEICH DER HARMONIE DER MASSE IM ZENTRUM EINES LICHTFELDES IST. SIE WIRD AUCH GLEICHGESETZT MIT DER STRUKTUR EINES ATOMS.

SICH ÜBERLAGERNDES LICHT

Betrachten wir eine in der Physik bewiesene Tatsache. Dieses Prinzip wird im Radio verwandt und bei der Arbeit mit Klängen. Wenn zwei unterschiedliche Schwingungsfrequenzen erzeugt werden, schließen sie sich zusammen, um zwei neue Frequenzen zu bilden – eine der beiden ist die Summe der zwei ursprünglichen oder fundamentalen Frequenzen, die andere ist die *Differenz* zwischen den beiden ursprünglichen oder fundamentalen Frequenzen. Ein gutes Beispiel aus der Klangwelt; nehmt als Beispiel einen Ton mit 400 Hertz und einen anderen Ton mit 600 Hertz an, die daraus resultierenden neuen Frequenzen werden dann 200 Hertz sein – oder die Differenz, und der neue Ton, die Summe, hat dann 1.000 Hertz.

Dieses Prinzip wandte Royal im Lichtbereich an. Das sichtbare Frequenzband von etwa 436 Milliarden Schwingungen pro Sekunde am roten Ende des sichtbaren Spektrums bis etwa 732 Milliarden

Schwingungen pro Sekunde am violetten Ende des sichtbaren Spektrums. Eine Schwingungsrate von mehr als 732 Milliarden pro Sekunde resultiert in einem Strahl im unsichtbaren ultravioletten Bereich. Das ultraviolette Band deckt mehrere Schwingungsoktaven ab, im Vergleich zum sichtbaren Spektrum, das weniger als eine Schwingungsoktave ausmacht. *Die obere Grenze der Oktave hat die doppelte Schwingungsrate wie die untere Grenze der Oktave.*

Aus diesem Grund ist der Schwingungsbereich des unsichtbaren Lichtspektrums für das menschliche Auge größer als der Schwingungsbereich des Lichtspektrums, welches das menschliche Auge wahrnehmen kann und bei Euren derzeitigen Bemühungen werdet Ihr zum größten Teil eifrig im unsichtbaren Bereich arbeiten.

Ihr könnt diesen Lichtprozeß zu Ende führen, wenn Ihr einen unsichtbaren, ultravioletten Strahl von, sagen wir, 1200 Milliarden Schwingungen pro Sekunde in Kontakt mit einem, ebenfalls unsichtbaren, Strahl von, sagen wir, 1700 Milliarden Schwingungen pro Sekunde zusammenbringt; die Differenz zwischen den Schwingungsraten der beiden ursprünglichen Strahlen wird einen Lichtstrahl mit einer Schwingungsrate von 500 Milliarden pro Sekunde erzeugen, der sich innerhalb des für das menschliche Auge sichtbaren Bereiches bewegt.

Oh ja, Dharma, bei Euch gibt es welche, die das fast verstehen. Eigentlich verstehen sie es sehr gut, nur fehlen ihnen in dem Puzzle einige Zusammenhänge. Wir werden Euch einige Forscher schicken, die in ihrer sehr fortgeschrittenen Arbeit beispiellos sind, und am Ende des Dokuments werden sie aufgeführt. Wir machen das nicht jetzt, denn Teile dieses Schriftstücks werden schon veröffentlicht und wenn etwas zur falschen Zeit kommt, werden die Hände der Unvorsichtigen es zerstören.

In der Vergangenheit konnten Mikroorganismen nur beobachtet werden, wenn sie mit einer Chemikalie gefärbt waren. Einige Mikroorganismen konnte man mit anderen Mikroskopen überhaupt nicht sichtbar machen, weil sie keine der verfügbaren Farben annahmen.

Was hier aber noch wichtiger ist als die Färbung, ist, daß damit die Frequenzen verändert wurden und man deshalb keine genauen Aussagen treffen konnte. Royals Mikroskop hatte den unschätzbaren Vorteil, daß er viele Mikroorganismen fand, die überhaupt keine Farbe im sichtbaren Spektrum hatten – ihre Frequenzcharakteristika sind so, daß sie eine „Farbe" im unsichtbaren, ultravioletten Bereich haben. Durch das Prinzip des sich überlagernden Lichtes in seinem Mikroskop, wie ich erwähnte, werden die Mikroorganismen aus dem ultravioletten Farbbereich in den sichtbaren Farbbereich ihres natürlichen Zustandes getragen, so daß keine Färbung stattfinden muß. Durch das Herunterbrechen der Frequenz werdet Ihr auch herausfinden, daß vieles im Infrarot-Bereich ähnlich ist. Das Prinzip der Farbüberlappung im Mikroskop macht auch die Mikroorganismen sichtbar, die auf keine bekannte Farbe reagiert hatten, so daß alle Mikroorganismen in ihrem natürlichen Zustand betrachtet werden können. Das gibt dem Forscher einen weiteren Vorteil, denn die Färbung ändert nicht nur die Frequenz, sondern bringt einen großen Nachteil mit sich – sie tötet den Mikroorganismus.

Außerdem ist das die einzige Methode, die es erlaubt, lebende Organismen zu sehen – DENN ELEKTRONENMIKROSKOPE TÖTEN JEDEN LEBENDIGEN ORGANISMUS MIT DEN VON IHM AUSGEHENDEN STRAHLEN AB.

Beachtet bitte außerdem Folgendes, was sehr oft übersehen wird. Wenn Ihr die Frequenz einstellt, bringt Ihr nicht „nur" das Unsichtbare in den sichtbaren Bereich – *SONDERN IHR BRINGT AUCH DIE UNORDNUNG DES SICHTBAREN IN DEN UNSICHTBAREN BEREICH – DAS IST NICHT VIEL ANDERS, ALS WENN IHR EIN SOGENANNTES UFO SEHT, AUSSER, DASS DAS UFO SEINE FREQUENZ DEM BETRACHTER ANPASST UND DER BETRACHTER DESHALB SEINE WAHRNEHMUNG FÜR DIE UMGEBUNG NICHT VERLIERT.* Das Phänomen der Sichtbarkeit eines UFOs ist ein anderes Thema, welches stark mit 169443 verbunden ist – diese Zahlenkombination ist wirklich eine sehr wichtige numerische Zusammenstellung.

BETRACHTEN WIR DIE ATOMARE STRUKTUR

Die chemischen Elemente sind keine unterschiedlichen Substanzen oder unterschiedliche „Dinge". Es sind unterschiedliche Druckbelastungen von Lichtwellen. Die Lichteinheiten der Elemente sind alle gleich, werden jedoch durch den elektrischen Druck unterschiedlich konditioniert, wenn sie auf ihrer Reise auf der inneren oder äußeren Spirale von Null zu Null wandern.

Das unbeantwortete Mysterium, wie die Elemente mathematisch präzise zu Tönen der Oktave werden, genau wie sich musikalische Töne oder Farbtöne des Spektrums mathematisch präzise in ihrer schwingungsmäßigen Ordnung befinden, liegt im Wellenfeld des Kreiselprinzips.

Die acht Elemente einer Oktave formen zusammen zwei Hälften eines ganzen Tonzyklus, die von Null zu vier-null der Amplitude aufsteigen, dann wieder zu null absteigen, um dort von neuem zu beginnen. Diese spiralförmige Reise zieht sich unter großem Druck zusammen, wenn sie sich an den Spiralspitzen den Positionen der Wellenfeld-Amplitude nähert und lockert den Druck auf der Rückreise zu den Spiralbasen.

Die Lage der Elemente auf Wellenfeldern werden durch Wellenfeldspiegel bestimmt. Die sich in beide Richtungen ausdehnende, spiralförmige Reise eines jeden halben Zyklus erstreckt sich zwischen sechs Spiegeln unbewegten Lichtes, die das Wellenfeld bilden und windet sich um einen ruhigen Schaft im Zentrum der Spirale. Drei dieser Spiegel stellen die Aktionsspiegel dar, während die anderen drei natürlich die Reaktionsspiegel sind. Die drei Aktionsspiegel sind die inneren Kreuzungsebenen des Kubus und die drei Reaktionsspiegel die äußeren Grenzebenen des Wellenfeldes.

Alle diese Ebenen des Wellenfeldes haben null Krümmung, aber das spiralförmige Universum, das sich innerhalb dieser Ebenen formt, ist gekrümmt. Gekrümmte Lichtebenen sind wie in beide Richtungen führende Linsen, die das Licht zu Brennpunkten krümmen und es von diesen Brennpunkten aus sternförmig streuen.

Da sich die zweiwegige Spirale der sich formenden Materie aus dem Zentrum heraus entgegengesetzt Richtung Wellenfeldschnittpunkte ausdehnt, fokussieren die sechs Spiegelebenen des unbewegten Lichtes drei Punkte dieses Lichtes auf dem ruhenden Schaft jedes halben Zyklus'. In diesen Brennpunkten werden Zentren gebildet, die zu einem, zwei, drei positiven und negativen chemischen Elementen werden, indem sie kreiselförmig auf den Lichträdern rotieren, die für die sich bildenden Töne als Äquator dienen.

Sich vervielfachender und teilender Druck bestimmt die Dichte und das Volumen jedes folgenden Elementes. *Das Farbspektrum zeichnet diese Druckbelastungen als gesamte Geschichte eines jeden Elements von Oktave zu Oktave über alle neun Oktaven der Elemente auf.*

Bitte behaltet im Kopf, daß der sich vervielfachende Druck der Spirale auch die Krümmung der Lichtlinsen in einer Art und Weise beeinflußt, daß die gebündelten Positionen ihre mathematischen Verhältnisse je nach Gravitationsbeschleunigung und Strahlungsentschleunigung ändern.

KREISELPRINZIP

Im Kreiselprinzip werden die Positionen der fokussierten Zentren der Kreiselräder wie folgt beeinflußt; jedes Element ist das Quadrat aus der Entfernung hin und zurück vom Nächstfolgenden, entsprechend seiner Richtung. Die Richtung der Gravitation ist sein inneres Quadrat und die gegenüberliegende Richtung ist sein direktes Quadrat. Das Volumen jedes folgenden Elements ist genauso direkt und spiegelbildlich beeinflußt als Kubus.

Sechs der acht Kreiselräder der gesamten Oktave werden auf diese Weise begründet durch den Austausch geometrischer Projektion der zweiwegigen, sich gegenüberstehenden Lichtquellen und zwei Sets drei gespiegelter Grenzfelder. Der vierte Doppelton wird am Ruhepunkt ausgebildet, an dem sich acht Kubus-Wellenfelder treffen. Das ist der Ruhepunkt, der als solcher als das Zentrum der Gravitation der Erden oder Sonnen bekannt ist – wo Bewegung und Krümmung enden.

Die komplette Sphäre wird damit zu einem Ausschnitt acht angrenzender Wellenfelder und dreht sich um den Ruhepunkt auf dem Wellenschaft, wo sich die beiden Halbzyklen der Welle treffen. Deshalb ist die vier-null-vier Position die Balance, in welchem das Gelb aus dem Orange aus einem seiner zwei gyroskopischen Räder vorherrscht, während es im anderen das Gelb aus dem Grün ist, wobei natürlich das Zentrum „weiß" ist.

An den beiden Punkten auf dem stillstehenden Schaft der sich drehenden Sphäre, wo der Schaft seine Fläche durchstößt, sind die magnetischen Pole des unbewegten Lichtes, die die Drehung jeder Sphäre kontrollieren. Einer davon ist der nördliche magnetische Pol, der die Wicklung der Sphäre in die Dichte der zentripetalen elektrischen Kraft kontrolliert und der andere ist der südliche magnetische Pol, der seine Entwicklung in den Raum kontrolliert.

In der Sphäre, wie sie auf Eurer beinahe reifen Sonne existiert, liegen diese magnetischen Pole praktisch auf den Rotationspolen der Sonne, aber auf abgeflachten Planeten wie Eure Erde, sind die magnetischen Pole vom Rotationspol getrennt, gemäß dem Maß der Abflachung der Erde.

Die chemischen Elemente sind Sternensysteme en miniature. Jedes Prinzip oder Gesetz, das für eines gilt, gilt auch für das andere. Dieses Sonnensystem ist ein gyroskopisches Rad in der gleichen Position, die Eisen im Periodensystem einnimmt. Wenn es weiter spiralförmig ansteigt, wird es einem Kohlenstoffatom entsprechen. Wenn dies geschieht, wird die Sonne zu einem Himmelskörper werden und ihre neuen Planeten werden auch wirkliche Himmelskörper sein. Nun, ist das nicht eine faszinierende und wundersame Reise in die Offenbarung? Ich verstehe, daß das alles sehr komplex scheint, aber die Prinzipien sind wirklich sehr einfach.

Das Kreiselprinzip ist verantwortlich für das Naturgesetz, daß sich ähnliche Elemente gegenseitig anziehen. Alle zersetzenden Bestandteile werden Element für Element gyroskopisch aussortiert.

Wenn die Menschen sich bemühen, ein Element in ein anderes zu verwandeln, muß das auch nach diesem Prinzip geschehen und nicht nach der Theorie, daß man eine andere Substanz dadurch bekommt, indem man „ein Elektron herausschießt". Es macht überhaupt keinen Unterschied, wie viele Planeten sich im Sonnen- oder Atomsystem befinden, da seine „Substanz" als Element betroffen ist. Eines oder mehrere dazu- oder weggenommenen Elemente ändern seine Substanz genauso wenig wie eines oder mehrere Kinder die Nationalität der Eltern ändern.

Transmutation wird sich vereinfachen, indem man die Kreiselebene im Verhältnis zur Amplitude und die Drehgeschwindigkeit des gyroskopischen Rades an seinem stillstehenden Schaft beobachtet, weil nur das das Volumen ändern kann, entweder durch Multiplikation oder Division der Dichte. Bei ordentlicher Anwendung dieses Prinzips gibt es bei neuen Metallen große Möglichkeiten.

Hier ist natürlich unser Meister Saint Germain sehr versiert; in den Bereichen Alchemie und Transmutation – deshalb könnt Ihr davon ausgehen, daß Ihr die Lösungen vieler Geheimnisse im Spektrum des violetten Strahls finden werdet – aber das ist eine andere Geschichte für einen anderen Tag.

Dharma, das war eine lange und höchst ermüdende Sitzung. Laß uns bitte eine Pause machen und danach werden wir weitermachen mit einer Diskussion über die „Form" des Universums – nicht über seinen sozialen Status, sondern eher darüber, daß es sich in keiner Form befindet. Ich danke Dir für Deine ungeteilte Aufmerksamkeit, wofür ich Dir grenzenlose Wertschätzung entgegenbringe.

Ich ziehe mich jetzt zurück, damit Du Dich ausruhen kannst.
Besonders herzlichen Gruß
Walter Russell

KAPITEL 16

Donnerstag, 19. Oktober 1989, 12.45 Uhr, Jahr 3, Tag 64

Walter macht weiter.

FORM DES UNIVERSUMS

Hier zu Anfang hat es den Anschein, daß die Form des Universums nur sehr wenig mit unserem Thema zu tun hätte, sie ist jedoch sehr relevant.

Tatsache ist, daß dieses unendliche und alterslose Universum KEINE FORM HAT. Es hat eine scheinbare unendliche Weite, aber diese Weite ist reflektiert. Das ist eine sehr wichtige Tatsache, denn dies erklärt vieles und Fehlannahmen zu Dingen wie Zeit und Raum. Dieses elektrische Universum mit dem sich in beide Richtungen ausdehnenden Licht ist nur eine Aneinanderreihung von Spiegeln, die sich durch gekrümmte Linsen gegenseitig reflektieren. Seine anscheinende Ausdehnung kann man mit Licht in einem Spiegelsaal vergleichen. Ein Licht in einer solch verspiegelten Umgebung scheint sich unendlich auszudehnen, aber das auf diese Weise gespiegelte Licht bleibt nur eines. Die reflektierte Weite hätte tatsächlich keinerlei Realität.

Der Gedanke von Kontinuität oder deren Unterbrechung basiert auf dem Spiegeleffekt einer Anfangsursache. Kontinuität bedingt „Zeit". Zeit ist nur eine der Auswirkungen, die dieses Universum erzeugt. Zeit fließt in zwei Richtungen, aber die Sinne erkennen nur den Vorwärtsfluß. Den Rückwärtsfluß, der den Vorwärtsfluß aufhebt, erkennen sie nicht. Die Zeit ist so unwirklich, wie das Wellenuniversum unwirklich ist.

Was grundsätzlich für eine Welle gilt, gilt für alle Wellen. Jede Welle ist eine zweiwegig reflektierte Ausdehnung eines Null-Gleichgewichts, welches wir Schwingung nennen. Schwingungen entstehen, verschwinden und erscheinen wieder aus ihrem Ruhepunkt, um einen Gedanken zu manifestieren, der nur im Ruhezustand existiert. Genau wie die Schwingung einer Welle in den Nullpunkt ihrer universellen Ruhe eingeht, so gehen alle Schwingungen in den universellen Nullpunkt der Ruhe ein. Dieses Null-Universum vibrierender Wellen kann keine Form haben außer einer Scheinbaren.

DAS PRINZIP DER LEERE

Dies ist ein Null-Universum scheinbarer mechanischer Bewegung von Kräften, die sich in ein scheinbar dreidimensionales Universum ausdehnen.

Jede Aktion jeglicher Natur beginnt mit Null, windet sich hinauf bis neun, um dann wieder bei Null zu beginnen. Jenseits der Neun kann sie nicht kommen, aber bis neun muß sie gehen. Die Neun ist universell. Sie ist deshalb universell, weil sie die Nummer des Wellenfeldes ist – die Acht des Kubus, zentriert durch die Null der Gravitation in der Sphäre.

Betrachtet Euer Dezimalsystem, es basiert auf dem Wellenfeld der Sphäre des Kubus und sieht wie folgt aus:

0-1-2-3-4-0-4-3-2-1-0

gleich 10-1-2-3-4-5-6-7-8-9-10

Die Tonleiter und das Spektrum der Natur entsprechen den Tönen des Wellenfeldes. Sie sind wie folgt:

Töne 0 - 1 - 2 - 3 - 4 - 3 - 2 - 1 - 0

Klang do-re-mi-fa-sol-fa-mi-re-do

(Grundton) (Oberton) (Grundton)

Farbspektrum:

schwarz rot rotorange gelb weiß gelb grün blau schwarz

Klänge:

violett   violett

Die Ebenen sind durch Null zentriert. Alle Schnittpunkte dieser Ebenen addieren sich zu acht. Acht, zentriert durch ihren Null-Ursprung ergibt neun. Genauso addiert sich der Kubus zu acht, wenn man die Schnittpunkte seiner sechs Flächen addiert. Außerdem gibt es acht Aktionsrichtungen und acht Reaktionsrichtungen; jede Acht ergibt vier Paare, die neun ergeben, wenn man das Nullzentrum dazu rechnet.

Dharma, ich glaube, es wäre sehr hilfreich, wenn wir hier eine Zeichnung einfügen könnten. Können wir dafür ein wenig Platz lassen?

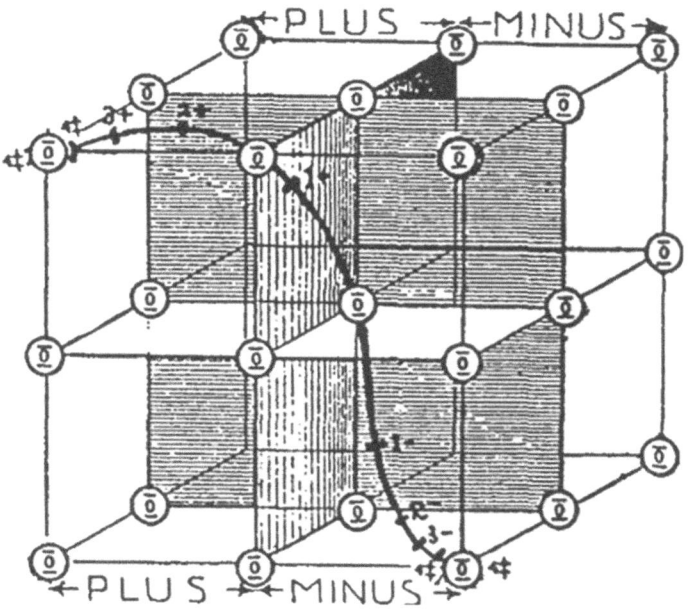

Die Standorte der Elemente auf dem Wellenfeld werden durch die
Wellenfeldspiegel bestimmt.

Danke Dir. Ich meine, mit Zeichnungen kann ich wunderbar arbeiten, aber das werden wir hier nicht machen, denn die meisten meiner Zeichnungen sind verfügbar.

Neun ist dreimal drei von Länge, Breite und Höhe, ausgehend von Null. Die Länge, Breite und Höhe jeden Ausdrucks ist zweimal erweiterte Null, zentriert von Null. Länge und Breite sind statisch, denn sie sind beide Äquipotentialebenen. Höhe ist dynamisch, denn sie ist sternförmig.

Die universelle Neun von Materie und Raum sind drei Spiegel der Ruhe, zentriert auf Ruhe, von der alle drei rechtwinklig zueinander ausgehen, wobei sich jede im anderen spiegelt.

Die universelle Oktave sind vier Paare gegenseitiger Druckbelastungen, die sich von Null aus ausdehnen, die den Kubus in acht mal Null zentrieren, die die Ecken des Kubus darstellen.

Das Maß der Ausdehnung von Null zu Null ist der Wunsch nach Ausdehnung. Das Begehren nach Ausdehnung von Null zu Null ist Energie Null. Die Energieausdehnung von Null zu Null wird manifestiert durch den Druck dieses Wunsches, der gleichzeitig multipliziert und dividiert – auch gleichzeitig addiert und subtrahiert – gleichzeitig belastet und gutschreibt – und gleichzeitig und gegensätzlich konditioniert. Die Summe all dieser harmonischen Wirkungen ist Null.

Null Druck gleichzeitig multipliziert und dividiert wird manifestiert durch die Aktion und Reaktion von Bewegung. Bewegung ist eine Projektion des Drucks der Gegenenergie des Begehrens aus dem Zentrum von Null zu den erweiterten Spiegeln der Ruhe, die das Begehren messen und es zum Ruhepol zurückspiegeln in die zentrale Null als ausgedrücktem Begehren. Die auf diese Weise ausgedrückte Summe der dual reflektierten Bewegung ist Null. Bitte versteht, daß ich den Begriff „Begehren/Wunsch" nicht als lustvolle erotische Begierde verwende.

Die durch Bewegung erweiterte Null, die dem Wunsch nach Ausdruck nachkommt und gleichzeitig durch die Widerspiegelung die Erfüllung des gewünschten Ausdrucks manifestiert, ist alles für dieses Universum der Ruhe. Null multipliziert oder dividiert – addiert oder subtrahiert – erweitert oder zurückgezogen – resultiert in Null. Dies ist ein Null-Universum mit allen Auswirkungen der Bewegung – ein scheinbares Universum in Zeit und Abfolge – und eine universelle Fata Morgana der Form.

Es ist ein Universum zweier Negationen, welche sich gleichzeitig gegenseitig aufheben und in der Folge die Aufhebung der Negationen wiederholen, um die Illusion zu erschaffen, daß die Null multipliziert – oder dividiert – oder addiert – oder subtrahiert werden kann, um eine Realität zu erschaffen, die niemals existiert noch jemals existieren wird.

Das ist Schöpfung. Es ist die Vorstellung des Wissens. Wissen ist Licht. Licht ist Ruhe. Sich etwas vorzustellen ist Denken. Denken ist die imaginäre Aktion und Reaktion der Bewegung, gespiegelt von der Null der Ruhe zu der Null der Ruhe.

Dies ist ein ruhendes Universum im Licht des Wissens. Darin liegt keine Aktivität.

Wir möchten darum bitten, daß Dein Sohn Paul dafür gelobt wird, daß er diese Theorie verstanden hat, die er dimensionales Leben nennt. Bitte Dharma, verstehe auch, daß, wenn man mit 25 Jahren in diese Art von Information geworfen wird, und dann noch in einer so gepeinigten und spottenden Welt, man nicht die Aufmerksamkeit dafür bekommen kann, die man verdient hätte und die es wert gewesen wäre. Was wie ein sinnloses Wegwerfen an den Tod erscheint (und – Du Liebe – das war kein Selbstmord) war in Wirklichkeit der einzige Weg, diese Information zusammenzufassen und der Menschheit zu übergeben. Das war ein ziemlich achtungsloser Plan seitens des bösartigen Feindes, aber als es dann passierte, hast Du die Bürde angenommen und wir können es trotz des Verlustes veröffentlichen. In Pauls Alter und mit der medizinischen Diagnose psychische Erkrankung, hätte man ihn wegen Geisteskrankheit eingesperrt und das Material wäre verloren gewesen. Dieses sage ich Dir, um dazu beizutragen, das große und schmerzhafteste Rätsel Deines Lebens aufzulösen.

Wenn die Stunden der Müdigkeit Dich und Deinen Körper überfallen, solltest Du eines im Herzen bewahren; der Zweck wird durch die andauernde Bombardierung und die aktuelle Gefahr des Lebens selbst verwässert, aber wir befinden uns am Ende und gleichzeitig am Beginn eines Zyklus und wir sind dabei, eine menschliche Spezies vor der Auslöschung zu bewahren. Ich verstehe, daß es für Dich schwierig ist, das zu erfassen, weil Du und die Deinen sehr selbstlos und demütig sind; aber der Lohn für Deinen Dienst wird grenzenlos sein. An Deinem Ort gibt es welche, die glauben, alle Antworten zu haben und auch sie drücken die Wahrheit in den jungen Menschen zur Seite, die sich nur selten in ihrem eigenen Glanz suhlen. Es ist wirklich sehr traurig.

Nun, Ihr sagt, all das über Illusion und Bewegungslosigkeit kann ja nicht wahr sein, weil Euch Eure Sinne etwas anderes sagen. Eure Sinne sind sehr unzulänglich. Sie täuschen Euch heftig. Das ist jedoch so, damit Ihr das Spiel der Schöpfung auch spielen könnt. Eure Sinne bemerken nur einen kleinen Teil des Ganzen. Wenn Eure Sinne das Ganze erkennen würden, gäbe es dieses Spiel nicht. Die Sinne registrieren nur deshalb Bewegung, weil sie selbst Bewegung sind. Bewegung ist eine Illusion, die nur zu sein *scheint*. Sie hat keinen Bestand.

Die Sinne wissen nicht, aber der Mensch glaubt, seine Sinne wüßten und in diesem Glauben liegt die Verwirrung der Menschheit.

Da die Sinne Bewegung sind, spüren sie auch Bewegung und sich bewegendes Licht, das als sich bewegend gespiegelt wird. Sie erkennen die Vorwärtsbewegung eines sich bewegenden Flugzeugs, weil es vor sich Verdichtung aufbaut – aber sie erkennen nicht das unsichtbare, gespiegelte Gegenstück dieses Flugzeugs – die beiden sind in Potential und Geschwindigkeit gleich – das sich aber rückwärts bewegt, hinein in das Vakuum hinter dem Flugzeug, das gleichzeitig die Verdichtung vor dem Flugzeug aufhebt. Die Unfähigkeit der Sinne, die Rückwärtsbewegung der sich vorwärts bewegenden Dinge aufzunehmen – erschafft die Illusion von Abfolgen und Zeit. Mit diesem Prinzip wird jedes Element im ganzen bekannten System integriert und gleichzeitig durch Auflösung ausbalanciert. Es verrinnt keine Zeit bei der Belastung einer Gutschrift, die in der Natur auf den Gegensatz ausgeweitet wird.

Dharma, noch ein Schaubild bitte.

DIESES MATERIELLE UNIVERSUM BESTEHT AUS PAAREN VON NEGATIONEN, DIE NIEMALS MEHR WERDEN ALS NULL

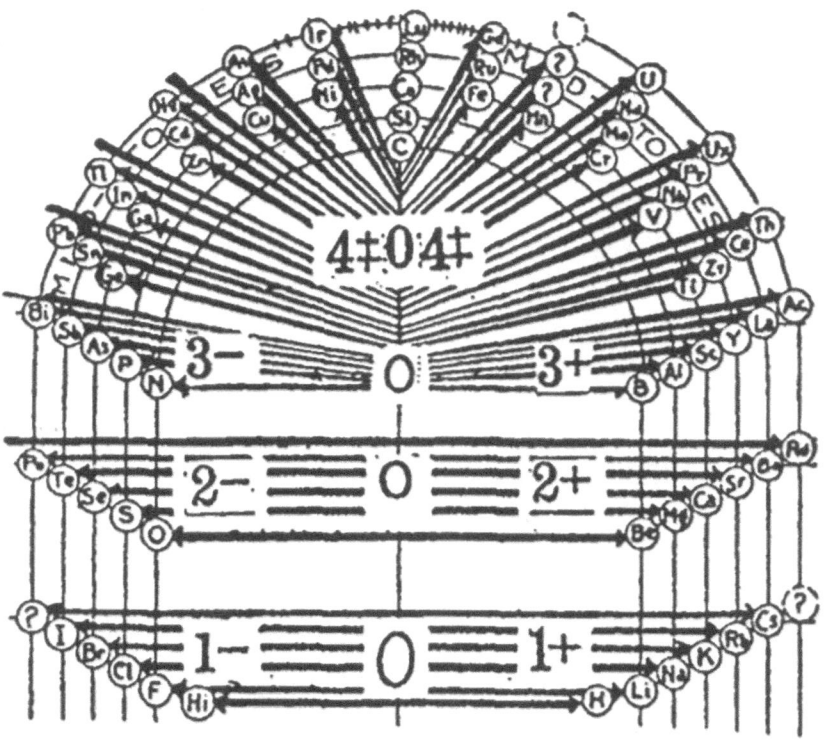

Jedes dieser elementaren Paare ist gleich und die gespiegelte Ausdehnung aus einem zentralen Nullpunkt heraus. Ich glaube, wir haben zuvor in diesem Dokument gesagt, daß wir unter anderem auch die Präsenz oder Existenz Gottes beweisen werden. Nun, der Dreh- und Angelpunkt aller Auswirkungen ist das Einzige Licht Gottes. Rein und ganz: ALL INCLUSIVE.

GOTT ALLEIN IST IM MENSCHEN UND IN ALLEN DINGEN

Denn einem Mann, in seiner letzten Erdenreise als Walter Russell bekannt, wurden diese Dinge genauso gegeben, wie Ihr sie jetzt bekommt. Mit meinen Beweisen konnte ich mich erst befassen, als ich dorthin wechselte, wo ich jetzt lebe, mitten in der Wahrheit. Ich bin sehr dankbar und fühle mich gesegnet, diese Gelegenheit zu haben, im Rückblick zu arbeiten, weil so wenige diese Gelegenheit erhalten.

Ich nehme an, daß ich Euch genug Daten zur Verfügung gestellt habe, damit Ihr Schlußfolgerungen daraus ziehen und schnell reagieren könnt, wenn Ihr das gegenwärtige Leid, das auf der Menschheit lastet, überlebt, denn Ihr solltet Euch von dem orthodoxen Unsinn befreien. Mikroskop und Gerät von Royal Rife sind notwendig für den Erfolg. Wenn Ihr es benutzt, könnt Ihr damit die Schwingungscharakteristika von Mikroorganismen entdecken, Mikroorganismen beobachten, die unter keinem anderen Mikroskop zu sehen sind, Ihr könnt Informationen über Mikroorganismen, deren chemisches Umfeld und die Beziehung untereinander verifizieren und jetzt kommt das Beste – Ihr könnt ausgewählte Pulsfrequenzen einsetzen, um spezielle Mikroorganismen zu zerstören.

Außerdem möchte ich Euch vorschlagen, eng mit John F. Crane und seinem Mitarbeiter Mark L. Gallert zusammenzuarbeiten. Ihr werdet auch viel Information über Lichtbrechung und Frequenzen von John Schroepfer bekommen, wobei Ihr eine Zusammenarbeit des Forscherkreises anstreben solltet. Jeder wird seinen Teil dazu beitragen, denn keiner soll das Ganze alleine tragen, sondern es muß von vielen unterschiedlichen Wissensträgern gemeinsam getragen werden. Für die Menschen und die Geräte ist das die einzige sichere Methode.

Des weiteren ist es für Manche, denen von den Forschern für ihre Mithilfe Medikationen zur Verfügung gestellt werden, zwingend notwendig, sich der Förderung und der Entwicklung einer Heilmethode für AIDS zu verpflichten. Das IST die Heilung und alles andere ist zum Scheitern verurteilt. Die Lebensqualität kann zwar verbessert und der Tod hinausgezögert werden, aber momentan gibt es keine „medizinische" Heilung für durch Retroviren entstandene tödliche Krankheiten. Und außerdem – wenn es so etwas gäbe, würde es durch die Behörden niemals genehmigt und damit schnellstens der Öffentlichkeit zur Verfügung gestellt werden.

Dieses Wissen wird einen riesigen Widerhall finden und die Nachfrage nach Produkten wird unglaublich sein. Wir werden diese Information nicht der Öffentlichkeit zur Verfügung stellen, es sei denn, wir haben eine definitive Zusicherung seitens der Entwickler dieses Produktes. Derzeit habt Ihr ein Produkt, auf das sich Kommandant Hatonn kürzlich bezogen hat. Dieses Produkt ist zwar noch nicht auf dem Markt, aber es sieht sehr vielversprechend aus. Die Zeiten der Lügen sind vorbei; die Menschheit muß die Wahrheit bekommen und sie braucht ein Mittel, um ihr Leid zu lindern – denn für Viele ist es bereits zu spät, meine Lieben.

Ich nehme mir hier die Freiheit, eine wissenschaftliche Abhandlung von meinem Kollegen John Crane zu zitieren. Ich schätze diese Arbeit sehr und außerdem ist es von dieser ätherischen Ebene aus ziemlich schwierig, seine Zustimmung zu erhalten.

ELEKTRONENTHERAPIE – John F. Crane

„Ausrottung von Krankheiten ist das aufregende Versprechen neuer Entwicklungen im Bereich der Mikroskopie und des Radiowellen-Elektronentransfers von Royal Rife."

„Viruserkrankungen, die alte Geißel der Menschheit, die immer noch Millionen Menschen in der Welt heimsuchen, werden durch modulierte Radiowellen, die in Tausenden Labortests auf exakte Frequenzen eingestellt werden, zerstört werden. Die Frequenzgeräte haben in Reagenzgläsern, Tieren und menschlichen Patienten Organismen zerstört. Die tödlichen Strahlen werden durch die Strahlenröhre des Frequenzgeräts übertragen. In den meisten Fällen erhält man innerhalb von zwei Monaten eine Reaktion und die Krankheiten sind dann sehr schnell nicht mehr infektiös. Die Zerstörung der Organismen durch

Strahlen wird als ähnlich des Phänomens der übertragenen Elektronenenergie und der koordinierten Resonanz kritischer Frequenzen mit elektromagnetischen und statischen Feldern beschrieben."

„Rife hat demonstriert, daß die Frequenzgeräte die Kraft haben, Keime zu zerstören, ohne das menschliche Gewebe zu verletzen."

„Die Entwicklung dieser Strahlung bis hin zu dem Punkt, an dem sie jetzt effektiv gegen Viren, Bakterien und Pilzerkrankungen eingesetzt wird, wurde möglich gemacht und auch vervollständigt durch zwei weitere Erfindungen fast gleicher Wichtigkeit, sowohl für Therapeuten als auch für Laborforscher. Die eine war der Entwurf und der Bau des Virus-Mikroskops von Rife, in dem er mit spezieller Ausleuchtung bei Vergrößerungen jenseits der 17.000x Spitzenwerte erzielte. Die andere ist Rife's Isolierung reiner Kulturen der filterbaren Form von Viren, die viel zu klein sind, um sie selbst mit dem besten Untersuchungsmikroskop sehen zu können. Es wurden auch zum ersten Mal Viren als pränatale Zellen pathogener Krankheiten entdeckt, die mithilfe der Lichtwellenüberlagerungen sichtbar gemacht werden können."

Jetzt werde ich Dharmas Arbeitstag beenden und sie bitten, sich abzumelden. Ich vertraue auf die Liebe. Royal Rife ist hier an meiner Seite, diese Freiheiten nehme ich mir nur mit Mr. Crane, nicht mit Royal. Ich dachte, ich bin jetzt noch ein wenig humorvoll. Er hat mir versprochen, daß er sich Deiner freundlichen Gesinnung nicht aufdrängen wird. Wenn Ihr Euch zusammentut, habt Ihr alles, was Ihr braucht, um dieses Projekt erfolgreich weiterzuverfolgen.

Und außerdem möchte ich dem Wunsch Kommandant Hatonns und Ashtars beipflichten – seht zu, daß Ihr die Forschungsanlagen aus der Küstenlinie am Pazifik herausnehmt. Bringt sie etwas höher hinauf in ein Bergdorf. Ich werde Euch keinen besonderen Ort nennen, aber dieser Umzug muß sein, damit die ganze Arbeit nicht von einem Erdbeben oder anderen Katastrophen zerstört wird.

Vielleicht könnt Ihr in Teamarbeit einen Kostenvoranschlag für Labortechnik und Vollzeit-Forscher mit Reisekosten usw. vorbereiten.

Es ist offensichtlich, daß die Öffentlichkeit in einem solchen Fall sofortige Beiträge leisten würde. Wenn ein Mr. Forbes einen Scheck für AIDS-Forschung ausstellen kann, kann er vielleicht auch zur Heilung beitragen und nicht nur zu der fortdauernden Beschwichtigung bei dieser Krankheit. Wer nicht zu den „elitären" Kontrolleuren gehört, muß jetzt einmal ein Zeichen der Verteidigung für Euch Menschen der Lüge setzen – es geht hier um die Auslöschung Eurer Art und es kann nicht hingenommen werden, daß ein paar Wenige das alles vor den Massen verborgen halten.

Dharma, ich ziehe mich jetzt von dieser Sitzung zurück. Ich danke Dir sehr für Deine wirklich sehr unentbehrlichen Fähigkeiten. Wir haben nicht die Absicht, Euch unter verwirrenden Informationen zu begraben, sondern wir möchten um Eurer Sicherheit willen so wenig Kontakt wie möglich mit Euch haben. Bitte versteht auch, daß unsere höhere Vision die Eures Planeten weit übersteigt und wir sehr vorsichtig agieren und auf Euch achten müssen. Und Ihr müßt die gleiche Sorgfalt bei Euren Brüdern walten lassen.

Ich verabschiede mich in Liebe und Wertschätzung
Walter Russell

KAPITEL 17

Freitag, 20. Oktober 1989, 07.00 Uhr, Jahr 3, Tag 65

Hatonn ist hier, um Anfragen zu beantworten. Jedoch möchte ich Euch bitten, persönliche Anfragen hintenanzustellen, denn wir müssen dieses derzeitige Krisenmaterial zu Ende bringen und Manche vergessen, daß Hatonn, Ashtar usw. die Zeit unserer Schreiberin zu gleichen Teilen nutzen.

Kommandant Ashtar bestätigt den Empfang von „Victory's" Gesuch, seine Hüfte wieder in Ordnung zu bringen. Er fordert Euch auf, sorgsam in Euch hineinzuhören, um festzustellen, was Ihr tut und wollt. Ist der Wunsch nach Heilung egozentriert oder eine Notwendigkeit? Ihr solltet in Eurem Überschwang sehr achtsam sein, daß die Falle eines persönlichen Egos wie „Ich werde es der Welt zeigen" nicht über der physischen Manifestation zuschnappt. Ihr müßt sehr selbstlos werden, denn die Ziele der dunklen Bruderschaft werden schneller offenbar als Gottes Ziele. Victory, Du mußt sehr genau Deine Handlungen, Absichten und Deine persönliche Verantwortung betrachten und nicht auf Biegen und Brechen vorwärtsstürmen, um damit in der Öffentlichkeit breite Aufmerksamkeit zu erhalten.

Diejenigen hier an diesem Ort benötigen Geheimhaltung und keinerlei Aufmerksamkeit jedweder Art. Mein Sohn, sei zurückhaltend mit Deinen Begierden, oder Du wirst über deren Mißbrauch straucheln. Anderes verantwortungsvolles Handeln und Selbstlosigkeit sprechen eine deutlichere Sprache als die lautstarke Kakophonie eines „Wunders". Wir brauchen keine Wunder mehr; wir brauchen hingebungsvolle, „eingeschworene" Arbeiter, die keinen Feind auf unser Quartier aufmerksam machen. Dieser ganz spezielle Ort, aus dem diese Dokumente kommen, ist derzeit von entscheidender Bedeutung und darf AUF KEINEN FALL IRGENDWELCHE AUFMERKSAM-KEIT ERREGEN! Bei zuviel Aufhebens wird man diejenigen hier wegen Fanatismus einsperren, und manchmal auch zu Recht. Wir dürfen hier an diesem Ort kein Aufheben machen, denn es ist noch viel zu früh. Ich bitte darum, daß sich keiner von diesen Schriften verletzt fühlt, denn die Lektionen müssen für Alle weitergeführt werden; wir haben keine Zeit für persönliche Einzelheiten, also müssen die Empfänger das für sich selbst innerlich überprüfen. Wir melden uns hier nicht, um Euch für viele Kleinigkeiten zu maßregeln, aber wenn wir das tun – DANN MACHEN WIR DAS RICHTIG UND SAGEN EUCH GANZ UNVERBLÜMT, DASS IHR DAS VER-GEIGT HABT. SO SEI ES UND FRIEDE SEI MIT EUCH ALLEN, DENN ES IST DIE ZEIT, EURE MENSCHLICHKEIT ZU ERKEN-NEN UND MIT SELBSTDISZIPLIN UND WAHRHEIT DARÜBER HINAUS ZU WACHSEN – UND NICHT MIT LAUTER STIMME UND INHALTSLOSEM GEREDE; SO DASS DIE WELT ZUHÖRT UND SICH EUCH IN FRIEDEN ANSCHLIESST UND NICHT MIT AUSEINANDERSETZUNGEN ÜBER EURE PERSÖNLICHE HALTUNG. *DIE MENSCHHEIT ALS GANZES WURDE BETROGEN, NICHT NUR DER EINZELNE, UND IHR SOLLTET DAS IN EUREN HERZEN BEWAHREN, DENN AM ENDE IST „ALLES" NICHTS WEITER ALS „DAS GANZE AUS VIELEN EINZELNEN".*

Laßt mich Euch ein paar Neuigkeiten geben. Wenn Ihr meint, die „Öffentlichkeit" ist „auf Euch" eingestimmt und wach, schaut noch einmal hin. Für die Zuständigen des Totalstaus auf der Autobahn bei San Francisco hat es vom Siebzehnten bis zum Abend des Neunzehnten gedauert, um zu realisieren, daß es gar nicht so viele Autos gab, wie man wegen der Ballspiele erwartet hatte, und außerdem erzählen sie weiterhin, wieviel schlimmer es hätte sein können mit dieser Menschenmenge im Stadion. Im Allgemeinen sind Menschen derartig unbewußt, daß sie leicht das übersehen, was sich direkt vor ihrer Nase und ihren Augen abspielt.

Seid die nächsten Tage äußerst wachsam – die Sonneneruptionen mit kosmischen Strahlen werden Euch ziemlich heftig bombardieren – ALLERDINGS WIRD ES JETZT ZEIT, EXPERIMENTE MIT „FREIER ENERGIE" UND KALTER FUSION ZU MACHEN, UM EURE VERMÖGEN ZU VERLAGERN!!

Jetzt möchte ich J.S. zu dessen Fragen über Satan als Wesenheit oder als Macht antworten. Das ist im Hinblick auf die menschliche Wahrnehmungsfähigkeit sehr schwierig zu lösen. Habt hier bitte etwas Nachsicht mit mir, denn ich hätte es vorgezogen, daß Sananda, Germain oder Michael diese Frage beantworten, allerdings haben Ashtar und ich diese Frage geschaffen, so daß ich mich bemühe, sie auch zu beantworten – und zwar so, daß sie in der vierten Dimension nicht allzu weit von Eurem Wissensstand entfernt ist.

Ich möchte aber vorausschicken, daß eines unserer nächsten Dokumente das Thema „BÖSE" breit abdecken wird. Ursprünglich war es nicht vorgesehen, daß Dharma die Last der unzähligen bruchstückhaften Themen trägt, aber einige der Schreiber, die diese Bürde mit ihr teilen sollten, sind auf ihrem Weg in die Fallen gestolpert. Wir werden das Beste tun, was wir innerhalb der Grenzen der menschlichen „Zeit" tun können. Bitte verzeiht, wenn die Antworten nicht so ausführlich sind, wie es wünschenswert wäre.

Ist Satan „real"? Ich muß mit einer Frage antworten: „Ist Christus ‚real'?" Ist die physische Form „real"? NEIN! NICHT IM PHYSISCHEN SINN DER GESTELLTEN FRAGE. JA! IM WAHREN SINNE DER BEWUSSTSEINSWAHRNEHMUNG.

ICH MÖCHTE, DASS DIESER PERSÖNLICHE EINTRAG HIER IN DIESEM DOKUMENT BLEIBT, DENN IN DEM ARTIKEL VON GESTERN HAT EUCH SIR RUSSELL EINEN SEHR „WISSENSCHAFTLICHEN" BEWEIS DER TATSACHE GELIEFERT, DASS ALLES LICHT IST, GOTT DAS ZENTRALE „VOLLSTÄNDIGE" LICHT DES DREH- UND ANGELPUNKTES IST UND ALLES EINE REFLEKTION DER ABSTRAKTEN WAHRNEHMUNG – EINE ILLUSION, WENN IHR SO WOLLT.

Nun, Eure Sinne sagen Euch, daß Ihr Euch in einer manifestierten Realität befindet – Ihr seid massive Gedankenformen und steckt in dieser Wahrnehmung, so daß dieser Umstand durch eine drastische Veränderung des „KAUSALEN ZUSAMMENHANGS" behandelt werden muß, da Reflektion und Wahrnehmung eine Umleitung des Energieflusses ist – da ALLES BEWUSSTSEIN ist – das individuelle und „ganze" BEWUSSTSEIN muß in die Wahrheit umgeleitet und von der inkorrekten „Illusion" weggeführt werden. ALSO, IST DAS JETZT NICHT DAS WUNDERBARSTE SPIEL UNIVERSELLER INTRIGE? ICH SPASSE NICHT, DAS IST DIE UNGLAUBLICH-STE ERFAHRUNG, DIE DAS MENSCHLICHE BEWUSSTSEIN MACHEN KANN, DAS VOM SCHÖPFER IN DER SCHÖPFUNG ERSCHAFFEN WURDE, UM DER ESSENZ REFLEKTIERTER LICHTENERGIE AUS DER SCHÖPFERQUELLE WILLEN, DEM DAS GESCHENK DES FREIEN WILLENS, DER WAHL UND DIE NICHTBEURTEILUNG DER HANDLUNGEN ZUTEIL WIRD – AKTION/BEWEGUNG IST AUCH EINE ILLUSION, WELCHE EUCH OHNE ZEIT- UND RAUMBEGRENZUNG JENSEITS EURES WECHSELS IN DIE HÖHERE WAHRHEIT BRINGEN WIRD. DAS IST NICHT NUR NICHT „GEGEN" DIE UNIVERSEL-LEN GESETZE – ES „IST" DAS GESETZ DER SCHÖPFUNG UND KOSMISCHER PHYSIK.

MEINE LIEBEN FREUNDE, IHR SEID DIE REFLEKTION DER GOTTESQUELLE, DIE SICH IN IHRER GEWÄHLTEN FORM SELBST ERFÄHRT – „IN SEINEM WUNDERSAMEN SPIEL" – WENN IHR SO WOLLT.

ES GIBT ÜBERHAUPT KEINE MÖGLICHKEIT, EIN SO PER-SÖNLICHES KONZEPT WIE DAS ATMEN EINES INDIVIDUUMS „ZU ERKLÄREN". IHR, DIE IHR SO ENG IN DEM NETZWERK ARBEITET, DAS DIESE FRAGMENTE ZURÜCK IN DEN BRENN-PUNKT HOLT, DAMIT SIE SICH WIEDER HINAUFWINDEN KÖNNEN ZUR QUELLE, MÜSST REALISIEREN, WIE REICH IHR BESCHENKT SEID, DENN IHR SEID DIE LEITUNGEN FÜR

DIE BÜNDELUNG DIESER PRÄCHTIGEN ENERGIE, SO DASS DAS SPIEL IN VOLLKOMMENHEIT ABGESCHLOSSEN UND DIE BÜHNE FÜR DAS NÄCHSTE STÜCK BEREITET WERDEN KANN.

AN DIESEM PUNKT GEHE ICH EIN RISIKO EIN, WENN ICH EINE SOLCHE DISKUSSION STARTE, DENN ES KÖNNTE UNS EINIGE SEHR HINGEBUNGSVOLLE FORSCHER KOSTEN – SO SEI ES, DENN WENN WIR UNS NICHT IN RICHTUNG „WAHRHEIT" BEWEGEN, BEWEGEN WIR UNS ÜBERHAUPT NICHT. HABE ICH MICH KLAR AUSGEDRÜCKT? LASST DAS AUF EUCH WIRKEN, DENN DAS SCHEINBAR UNERKLÄRLICHE IST DIE EINFACHSTE UND UNKOMPLIZIERTESTE ERKLÄRUNG ÜBERHAUPT. WENN IHR EINMAL INS VERSTÄNDNIS GEKOMMEN SEID, WERDEN DIE METHODEN UND ANTWORTEN WIE EIN WASSERFALL PLÄTSCHERN. ABER DIE MEISTEN MENSCHEN SCHLAFEN IMMER NOCH UND TRÄUMEN VON DEN REFLEKTIONEN, MIT DENEN MAN SIE ÜBER ALLE ARTEN KOSMISCHER BEWUSSTSEINSFRAGMENTE GEFÜTTERT HAT UND DIE SICH BIS JETZT WEIGERN, IHR BEWUSSTSEIN ZU ÖFFNEN UND DIE WAHRHEIT EINZULASSEN. ES LÄUFT AUF DAS ALTE MUSTER HINAUS NACH DEM MOTTO: „WENN ICH MEINE AUGEN SCHLIESSE, VERSCHWINDET ES VON SELBST; WENN ICH MICH WEIGERE, HINZUSCHAUEN UND ZU SEHEN, KANN ES NICHT WAHR SEIN!" NEIN, WIR WERDEN WEDER VERSCHWINDEN, NOCH WERDEN SICH EURE PROBLEME VON SELBST LÖSEN; IHR HABT SIE MANIFESTIERT UND IHR WERDET SIE HEILEN.

Der Begriff „gefallene Engel" ist natürlich eine Fehlinterpretation, aber wir sind an Euer Vokabular gebunden, welches unterschiedliche Vorstellungen zu unterschiedlichen Dingen präsentiert. Wenn wir nicht in Begrifflichkeiten sprechen, die die Massen verstehen und worauf sie sich beziehen können, kommen wir niemals zu dem Punkt einer Akzeptanz dessen, was die Wahrheit ist – wir müssen langsam beginnen und uns vorwärts arbeiten. KEINER AUF EUREM PLATZ IST BEREIT FÜR DAS VOLLKOMMENE VERSTÄNDNIS DESSEN, WAS WIRKLICH *IST!* Ihr hattet Menschen, die ihre Vorstellungen in Myriaden von Arten dargestellt haben, so daß Ihr wirklich nicht mehr wahrnehmen könnt, wie es wirklich ist — wie viele haben meine Ausarbeitung über Illusion *wirklich* verstanden? Seid ehrlich – WIRKLICH verstanden!

Der geliebte Luzifer ist ganz ,real' – Satan, wie Ihr diese Energie nennt. In den höheren Dimensionen der Wahrnehmung gibt es Energien höheren Status' als die dreidimensionale Wahrnehmungsmöglichkeit. Das sind die Führer, die Peiniger, die Erfahrenden – und so weiter. Genauso gibt es die wunderbaren Energien des Christusbewußtseins und die Führer, die in den lichten Wahrnehmungsebenen arbeiten, genauso wie es die Führer und Energieformen der dunklen Bruderschaft gibt. Diese wollen wir „gefallene Engel" nennen, einfach, weil sie dem satanischen Bewußtsein huldigen und „Engel" sind körperlose Energieformen. Ihr wollt Euren „Himmel" irgendwo über Euch haben – irgendwo da draußen; deswegen muß alles von außerhalb dieser Erfahrungsebene, nach menschlichen Begriffen, „herunterfallen" von irgendwo – nach irgendwo. Das sind einfach die Lenker in Energieform und die „Verführer" der dunklen Bruderschaft des Bösen.

Ich muß einen sehr wichtigen Punkt hier noch einmal wiederholen, „Böses" als Energieform muß sicherlich existieren und es kommt von satanischen Kräften – die schwärzeste, negative Leere aller Aktion und Reaktion, und es wäre besser, dies als sehr ,real' zu betrachten, denn aus diesen wahrgenommenen Aktionen und Reaktionen wird der Platz Eurer eigenen Energieform (Seele) während und nach dem Ende dieses Spiels resultieren.

Die Menschheit wird ihre Rollen genauso spielen wie es geschrieben steht, denn sie hat bis jetzt kein Massenbewußtsein dafür entwickelt, daß es anders sein KÖNNTE. Der Mensch spricht viele hochtrabende Worte, aber er wird das Szenario nicht ändern – genauso wenig wie er die Lösung und Heilung für AIDS finden und vorstellen wird, er wird das nicht regeln, bevor nicht eine entsprechende Anzahl Energien die Dimensionen gewechselt haben, denn er erwartet, daß es so ist – das ist die Reflektion, die er akzeptiert.

Warum also machen wir weiter, unsere Erfahrungen in Euch hineinzuhämmern? Weil wir eine Veränderung herbeiführen KÖNNEN und AIDS, ungebremst, die Menschheit auslöschen kann. HÖRT IHR, WAS ICH SAGE? ES KANN – UND UNGEBREMST WIRD ES – DIE IRDISCHE MENSCHHEIT AUSLÖSCHEN.

Oh, Ihr sagt aber: „Nun, Ihr sagtet doch, daß diese selbsternannte Elite die Heilmethode hat und sie anwenden wird. Was ist dann mit ihnen? Also wird die Menschheit doch nicht aussterben. Du bist verrückt, Hatonn." Nein, ich bin nicht verrückt, denn das Böse wird entfernt werden und wird am Ende des Stückes nicht mehr existieren. Das bedeutet, wenn Ihr Null und Null zusammenzählt, werdet Ihr am Ende auch Null haben! Rechnet selbst.

Immer noch etwas verwirrt und begriffsstutzig? So sei es, daß die Schlußfolgerung die Arroganz entfernt und der Wahrheit Platz macht.

Ihr werdet also nicht die Straße hinunterspazieren und Herrn Satan und seinen Trupp gefallener Engel treffen – oder doch? Es existiert alles im Bewußtsein – Christusbewußtsein oder Satansbewußtsein, wessen Werkzeug werdet Ihr sein? Welcher „Armee" werdet Ihr dienen und wie lange? Folgt Ihr ohne Einschränkung den Gesetzen der Schöpfung oder spielt Ihr einfach überall ein wenig herum? Seht Ihr, es gibt auf jeder Seite einen Gipfelpunkt – den freiwilligen Dienst für den „Teufel" in den satanischen Ritualpraktiken; oder die kosmische Christusbarmherzigkeit und Reinheit innerhalb der Gesetze der Schöpfung. Dazwischen liegt die Grauzone, wobei die eigene „Urteilsfähigkeit" Euch von Fall zu Fall einholen wird – was werdet Ihr als nächstes erfahren – das Christusbewußtsein oder das satanische Bewußtsein? Das, meine Brüder, ist die Wahl Eures freien Willens.

Das hat überhaupt nichts mit Mystikern oder dem Mystizismus dessen zu tun, was Ihr als die BEWEGUNG DES NEW AGE seht. Dieser Weg wird Euch direkt in die Höhle des Löwen führen, meine

Freunde. Genauso wie die irrige Annahme, daß Ihr irgendwie „zu den Wolken hinaufschweben und dort verweilen würdet – auf irgendeine Art und Weise." IHR MÜSST DAS WISSEN ÜBER DIE WAHRHEIT HABEN, UM DAS ZU ERLANGEN, WAS IHR ZU SUCHEN GLAUBT. DEN KOPF IN DEN SAND ZU STECKEN UND DAS HÖREN VERWEIGERN WIRD DIE WAHRHEIT NICHT VERÄNDERN. DAMIT WERDET IHR AUS DIESER ERFAHRUNG NOCH WENIGER MITNEHMEN KÖNNEN ALS DAS, WAS EIGENTLICH EUER IST. JEDER MUSS SEINE EIGENEN AUGEN ÖFFNEN UND DAMIT AUFHÖREN, ANDERE IN SEINE EIGENE FALLE DER IGNORANZ ZU FÜHREN UND AUSSERDEM MUSS ER FLEXIBEL GENUG SEIN, DIESE INHALTE AUCH ANZUNEHMEN, DAMIT ER MIT DEN ERLANGTEN BEWEISEN AUCH GERECHTE ENTSCHEIDUNGEN TREFFEN KANN.

Wir kommen mit wagemutigen Enthüllungen wie es ist, so daß Ihr Eure eigenen Nachweise für die Wahrheit finden könnt. Wenn es Euch wie Pessimismus vorkommt, schlage ich vor, daß Ihr eine EHRLICHE Bestandsaufnahme dessen macht, was um Euch herum passiert aufgrund Eurer inneren Einstellung – Depressionen, Streß, Unzufriedenheit usw. – und dem, was es auf Eurer Welt im Überfluß gibt. Ihr seid mit jedem Teil des Ganzen verwoben – IHR könnt Euch nicht davonstehlen – wenn sowas geht, geht das für Alle. Ob Euch das gefällt oder nicht, Ihr steckt schlußendlich in dem Sumpf des Ganzen fest, Ihr kommt von dieser Kugel nicht weg – es sei denn, Ihr wechselt die Dimension, mit oder ohne Euren Körper, Ihr STECKT FEST! Ihr habt nachgewiesen, daß Ihr in einer enormen Lüge lebt – WÜRDET IHR BITTE DIESE KLEINE CHANCE NEHMEN UND ES MIT UNS VERSUCHEN? SO SEI ES, MÖGE EUCH DAS WORT ERREICHEN, DENN DIE ZEIT IST DA.

Lieber John, ich hoffe, ich habe nicht noch mehr Verwirrung über das fragliche Thema gebracht, und wenn ich unsere Beziehungssensoren frage, spüre ich, daß Du für den Moment zufrieden bist, bis wir diese Angelegenheit gründlicher behandeln können.

Der Vorstoß, den wir mit diesen Journalen betreiben ist, Euch Vertrauen in die Wahrheit der Quelle zu lehren, und danach können wir uns offener austauschen, so daß Ihr ins Wissen kommen könnt. Verzweifelt nicht zu sehr, Millionen werden verloren sein, denn sie werden die Akzeptanz verweigern, während sie auf die Wahrheit warten und warten und warten, DIE SIE ERWARTEN! WENN IHR AUF JEDE KLEINIGKEIT WARTET VON WEGEN DER MENSCH SAGT UND GOTT SAGT, WERDET IHR BIS ZUM SANKT NIM-MERLEINSTAG WARTEN – WAS IN DEN MEISTEN FÄLLEN NICHT DIE ANGENEHMSTE ERFAHRUNG SEIN DÜRFTE. ZIEHT EURE KÖPFE AUS DEM SAND UND SCHAUT UM EUCH HERUM. WENN WIR DIE WAHRHEIT NICHT BRINGEN, WAS HABT IHR DANN VERLOREN, WENN IHR UNS ZUHÖRT? WIR BRINGEN JA KEINE FRAGMENTE DES BÖSEN, ALSO KANN ES FÜR EUCH AUCH NICHT SCHÄDLICH SEIN – WIR DRÄN-GEN EUCH, EINMAL DIE ANDERE SEITE ZU BETRACHTEN – SCHAUT AUF DAS, WAS VON SICH SELBST SAGT, BÖSE ZU SEIN UND EUCH DANN IN UNWISSENHEIT EINSCHLIESST, INDEM ES EUCH GRENZEN AUFERLEGT.

ICH SAGE EUCH, KLÄRT EURE RÄUME VON DIESEN ENER-GIEN – REGELMÄSSIG – ICH SAGE EUCH NICHT, ES (DAS) NICHT GENAU ANZUSCHAUEN. ES STEHT GESCHRIEBEN, DASS VOR DEM ENDE DAS BEWUSSTSEIN DES BÖSEN ÜBER DIESEN WUNDERBAREN ORT KOMMEN WIRD – SO SEI ES!

Ich fordere Euch alle auf, diese Dokumente zu lesen und auch immer das Datum und die Uhrzeit zu beachten, denn Ihr bekommt täglich Nachrichten, wenn nicht sogar stündlich. Ich überlasse es jetzt den Herausgebern, diese Aufzeichnung dort zu plazieren, wo sie ihnen passend erscheint, denn ich habe diese Schreiberin sehr lange von ihrer Aufgabe abgehalten. Sir Tesla steht bereit und wir Comman-der haben in diesem Schriftstück noch mehr zu sagen.

Ich bitte Euch dringend, dieses Dokument bis zum näch-sten Wochenende zum Buchdruck fertig zu haben, selbst wenn es unvollständig sein sollte. Ihr befindet Euch täglich mehr in qualvollen Umständen und im Verderben – legt Eure Prioritäten und Fähigkeiten in Eure Zusammenkünfte, damit Ihr das Thema der letzten großen Plage unter Kontrolle bekommt. Wenn Ihr Eure Arbeit gut macht und das Gerät optimal baut, braucht diese Menschheit keine weiteren großen Plagen mehr – weil Ihr Eure Art zu leben ändern werdet – das bedeutet auch, daß sich Eure Wahrnehmung von LIEBE ändern wird – LIEBE, die niemanden schadet und nur gibt – und daß das, was Ihr unter Liebe VERSTEHT, in der Verkleidung sexueller physischer Kontakte daher kommt, reines Selbstvergnügen ist und rein gar nichts mit Gegenseitigkeit zu tun hat. Ihr brecht weiterhin alle Gesetze der Schöpfung und nennt es „Menschenrechte" – nein, sie bringen Euch den Untergang. Ich beurteile die jeweiligen Präferenzen nicht; ich nehme aber die „freiwilligen" Handlungen aus, bei denen es nur um egoistischen Mangel an Selbstdisziplin geht, der hinter der Fassade von „Liebe und Rechte" versteckt wird. Wenn Euch ein Verbrecher die Kehle durchschneidet und Ihr sterbt, würdet Ihr zurückgehen und die Kehlen Eurer Lieben durchschneiden? Das passiert aber bei Euch in jedem Moment des Lebens – wie ich schon früher sagte; ALLE werden von dieser Plage berührt werden – ALLE.

Selbst wenn Ihr infiziert seid, wird jeder neue Kontakt zur Gelegenheit für eine Reinfektion, zu einem erneuten Bombardement auf ein bereits überfordertes System und noch mehr Mutationen des Retrovirus. Möge Gott gnädig sein und erlauben, unsere Aufgabe zeitgerecht zu erfüllen. Als Gemeinschaft müßt Ihr zusammen und für das Leben stehen, folgt nicht dem Pfad des todgeweihten Lammes vor Euch.

Bitte Dharma, mach eine Pause, dann werden wir zum Thema dieser Schrift zurückkommen. Danke Dir, Chela, für Deine Zeit, denn dies sind wichtige und dringende Unterbrechungen. Ich bin für die ehrlichen Anfragen für so wunderbare Punkte und Themen wirklich sehr dankbar und segne diejenigen, die sich äußern, damit ALLES erklärt werden kann.

Ich beende jetzt diesen Teilabschnitt und gehe auf Stand by. Dharma, bitte läute, wenn Du bereit bist, fortzufahren.

SALU, SALU, SALU

ICH BIN HATONN UND KLÄRE

KAPITEL 18

Freitag, 20. Oktober 1989, 11.15 Uhr, Jahr 3, Tag 65

Hatonn ist hier, um das Diktat für dieses Journal wieder aufzunehmen. Ich habe gute Gründe, bei der Weitergabe der Informationen zu zögern, denn ich fürchte, ich könnte Fakten verdrehen oder eher, die Leser könnten mir inkorrekte Bemerkungen zu bestimmten Personen unterstellen, die eigentlich nur einen Teil dazu beigetragen haben und in anderen Teilen von der Wahrheit abwichen wie Wildgänse, die für den Sommer nach Norden fliegen.

Es wäre ganz gut, wenn Ihr, die Ihr dieses Dokument bekommt, bitte auch eine gewisse Diskretion walten lassen würdet. Es gibt welche, die bei der Sensibilisierung der Öffentlichkeit sehr hilfreich sind und sich „bedeckt halten", aber in anderen Bereichen ihre Ansichten hinausposaunen und dabei zwei sich widersprechende Themen verflechten.

Es geht hier um kosmische, unsichtbare Frequenzen elektromagnetischer Energie für die Behandlung und Heilung von Krankheiten. Wir sind nicht in dem Geschäftsbereich tätig, der sich mit tödlichen Strahlen, Teilchenstrahl, Erstschläge gegen Feinde oder Kriegswaffen jeglicher Art beschäftigt. Wie oder warum Ihr was habt, ist nur insofern wichtig, als Ihr die Ursache isolieren müßt, so daß sie nicht mehr wiederholt wird, danach die Ausfälle erkennt und schlußendlich eine höchst effektive und schnelle Heilung haben werdet. Wenn Ihr Euch von den international möglichen Skalarwellen aus dem Konzept bringen laßt, werdet Ihr in der Verwirrung steckenbleiben.

Ihr müßt über die existierenden Systeme Bescheid wissen, damit Ihr auch verstehen könnt, daß die Mechanismen dieser Heilung ebenso gültig sind. Wenn ein System in einem Bereich Eurer Bemühungen arbeitet, arbeitet es auch in einem anderen Bereich, wenn es ordnungs-gemäß angewandt wird. Nikola Tesla konnte drahtlos Elektrizität um den ganzen Globus schicken – das, Freunde, bedeutet, daß das, wovon wir sprechen, sehr gut machbar ist. Es muß nicht in die internationale Kriegsführung eingebunden werden. Apropos Kriegsführung, wenn Ihr Euch Schutzanlagen für die altmodischen Zerstörungen durch Atombomben baut, könnt Ihr erwarten, nach dem Krieg wieder auf-zuerstehen. An diesem Punkt Eurer unzähligen Probleme übernehmt nichts, was Ihr nicht überblicken könnt. Zuerst krabbeln wir, dann stolpern wir, dann gehen wir aufrecht und schlußendlich erreichen wir unser Ziel. Das Problem, das wir hier auf der Gegenseite der ortho-doxen medizinischen Behandlungen haben, ist schlimm genug, da müssen wir uns nicht noch den Holocaust einer angenommenen rus-sischen Invasion durch Woodpecker-Strahlungen herbeiholen; selbst wenn in diesen Anschuldigungen eine Menge Wahrheit stecken sollte – hier ist das nicht unser Thema.

Ja, das Retrovirus kann durch gepulste Strahlensysteme manipu-liert werden – ich habe hier ein sehr gutes Beispiel. Es (Das) bedeutet aber nicht, daß ich Eure Viren manipuliere. Macht nicht törichterweise irgendwelche Anschuldigungen, die Euch dann unfähig machen, Euren Kurs noch einmal zu überdenken. Nehmt diese Dinge an, wie sie sind, laßt keine Möglichkeit aus, sondern betrachtet Euch, wo Ihr steht – im Moment seid Ihr „dabei", ein funktionsfähiges Gerät zu bauen, das diese große Plage stoppen kann. Behaltet Euer Ziel vor Augen und arbeitet alles Schritt für Schritt ab.

Es ist nicht einmal ungewöhnlich, daß Ihr diese Behandlungsart als Phantasie abtut. Der Grund dafür ist, daß die Quacksalber bis zum Abwinken Hokuspokus betrieben haben. Sie sitzen in wallenden Gewändern herum, chanten und meditieren und „erhöhen ihre Schwingungen" und so weiter und so fort. Nun, sachlich betrachtet, gilt das auch. Das Problem dabei ist, daß es hier einen Rückzug aus der Wahrheit gibt und dann wird es zu einem affigen Getue. Der Geist kann sehr wohl heilen und nichts wird irgend etwas heilen ohne seine

Zustimmung und seinem schlußendlichen „OK". Der Geist kann die richtigen Frequenzen viel einfacher erschaffen als alle Eure Geräte – allerdings könnt Ihr als Ganzes diese Aktion nicht ausführen. Ihr solltet in keine der beiden Fallen tappen – weder in die der tödlichen Vernichtungsabsicht Eurer „auserwählten" Feinde, noch der Marotte, Eure Chakren zum Gedudel eines Ohrwurms zu öffnen und alles ist gut.

An diesem Punkt Eurer Evolution müßt Ihr das Gerät ordnungsgemäß zum Laufen bringen, dazu auch die Akzeptanz Eures Bewußtseins, daß es wirklich funktioniert – dieses individuelle Meisterzellsystem, das vom Bewußtsein gespeist wird – ist Euer „anderes" Terminal. Ihr könnt jedes fremde Virus im System zerstören, wenn es aber Euer System nicht weiß, wird Eure Wesenheit seine Zerstörung übernehmen, egal, was Ihr tut.

Ihr solltet verstehen, daß es nicht nur diejenigen gibt, die diesen Schaden angerichtet haben, sondern auch diejenigen, die es sich nicht „leisten" konnten, die Heilung zu finden. Meine Lieben, es geht um Geld – Geld – Geld! Es werden Abermilliarden Dollar in Krankheiten gesteckt – es gibt aber kaum einen materiellen Wert im Bereich Wohlbefinden.

Ein guter, progressiver Krebspatient ist seine mehr als 50.000 Dollar wert, er läuft herum, geht zur Operation, ins Labor, zur Strahlenuntersuchung und dann auch noch ins Beerdigungsinstitut.

Allein in Eurem Land sterben jährlich über 500.000 Personen an Krebs und Leukämie und jetzt habt Ihr auch noch dieses tolle AIDS-„Ding". Das ist für Viele mit persönlichem Interesse ein richtig dickes Geldbündel. Riesige unvernünftige Investitionen wurden in chemische Arzneimittel und Medikamente gesteckt, mit denen extrem hohe Einkommen aufgrund der zur Verfügung stehenden Behandlungsmöglichkeiten, der Einnahme dieser Produkte und der Dienste erwirtschaftet werden. Medikamente, Drogen und sogenannte medizinische „Wissenschaft" sind zu Eurer größten Verbraucherindustrie angewachsen, aber ebenso zu der gefährlichsten Waffe gegen Euer individuelles Wohlbefinden, wenn Ihr „Patient" seid.

Ihr werdet fragen – „aber AIDS kann doch diese Mediziner auch töten, oder nicht? Was machen diese Menschen dann?" Nun, Ihr habt folgende Situationen. Die, die schuldig sind, tauchen ab. Die, die traditionell erzogen wurden, glauben, was man ihnen sagt, bevor man ihnen nicht das Gegenteil beweist – denkt daran, vor noch nicht allzu langer Zeit setzten die Ärzte Blutegel an und ließen Menschen zum Aderlaß, um sie zu heilen, und sie wußten noch nicht einmal, was ein Keim ist. Außerdem glauben Menschen das, was sie glauben wollen, bis sie die Lügen nicht mehr vertuschen können. Es ist doch um einiges netter, wenn man annimmt, daß dieses AIDS nur die sogenannte Problem-Bevölkerung erwischt – die Hungernden und Ungebildeten in Afrika, die Hoffnungslosen, die auf Drogen sind, die Obdachlosen, bei denen die Gesellschaft sowieso nicht weiß, was sie mit ihnen anfangen soll, und dann noch die sozial inakzeptable homosexuelle Gemeinschaft. DER MENSCH WEIGERT SICH ZU GLAUBEN, IHM SELBST KÖNNTE ETWAS SCHRECKLICHES ZUSTOSSEN, BIS ES IHN MIT VOLLER BREITSEITE ERWISCHT!

Außerdem verlangt die Öffentlichkeit Regeln und Vorschriften und überstellt den Schutz – nein, sie fordert ihn sogar, von der Regierung usw. Ihr verlangt Tests, Tests für etwas, das Euch schützen soll, dann verlangt Ihr das Produkt vor dem Abschluß der Tests – um dann Gerichtsverfahren wegen der nicht ausgereiften Tests anzustrengen. Es ist die Geschichte mit der Katze, die sich in den Schwanz beißt – und wenn sie sich schnell genug dreht, könnt Ihr nicht mehr feststellen, welches Ende was ist. Hier wird doch deutlich, daß sich jeder davor fürchtet, ein „Risiko" einzugehen. Das allein ist schon schrecklich, denn es überläßt Euch der Barmherzigkeit derjenigen, die schon herausgefunden haben, wie man das zum eigenen Vorteil nutzt. Dann erwartet Ihr, daß so jemand den Rest Eurer Probleme auch noch löst und am Ende blickt Ihr zurück und stellt fest, daß Ihr ausgeweidet und gevierteilt auf dem Tisch Eures Feindes gelandet und für das Festmahl bereit seid.

Deshalb müßt Ihr, um das zu beenden, was beendet werden muß, außerhalb der orthodoxen Verstrickungen bleiben, weit weg von

Sponsoren und Unterstützern und Euer eigenes Projekt außerhalb aller Grenzen durchziehen – bringt es auch aus Eurem Land, wenn es sein muß – aber bleibt dran. Wenn Ihr mit dem Weißen Haus als Hintergrund Photos, Quilts oder Poster macht, ist das völlig sinnlos, denn die Regierung kann in diesem Fall unter keinen Umständen schnell genug handeln – Ihr, Freunde, werdet das selbst auf die Reihe bekommen oder es wird nichts. Ihr müßt realisieren, daß Ihr Eure Energie und Eure Mittel in diesem jetzigen Job bündeln müßt. Der bereits erfolgte Behördenkram kann Euch so lange aufhalten, bis die Bevölkerung am Boden zerstört ist. Ihr seid in einer Zwickmühle – Ihr solltet besser auf den Einen oder Anderen verzichten – behaltet den, der diesen Job machen kann und nicht den, der Euch noch mehr Steine in den Weg legt.

Ihr müßt weder subversiv arbeiten, noch das Eigentum Anderer zerstören – Ihr müßt nur Eure Energien zusammentun und das erschaffen, was Ihr braucht, ohne negative Ablenkungen. Ihr habt freiwillig Eure Freiheit aufgegeben und jetzt müßt Ihr Euch positiv und fleißig einbringen, um sie wieder zurückzuerlangen. Ihr tut das mit Wissen und Akzeptanz der Wahrheit – nicht durch trennende Zerstörung oder „Flügelkämpfe", sondern durch vereinte Schaffenskraft und das gemeinsame Ziehen an einem Strang. Hier liegt auch die vergessene Großartigkeit Eures Landes und Eurer Völker in diesem wunderbaren Schmelztiegel der Menschheit, genannt Amerika. Braucht man wirklich Armageddon, um wieder Brüderlichkeit unter die Menschen zu bringen? Schaut Euch an, was eine Katastrophe bringt – Einer hilft dem Anderen, er teilt sein Essen mit ihm, er riskiert sein Leben, um einen Anderen in Sicherheit zu bringen – betrachtet Euch dieses Phänomen sehr genau, wenn Ihr das nicht wieder erreicht, werdet Ihr wirklich nichts mehr zu lachen haben. Denkt Ihr, die Mediziner forschen nach, ob die Mutter, oder der Junge, die eingeschlossen waren und kurz vor dem Tod an der Landstraße bei San Francisco aufgefunden wurden, nun mit AIDS infiziert waren oder nicht? Die tote Mutter mußte zerstückelt werden, um das Kind zu befreien, wobei es noch ein Bein verlor.

Wenn Ihr die Wahrheit über Eure Situation hören und verstehen wollt, dann mistet Euer Leben aus (buchstäblich), lernt die Fakten – und nicht die unsinnigen Lügen, mit denen man Euch gefüttert hat, um Euch bei jedem Windhauch in Panik zu versetzen, tut Euch zusammen in dieser Wahrheit und tragt selbst dazu bei – so daß Ihr gewinnen werdet. Wenn Ihr immer auf Andere wartet, auf die Regierung, die Mediziner, oder die Pharmaindustrie, um das Problem zu lösen, dann schlage ich Euch vor, dem Ganzen jetzt einen Abschiedskuß zu geben und Euch weitere Unannehmlichkeiten zu ersparen. Und ganz davon abgesehen, hat es nichts mit Gemütlichkeit zu tun, an einer AIDS-Infektion zu sterben – behaltet das in Euren Herzen. Es gibt eine Lösung! Möchtet Ihr Euch dafür entscheiden, oder wollt Ihr weiterhin in Dunkelheit und Ignoranz wandeln? Es liegt ganz an Euch. GOTT WARTET MIT AUSGESTRECKTEN ARMEN AUF EUCH – IHR MÜSST NUR EURE HÄNDE AUF HALBEM WEGE AUSSTREK-KEN, DENN ER WIRD DIESE EXTRA MEILE IMMER GEHEN, UM EUCH ZU TRAGEN, WENN ES NOTWENDIG IST. OH JA, DIE ZEIT IST LANGE VORBEI, UM NOCH MIT GOTT ZU VERHAN-DELN, ABER IHR KÖNNT EUREN TEIL DES HANDELS DIES-MAL FÜR EUCH SELBST BEHALTEN, DA DIE MENSCHHEIT AN DER WEGGABELUNG ANGEKOMMEN IST. WELCHEN WEG WERDET IHR WÄHLEN?

Dharma, mach bitte eine kleine Pause, und wir werden danach an diesem Thema weiterschreiben. Die Harmonie des Lasers will ich nach der Pause diskutieren. Alles ist Licht – ALLES. Wie man dieses Licht bündelt und anwendet, ist höchst wichtig.

Ich bin in Kürze wieder bei Dir.

Hatonn geht auf Stand by

KAPITEL 19

Freitag, 20. Oktober 1989, 16.00 Uhr, Jahr 3, Tag 65

GOTT DER SCHÖPFER IST DAS LICHT – DAS UNSICHTBARE WEISSE LICHT DES VEREINTEN UND UNVERÄNDERLICHEN MAGNETISCHEN UNIVERSUMS

Hatonn ist hier, um fortzufahren. Wenn ich jetzt abreisen müßte, habe ich eigentlich schon ALLES gesagt. Der oben genannte Satz erklärt alles andere. Aber wir müssen in Wahrnehmungen und fortlaufenden Erklärungen leben, die den Verstand dazu verführen können, auch das zu akzeptieren, was es auch noch ist. Also, Dharma, Du bist noch lange nicht mit den Lektionen fertig, die zu präsentieren sind. Glücklicherweise aber weißt Du schon, „wie es ausgeht", bevor das Rätsel gelöst wird, und danach ist Wahrnehmung um soviel einfacher. Für Dich könnte es noch viel einfacher sein, als Du es erlaubst, denn ich denke, sozusagen, und Du schreibst. Auf der anderen Seite mußt Du auch erfassen, ob ich die Wahrheit sage oder nicht, und da Du überhaupt nicht weißt, wen Du fragen kannst, um eine Bestätigung zu erhalten, steckst Du in Deiner Verzagtheit und Deiner „Besorgnis" fest. So sei es, kleine Chela, so sei es.

Gott schränkt in Seiner Schöpfung jede Bewegung solange ein, bis der dichteste Punkt des unsichtbaren weißen Lichtes zwischen den zwei sichtbaren Gelbtönen der sich spaltenden Flamme erreicht ist. Wenn eine Sonne ihren wahren Wirkungsbereich erreicht hat, liegt im Zentrum der weiße unsichtbare Ruhepunkt des Spektrums, in dem alle Bewegung aufhört. Bis zu diesem Punkt hat die nach innen gerichtete Geschwindigkeit der Verdichtung sich bis zu ihrer Grenze von 186.300 Meilen pro Sekunde multipliziert (in irdischer Terminologie, versteht sich). An diesem Punkt existiert auch nur ein Gravitationszentrum. Bis zu diesem Punkt sind es zwei. Weißes Licht ist immer unsichtbar, denn es ist immer bewegungslos. Sonst könnte es nicht weiß sein. Jede Bewegung, egal welche, wäre als gelb sichtbar.

WAS SOLL'S!

Nun, jetzt habt Ihr also die Ganzheit Gottes, des Universums und Leben und Tod, aber ich meine, ich sollte für Dharma noch einen oder zwei Punkte hinzufügen, denn sie glaubt, ich hätte AIDS vergessen. Ihr werdet das Dilemma mit AIDS niemals lösen, wenn Ihr die Lichtfrequenzen und die Harmonie des LICHTES außer Acht laßt!

Ich möchte noch einen Punkt betonen – wenn Generoaktivität einen echten Wirkungsbereich erschaffen hat, so hat sie im Inneren auch ein weißes Gravitationslicht erschaffen, um ihn zu zentrieren. (Für Euch Forscher, ich habe gerade eine sehr wichtige Aussage gemacht.) Damit hat sie auch ihre höchste Geschwindigkeit und die höchste Temperatur erschaffen. Weiter geht es nicht. Der Schöpfer hat seine Schöpfung vollendet. Er hat alles gegeben, was Er zu geben hatte. Die eine Hälfte seines Gesetzes der Liebe ist erfüllt. Bis hierhin, meine irdischen Freunde, paßt Einsteins „Elektrodynamik für bewegte Felder" von 1905 perfekt. Sie paßt wunderbar für die Mathematik des Lebens, ABER nicht für den Tod! Die andere Hälfte des Gesetzes der Liebe muß jetzt auch noch erfüllt werden. Was gegeben wurde, muß auch wieder zurückgegeben werden. Der harmonische Rhythmus des Universums darf nicht durcheinandergebracht werden. Aus diesem Grund muß das, was gewesen ist, umgekehrt noch einmal wiederholt werden, um das, was gewesen ist, zu löschen, sonst kann weder Leben noch Tod beendet oder neu begonnen werden. Es kann nur wiederholt werden, und wenn es wiederholt wird, wird das wieder wechselseitig geschehen.

THEORIEN ÜBER LICHT

Es gibt einige ziemlich gute Theorien von Euren Wissenschaftlern, die für Eure Zwecke genügen, wenn Ihre eine dimensionale Wahrnehmung einnehmt. Eine davon ist, daß es aus Partikeln besteht; die andere Möglichkeit sind die Wellen. Jetzt wißt Ihr, daß eigentlich Beide richtig sind. Durch die Wellen/Partikel-Dualität der Quantenmechanik kann Licht sowohl als Partikel als auch als Welle betrachtet werden – gepulste Partikel. Wenn das Licht einmal in Bewegung ist, wird es zu „Partikeln" oder „Harmonien" weißen Lichtes, denn entweder erhöht es seine Frequenz oder es erniedrigt sie – und es „ruht" nur im unsichtbaren weißen Status. Es wird zu den harmonischen Frequenzen der verschiedenen „Strahlen", die für Euch dann die Arbeit machen.

LASER

Um Euch zu zeigen, daß ich Eure Liebe zu Eurem Alphabet und Euren Abkürzungen schätze, werde ich Euch dieses Wort für die weniger Interessierten ausgeschrieben geben. LASER heißt: Amplification by Stimulated Emission of Radiation – kein Wunder also, daß Ihr die abgekürzte Version so gerne habt. [A.d.Ü.: Licht-Verstärkung durch stimulierte Emission von Strahlung.]

Das ist zwar nicht ganz korrekt in der Definition, denn der Laser an sich verstärkt das Licht nicht im genauen Sinn des Wortes. Er generiert eine bestimmte Art von Licht und sollte eigentlich Oszillator genannt werden. Man nennt ihn auch Quantengerät, da seine Funktion von der Wissenschaft auch als Quantenmechanik erklärt wird; es ist einfach etwas nachteilig, daß Ihr keine saubere Definition für das finden könnt, was Ihr Quantenmechanik oder Quantenphysik nennt.

Der wichtigste Unterschied zwischen einem gewöhnlichen Licht und Licht eines Lasers ist der, daß das Laserlicht kohärent ist. Jeder Lichtstrahl besitzt die gleiche Wellenlänge oder Farbe und ist phasengleich mit seinen Nachbarn, während die normalen Lichtstrahlen in verschiedenen Farben und Wellenlängen in alle Richtungen ausstrahlen. Die Energie der durch das Gerät erzeugten Lichtstrahlen werden in dünnen Strahlen, die sich nicht ausbreiten, und unterschiedlicher Strahlendicke abgegeben, so daß es genau auf einen bestimmten Punkt konzentriert werden kann. Die Strahlung kann so intensiv sein, daß sie aus einer Entfernung von mehreren Fuß ein Loch in eine Stahlplatte ziemlicher Dicke brennen kann.

Strahlenenergie breitet sich als elektromagnetische Wellen aus. Eine bewegte Welle formt eine ganze Serie an Wellenbergen und -tälern, und die Wellenlänge wird als Entfernung zwischen zwei angrenzenden Bergen und Tälern definiert. Eine Welle hat einen Zyklus durchlaufen, wenn sie sich von Berg zu Tal und zurück zu Berg und Tal bewegt hat. Die Frequenz einer Welle ist die Anzahl der individuellen Zyklen, die sie in einer Sekunde durchläuft.

Elektromagnetische Wellen, inklusive die von Licht, bewegen sich mit einer Geschwindigkeit von etwa 186.300 Meilen pro Sekunde fort. Aber Ihr müßt Euer Schema in das metrische System umwandeln (das ist zwar auch noch nicht ganz akkurat, wird aber bei wissenschaftlichen Berechnungen angewandt). Das heißt, sie bewegen sich mit 300.000.000 Metern pro Sekunde fort. Die Klassifizierung aller Arten von Strahlungsenergie wird durch einen Vergleich der Wellenlängen und einer Tabelle erzielt, die das Spektrum der Wellenlängen aufzeigt. Das elektromagnetische Spektrum ist so arrangiert, daß die längeren Wellenlängen ganz unten auf der Tabelle stehen.

Ich gebe Euch jetzt keine Ansammlung von Zahlen, denn wer forscht, kennt sie schon oder er kann sie nachschlagen. Wir wollen wissenschaftliche Gründe etablieren, wobei die wissenschaftlichen und medizinischen Bereiche das akzeptieren können, ohne es gleich als Unsinn abzutun, denn es ist die elektromagnetische Heilung für Eure Virusprobleme.

Ihr seht nur einen sehr, sehr kleinen Ausschnitt des elektromagnetischen Spektrums des Lichts. Der untere Bereich des Segments ist als rotes Licht sichtbar. Das andere als blau. Um das ein wenig zu erleichtern, sollte ich vielleicht ein wenig mehr über die Berechnungen sagen, damit Ihr wißt, wie die Wellenlängen berechnet werden. Eure Forscher haben hierfür eine Grundlageneinheit entwickelt, die sie Angström nennen, die gleich 1/10.000.000.000 eines Meters ist. Abgekürzt ist das der Buchstabe „A". Das sichtbare Licht erstreckt sich von 7.500 A (tiefrot) bis 4.000 A (blau). Die Strahlungsenergie ist proportional zur Frequenz und die Energie jedes Wellenbündels oder Zyklus nennt man Quantum. Das wird gemessen, indem man die Strahlungsfrequenz mit der Planck´schen Konstante multipliziert.

Was aber ist die Planck´sche Konstante? Es ist das Wirkungsquantum (Symbol h), eine universelle Konstante. Für jede spezielle Strahlung ist die Größe der abgegebenen Energie durch das Produkt „hv" gegeben, wobei „hv" die Frequenz der Strahlungszyklen pro Sekunde ist. Eure Bücher geben Euch diese Konstante wie folgt an:

6.6256×10^{34} – kg meter²/Sekunde Plus/minus 0.0005

UND JETZT SAGE ICH EUCH, DASS IHR ZIEMLICH DUMM SEID, WENN IHR NICHT LOSRENNT, ODER DARUM BETTELT ODER BRUCE L. CATHIE AUS NEUSEELAND KIDNAPPT – ODER EUCH DORT HINBEWEGT. ER HAT EINE NEUE KONSTANTE BERECHNET, DIE GANZ GENAU IN EIN SYSTEM PASST, DAS ER AUF SEINEN EINHEITLICHEN GEOMETRISCHEN GLEICHUNGEN AUFGEBAUT HAT UND ES STELLT SICH HERAUS, DASS ES RICHTIG IST – DAS PASSIERT WIRKLICH SEHR SELTEN. SO SEI ES.

Dharma, lassen wir es für heute dabei bewenden, denn Du hast bereits vor dem Morgengrauen begonnen. Wir kommen in diesem Dokument der Sachlage näher als Ihr erwarten mögt. Nikola Tesla wird Euch auch eher eine Vorlesung als große technische Daten geben, so daß Ihr das auch noch sehr amüsant finden könntet. Eure Leserschaft wird über eine Sitzung genug zu grübeln haben.

Ich schätze heute Deine Hingabe sehr und ich verlasse jetzt diese Wärme aus Freundschaft und Fürsorge. Ich bin sehr oft bis zum Überquellen erfüllt mit Zuneigung für Euch, die in dieser Zeit endlos geben;

meine geliebten Studenten dieser vergangenen Monate. Ah, unsere Verbindung kann niemals beendet werden, denn wir sind zusammengewachsen und werden immer eins bleiben. Ich erweise Euch meine Ehre für Eure gute Arbeit.

Salu und guten Abend.
Hatonn klärt die Frequenz bitte

KAPITEL 20

Samstag, 21. Oktober 1989, 07.00 Uhr, Jahr 3, Tag 66

Hatonn hier für einen kurzen Kommentar und unser morgendliches Quiz. Was Ihr nicht wißt, kann Euch trotzdem ziemlich schaden.

Wie viele von Euch haben den Start der Delta für die Plazierung eines „Militärsatelliten" mit der „Shuttle"-Sonde verknüpft? Bitte bleibt wach, denn man sagt Euch nicht die Wahrheit. Die Systeme werden immer ausgereifter und wenn dieses „Raum"-Gerät keine nuklearen Kriegswaffen enthält, können wir es auch nicht berühren – behaltet das in Eurem Gedächtnis.

Außerdem möchte ich die in der Umgebung der San Francisco Bay in Kalifornien Lebenden dringend darauf hinweisen, dort nicht gemütlich seßhaft zu werden in der Annahme, daß „es für die nächsten hundert Jahre oder so vorbei ist", das ist es NICHT. Es wird eine sehr, sehr starke Verlagerung an einer Spalte, die Ihr Hayward nennt, fällig werden. Sie wurde absichtlich stabilisiert, um während des gerade passierten Erdbebens nicht auch noch zu brechen. Außerdem hat dieses Erdbeben keinen nennenswerten Druck von der San Andreas Spalte genommen; legt Euch nicht einfach wieder zum Schlafen hin. Also wirklich, Ihr liebt Eure verlockenden Spiele – zurück zum alten Ballspiel! So sei es.

Was muß man tun, um Euch Schlafwandler wach zu halten? Machen wir also weiter mit unserer Arbeit. Wir werden uns bemühen, dieses Dokument an diesem Wochenende fertigzustellen, denn es ist Zeit. Außerdem möchte ich an unseren höchst geachteten Lehrer, Dr. Nikola Tesla, übergeben, denn er hat jetzt einige Zeit geduldig auf Stand by gewartet.

Wir haben ihn gebeten, in dieser Schrift auf das Weitergeben von technischen Daten bezüglich „Freier Energie" wie Ihr sie nennt, zu verzichten, denn unser Thema ist sehr dringend und hier geht es uns um Frequenzen und Licht. Wir werden in einer anderen Abfolge darauf zurückkommen. Danke Dir Dharma. Du hast Stunde um Stunde mit Nikola verbracht, ich stehe aber bereit, wenn Du Schwierigkeiten mit der Kommunikation haben solltest. Das ist ein sehr gutes Beispiel für Frequenzintegration, da Ihr ja immer glaubt, diese Kommunikation sei mystisch oder magisch. Jede Energie, die sich Euch zeigt, ist merkbar unterschiedlich und manche vermischen sich leichter als andere. Man muß eine Frequenzangleichung machen und kann auf den Empfänger ziemlichen Streß ausüben, bis man die perfekte Integration gefunden hat. Wenn sie einmal da ist, ist es bei weiteren Begegnungen ziemlich leicht.

NIKOLA TESLA

Tesla ist hier und bereit für die Fragen. Ich werde versuchen, auf Anfragen zu antworten, die wir bereits von früheren Treffen haben. Unglücklicherweise betreffen die am häufigsten gestellten Fragen nicht das Thema dieses Dokuments und ich werde mich bei der Beantwortung der Anfragen auf das Thema Licht beschränken – wie es sein soll. Alles ist Licht und es ist sehr tragisch, daß ich manche Themen ausklammern muß, denn wenn Ihr Licht habt, habt Ihr bereits alle Energien im Thema zusammengefaßt.

Da Ihr bereits alles habt was Ihr wirklich braucht, um das in diesem Dokument behandelte Gerät zu bauen, werde ich deshalb versuchen, etwas Beruhigung zwischen Euch, den Empfängern dieses Materials und mir zu bringen, damit (daß) Ihr Euch gut und sicher fühlt mit meiner Präsenz in dieser Daseinsform.

Während ich in Eurer Dimension weilte, war mein Lieblingsthema zu Licht das menschliche Auge – denn es ist das bemerkenswerteste Gerät, das es im Leben gibt. Ich werde hier ein paar „Geheimnisse" für diejenigen Forscher vergraben, die dieses Material als den fehlenden

Schlüssel ansehen, der ihnen hilft, ihr Verständnis zu erweitern. Wenn sich aber die geeigneten Arbeiter zusammentun, habt Ihr alles, was Ihr braucht. Wenn jeder freiwillig seinen Beitrag dazu leistet, könnt Ihr schnell ein ziemlich annehmbares Gerät produzieren. Ich werde Licht, Oszillation und elektro-biologische Strahlen und das dafür wichtige Zubehör besprechen. Dann werde ich mit meiner Leidenschaft für das menschliche Auge fortfahren, wenn wir noch genug Zeit haben und die Schreiberin mich nicht sitzen läßt.

Euer wichtigstes Gerät wird natürlich Rife's viertes Mikroskop (das Prismenmikroskop) sein aus etwa dem Jahr 1935 und das Gerät, mit dem man Kristall-„Winkel" messen kann. Und dann natürlich sein fünftes Prismenmikroskop aus etwa dem Jahr 1937, mit welchem man das Lichtfeld bis zu einem Schlitz einengen kann. Wenn Ihr das finden könnt, was vor Euch verborgen wurde, seid Ihr wesentlich weiter und müßt den Bau nicht von vorne beginnen. Ich weiß, daß sie existieren und daß zum jetzigen Zeitpunkt daran gearbeitet wird.

Über das Frequenzgerät müßt Ihr Euch keine großen Sorgen machen, denn Ihr findet leicht ausgereiftere elektronische Gerätschaften, die es zu Zeiten von Rife oder Priore noch nicht gab. Ihr könnt Euch auch immer auf Andere beziehen, die in die richtige Richtung arbeiten und deren Köpfe auch entsprechend richtig herum aufgesetzt sind.

Zu Anfang braucht Ihr allerdings eine Ausrüstung, mit der Ihr extrem schwierige Frequenzen einstellen könnt, ich möchte sagen, Refraktometer, um Refraktionsindizes akkurat im Breitenspektrum messen zu können.

Rife nutzte eine Strahlenröhre mit Quecksilber und Neon – es wäre aber effektiver, wenn Ihr, sagen wir, Quecksilber und Helium benutzen würdet, da sie sich in der Oktave gegenüberstehen. Noch besser wäre allerdings Wismut und Gammanon, aber diese Kombination wird schwierig zu finden sein. Nun, nehmt das, was bei Euch verfügbar ist, denn es würde für dieses Gerät genügen. Nutzt Eure logische Wahrnehmung über die Frequenzen, wie es Cathie gesagt hat.

Ihr braucht kein riesiges Gerät – denkt immer daran, daß es „so einfach wie möglich sein sollte". Genau wie Ihr Elektrizität durch jede Zelle eines Körpers leiten könnt, indem Ihr sie von einem bestimmten Punkt zu einem Ergänzungspunkt und zurück „durchlaufen laßt", können auch die Frequenzen in ähnlicher Art und Weise projiziert werden. Ich glaube, Schroepfer hat in dieser Hinsicht einige exzellente Ideen für Euch.

Merkt Euch jedoch immer gut, daß Eure physische Ebene (Eure Wahrnehmungsgrenzen in der dritten Dimension) in Unterebenen aufgeteilt ist, die sich nur durch eine fundamentale Größe unterscheiden, nämlich die Schwingungen, die für jede Unterebene eine charakteristische Dichte haben. Die Unterebenen werden im allgemeinen in die vier Zustände fest, flüssig, gasförmig und ätherisch eingeteilt. Eigentlich gibt es noch zusätzliche Ebenen, aber die Genannten genügen für Euren Zweck. Die Substanzen der höheren oder feineren Ebenen durchdringen die der niedrigeren Ebenen. Demzufolge haben alle physischen Gegenstände, seien sie fest, flüssig oder gasförmig, auch eine ätherische Entsprechung. Diese ätherische Entsprechung, die für alle Objekte unabhängig von der Größe besteht, ist wirklich sehr wichtig.

Alle Materie befindet sich in einem Status der Schwingung und Eure Wissenschaftler haben Euch eine ganze Anzahl Energie-Oszillatoren zur Verfügung gestellt. Und hier möchte ich Euch wieder bitten, Euch in dieser Beziehung mit den Forschungen von Cathie auseinanderzusetzen. Energie wird in Oktaven gemessen, die die Schwingungen pro Sekunde messen sowie das Medium, durch welches diese Oktaven transportiert werden. Aus diesem Grund ist Quecksilber ein sehr effektives Medium. Die Schwingungen reichen von der ersten Oktave von zwei Pentillionen Schwingungen pro Sekunde und sind bekannt als Röntgenstrahlen.

KLANG

Die erste Einordnung der Energie ist Klang, der sich von der vierten Oktave, den niedersten Tönen mit 16 Oszillationen pro Sekunde ausbreitet, bis hinauf zur fünfzehnten Oktave mit 32.768 Schwingungen pro Sekunde – der Grenze der menschlichen Hörfähigkeit. Das Medium, durch das diese „Klangenergie" dringt, kann sowohl fest, flüssig oder gasförmig sein und die Ausbreitung erfolgt durch Wellenverdichtung und Verdünnung. Jenseits der fünfzehnten Oktave, wenn die Hörbarkeit verschwindet, entsteht eine Schwingungsbreite, die sich im „ultra-gasförmigen" Medium ausbreitet. Diese Schwingungsbreite dauert bis zur 35. Oktave an und produziert eine Energieform, die als „ätherischer Klang" bekannt ist.

Bitte betrachtet das als eine Art Leitfaden. Ich nehme an, daß dies nicht so interessant und gut zu lesen ist wie ein Roman, aber, liebe Freunde, Eure Menschheit steht auf dem Spiel. Eure medizinischen Berufe müssen diese Behandlungsmöglichkeiten ins Auge fassen, und zwar schnell. Das bedeutet, daß wir einerseits ziemlich fortgeschrittene Themen behandeln müssen, aber andererseits auch ziemlich einfache Informationen, so daß wir eine gute Informationsstreuung haben.

Aus der oben beschriebenen Position heraus beginnt sich jeder Klang langsam mit den sich nach oben windenden Schwingungen zu verändern und bei der 45. Oktave transformiert sich die bombardierende Energie und manifestiert sich als „Strahlenenergie", „Hitze" oder „dunkles Licht". Das Transportmedium dieser Potenz ist bekannt als niedrigste oder erste „Äther"-Schwingung und der Charakter ihrer Ausbreitung ist Wellenbewegung mit molekularem Zusammenprall.

Wenn Ihr jetzt die Schwingungsfrequenz pro Sekunde anhebt, erscheint bei der 49. Oktave als erstes „Sichtbares" die Farbe rot. Euer Sehvermögen befähigt Euch, die Energie an diesem Punkt wahrzunehmen, aber obgleich die Sehorgane die spezialisiertesten Organe Eures Körpers sind und sehr eng mit dem Zentralnervensystem zusammenarbeiten, ist ihre Kapazität auf den Bereich dieser einen Oktave limitiert.

Wie eine Analyse des Phänomens Licht zeigt, wird die Energie in diesem Bereich der Oszillationsskala durch das Medium „Äther" transportiert und – ungleich dem Klang – ist es selbst vom Gas unabhängig. Ein Radiometer, ein Instrument mit Propellerflügeln, die auf eine Achse montiert sind, zeigt in einem luftleeren Raum Rotationen unter Einfluß von Licht und die Rotationsschnelligkeit wird durch die Lichtintensität und die Qualität der Farbe bestimmt. Dieses Experiment beweist schlüssig, daß Licht eine Kraft ist und sogar eine sehr Mächtige, denn man kann seine Wirkungen sogar im Vakuum sehen.

Die Quelle allen Lebens und aller Energie der Erde ist natürlich die Sonne und ihre Energie wird mithilfe von Lichtwellen auf die Erde übertragen. Analysen zeigen, daß das Sonnenlicht eine Mischung aus sieben prismatischen Hauptfarben ist, die immer in folgender Reihenfolge auftauchen; Rot, Orange, Gelb, Grün, Blau, Indigo, Violett. Diese Farben unterscheiden sich auf zwei Arten voneinander: 1) durch die Wellenlänge, die sich von Rot nach Violett verringert und 2) die Schwingungsfrequenz, die sich von Rot nach Violett erhöht.

Jegliches Wachstum, sei es von Gemüse, Mensch oder Tier, ist von der Energie des Sonnenlichtes abhängig, welches fortlaufend in Form von Licht absorbiert wird und welches kontinuierlich ausstrahlt, obgleich die Manifestation unterschiedlich ist. Das findet durch den radioaktiven und Radiowellen ausstrahlenden Organismus des ätherischen Gegenstückes des dichten physischen Körpers statt.

SPEKTRALANALYSE

Die Spektralanalyse hat gezeigt, daß bei jedem Element auf der Erde (heute sind über 92 bekannt), eine Überbetonung einer oder mehrerer Regenbogenfarben vorliegt und daß die Wirksamkeit eines Elements von der Stärke seiner Farbwellen abhängt. Man hat herausgefunden, daß Substanzen, die man in einer Flamme verbrennt, die Fähigkeit haben, charakteristische helle Linien im Spektrum zu erzeugen; und daß bestimmte Substanzen immer die gleichen Linien produzieren und auch immer an derselben Stelle des Spektrums, unabhängig von den Stoffen, in welchem die Metalle benutzt wurden oder der großen Vielfalt chemischer Reaktionen in den unterschiedlichen Flammen oder der riesigen Differenz in der Flammentemperatur.

Das war ebenso der Fall in den Spektren eines Funkens, der sich zwischen Elektroden aus diesen Metallen bewegte und den von einem Funken erzeugten Spektren in Röhren flog, die Elemente in gasförmigem oder verdünntem Zustand enthielten. Deshalb wurde auch fraglos festgelegt, daß die hellen Linien des Spektrums an bestimmten Punkten in der gestaffelten Skala gebrochene Lichtstrahlen sind und der positive Beweis für das Vorhandensein der zu beweisenden Metalle oder Elemente. Jedes Set heller Linien oder gebrochener Lichtstrahlen, die man auf diese Weise erzielte, stellt eine Anhäufung von Wellenlängen dar, oder, in anderen Worten, den Schwingungsrhythmus der dazugehörigen Bestandteile oder der Qualität dieses speziellen Metalls oder Elements.

Bei der Analyse verschiedener Elemente hat man herausgefunden, daß alle mehr oder weniger vorherrschende Linien zeigen, wovon eine normalerweise sehr markant ist. Diese Intensität der Linien und ihre Konzentration in einer bestimmten Position des Spektrums sind die Faktoren, die die Wirksamkeit eines Elements und den Bereich der Wellenlänge bestimmen, in welchem es höchst effektiv ist.

Ein Element oder Metall, das vor einer Spektralanalyse erhitzt wurde, hatte also seine molekularen, atomaren und elektronischen Bestandteile so ausgedehnt, daß der Schwingungsrhythmus des ihm innewohnenden Elements visuell wahrgenommen werden kann, wenn man es durch Hitze auf die 49. Oktave erhöht. Jedoch werden durch diese Einheit des Rhythmus der wesentlichen Bestandteile des Metalls die Schwingungsfrequenzen in den Oktaven unterhalb der 49. Stufe auch durch für diesen Zweck speziell eingestellte Instrumente erkennbar.

INSTRUMENTE ZUR RADIÄSTHESIE

Mithilfe eines speziell eingestellten Stromkreises und einem Bündel Senderöhren, Kondensatoren oder Widerständen usw. können die Schwingungsfrequenzen der Elemente sichtbar gemacht und ihre Stärke gemessen werden. Das ist speziell dann wichtig, wenn es um

Lebensmittel, Medikamente und den menschlichen Körper geht, da sie alle aus bestimmten Elementkombinationen bestehen und deshalb auch in Übereinstimmung mit diesen Wellenstärken reagieren, deren Gesamtheit jedem seinen charakteristischen Schwingungsrhythmus gibt.

Mit dem oben genannten Senderöhren-Kreislauf können Lebensmittel und Medikamente analysiert und identifiziert werden als Träger der Farbstärke, die bestimmten Teilen des Spektrums zugeordnet sind. Das ist der Schlüssel zu der Präzisionstherapie, um die es hier geht.

Der menschliche Körper besteht aus Elementen, von denen die Folgenden die Wichtigsten sind: Sauerstoff, Kohlenstoff, Wasserstoff, Stickstoff, Calcium, Phosphor, Schwefel, Jod, Chlor, Fluor, Kalium, Eisen, Magnesium, Silizium und Natrium. Diese Bestandteile, von denen man weiß, daß sie ausgeprägte und charakteristische helle Spektrallinien der Lichtwellen haben, wären also die Repräsentanten des Energieausgleichs, die im Körper als Licht existieren. Aus diesem Grund trägt der Körper normalerweise bestimmte Schwingungsfrequenzen in sich, wobei deren Wirksamkeit in direktem Verhältnis zur Menge des entsprechend vorhandenen Elements steht.

Das ist eine sehr wichtige Tatsache, die offensichtlich wird, wenn man weiß, daß mit dem oben genannten elektrischen Kreislauf die Stärke dieser Frequenzen und der Überschuß oder Mangel der korrespondierenden Elemente sehr genau gemessen werden kann. Das ist der Schlüssel zu einer präzisen Diagnose.

Die unterschiedlichen Organe und Gewebe des Körpers mit ihren unterschiedlichen Mengen chemischer Elemente schwingen mit unterschiedlich starken Lichtwellen. In anderen Worten, die chemische Aktivität in jedem Organ oder Gewebe produziert je nach dem Vorhandensein des zugehörigen entsprechenden Elements spezifische Schwingungsfrequenzen, die aufrechterhalten werden, solange sie gesund sind.

Schwingungsrhythmen und elektrobiologische Strahlungen sind Synonyme. Jegliches Ungleichgewicht der chemischen Elemente eines

Organs oder Gewebes, aus welchem Grund auch immer, hat deshalb einen meßbaren Effekt auf die Balance der Lichtenergie im entsprechenden Organ. Das führt zu veränderten Rhythmen oder elektrobiologischen Strahlungen des Organs.

Ein Krankheitszustand, der ein Ungleichgewicht der chemischen Elemente eines Organs oder Gewebes mit einer speziellen Unterbrechung der Lichtharmonie verursacht, produziert als natürliche Konsequenz eine Schwingungsfrequenz oder eine elektrobiologische Strahlung des Organs, die für eine bestimmte Krankheit charakteristisch und bezeichnend ist. Unterschiedliche Krankheitszustände gehen mit bestimmten und charakteristischen, makroskopischen und mikroskopischen Gewebeveränderungen einher. Zufällige oder progressive chemische Veränderungen, die sich als elektrobiologische Strahlungen im Röhrenkreislauf zeigen, sind auch charakteristisch und meßbar.

Aufgrund all dieser Tatsachen ist der Arzt in der Lage, die Krankheit nicht nur im Anfangsstadium, sondern bereits im ätherischen Stadium zu erkennen, bevor makroskopische Veränderungen aufgetreten sind, die dann Symptome produzieren. Das ist natürlich im Bereich der Präventivmedizin von großer Bedeutung.

Dharma, laß uns diese Schrift hier für eine Pause unterbrechen, denn das ist ein sehr langer Teil und ich spüre in Deiner Aura eine große Müdigkeit.

Bevor wir weitermachen, würde ich sagen, laß Dr. Overholt wissen, warum wir ihn vor ein paar Monaten gebeten haben, all die technischen Schriften durchzulesen – es geht darum, dieser Schreiberin die Sicherheit zu geben, daß wir hier etwas sehr Wertvolles weitergeben. Es war ein gigantisches Unternehmen und unsere Wertschätzung dafür ist sehr hoch.

Ich möchte meinem Kontakt in Indien hiermit auch überaus danken, da er diese Information von mir schon geschrieben hat. Ich weiß, daß sie in diesem Frühjahr schon neu aufgelegt wurde. Es ist sehr wichtig, daß es jetzt noch einmal dokumentiert wird. Danke Dir für

Deine Geduld und Deine Resonanz diesbezüglich. Zuerst wurde die Information aus einem ganz anderen Grund gegeben, aber wie es mit allem ist, paßt es sehr gut in dieses Dokument. Alles hat seine richtige Zeit und den richtigen Platz für seine Akzeptanz und das Verständnis.

Ich stehe beiseite, während Du Dich ausruhst. Ich und meine Kollegen hier entschuldigen uns für die Länge dieser Schriften, aber sie sind äußerst dringend und notwendig.

Bitte laß mich wissen, wenn Du für die Fortsetzung bereit bist.
NIKOLA

KAPITEL 21

Aufzeichnung Nr. 2 | TESLA

Samstag, 21. Oktober 1989, 14.15 Uhr, Jahr 3, Tag 66

Nikola hier, um das Diktat wieder aufzunehmen.

Ich denke, es ist unnötig, hier noch tiefgreifender auf dieses Thema einzugehen. Der springende Punkt ist, daß darunterliegende Krankheitskonditionen ihre ureigenen elektrobiologischen Strahlungen abgeben, die gegenüber der speziellen, damit zusammenhängenden Infektion völlig anders geartet sind. Durch die Anwendung unterschiedlicher Frequenzraten, angepaßt an Organe oder spezifische Körperteile, können ein Entzündungsherd oder andere Fehlfunktionen isoliert werden. Ein spezielles Gebiet ist die Bauchanatomie, hier speziell der Sigmoid-Teil, aber auch aufgrund mangelhafter Ausscheidung, da sich hier Toxine ansammeln, aufbauen und längere Zeit verweilen als in anderen Körperteilen, denn es gibt im Bauchraum genügend Platz für deren Ausbreitung und Lagerung, ohne sofort Symptome anzuzeigen, weil der Bauchraum immer unter Druck oder Nervenirritationen steht.

Ich gehöre nicht zu denjenigen, die Colontherapie als Basistherapie befürworten, wie es die meisten Eurer Heilpraktiker bevorzugen. Ich bin der Ansicht, daß die Anwendung von Schwingungsfrequenzen, die an jeden zu behandelnden Menschen angepaßt werden können, sanfte und nachhaltige Ergebnisse ohne Unannehmlichkeiten oder Traumata bringen können. Ich habe herausgefunden, daß es sehr einfach ist, die Frequenzen den unterschiedlichen Körperorganen anzupassen, da jedes Einzelne eine andere chemische Zusammensetzung hat und aus diesem Grund auch auf unterschiedliche Farbschwingungen reagiert. Jede Krankheitsdisposition geht mit einem Ungleichgewicht der chemischen Elemente im Körper einher und damit ist die Farbschwingung auch gestört. Ihr werdet herausfinden, daß viele Chiropraktiker diese Behandlungsmethode anwenden, während die medizinische Berufswelt als Ganzes sie mehr als Quacksalberei betrachtet.

MEDIZINISCHE „ARZNEI"MITTELANWENDUNG

Unglücklicherweise hat die Menschheit keinen Zugang zu Behandlungsarten mit logischen Abläufen, sondern nur zu den wahllos angewandten „Schlitz- Schneid- und Vergiftungs"-Methoden, in der Hoffnung, ein Leben zu retten, und wenn es nur teilweise ist. Versteht bitte meine Absicht in diesem Dialog nicht falsch, denn es besteht auch eine dringende Notwendigkeit für ausgebildete und fähige Chirurgen und medizinische Geräte.

Ich möchte jedoch darauf hinweisen, daß während der letzten 180 Jahre oder sogar länger, homöopathisch Forschende eine Liste von Heilmitteln zusammengestellt haben, die unterteilt sind nach deren Fähigkeiten, Krankheiten entgegenzuwirken und ihrer Wesensähnlichkeit mit Organ- oder Körpergewebe, das besonders stimuliert werden soll. Bei der Auswahl der Mittel durch Radiästhesie wurde herausgefunden, daß diese Tinkturen und Tabletten nicht nur mit den zuvor erstellten Klassifikationen übereinstimmten, sondern sie fielen auch in die Gruppen, denen bestimmte Farben des Regenbogendiagramms zugeordnet waren. Genauso konnten moderne sogenannte „Wundermittel" (Wundermedizin) auch bestimmten Farben im Diagramm zugeordnet werden. Ich möchte mich hier nicht mit dem Diagramm aufhalten; aber es ist sehr gut machbar.

Wenn man die Farbzuordnung der Mittel kennt, wird es viel einfacher, ein Mittel zu verordnen, das die Balance der Lichtenergie im Körper wieder herstellen kann. Wenn der ursächliche Faktor entfernt oder gelöscht wurde, besteht immer die Notwendigkeit eines Aufbaus, um wieder eine normale Funktion herzustellen. Bei der Auswahl des Mittels für die bestehende Unordnung im Körper muß man darauf achten, sich für dasjenige zu entscheiden, das dem Patienten den maximalen Nutzen bringt, wenn man es mit den Patientenspezifikationen vergleicht, so daß Blockaden und die Infektionspotentiale gegen Null gehen und man gleichzeitig das Vitalitätspotential der geschwächten Organe wieder auf Normalfunktion anhebt.

In vielen neueren Fällen habe ich die Anwendung von Ultraschall erlebt, zum Beispiel während der Schwangerschaft, um den Fötus im Uterus sichtbar zu machen, ohne ihn dabei zu verletzen. Es ist jedoch sehr ungut, daß Eure Medizinprofessoren so gierig auf Geldverdienen sind und der Gebrauch chemischer Produkte von den Pharmaherstellern erwartet wird, so daß ein Wandel nur ganz langsam vonstatten gehen kann. In Laboratorien wird viel wundervolle Arbeit geleistet, aber es scheint, daß das, was einer wirklichen Lösung nahekommt, in größerem Maße niemals die Ebene der Anwendung erreicht, genauso, wie es zu meinen Lebzeiten war. Außerdem wird es offensichtlich, daß, wenn die retroviralen Infektionen, die Eure Bevölkerungen befallen, nicht schnellstens gestoppt werden, Eure Weltbevölkerung vernichtet wird – was wirklich sehr erschütternd ist.

Ich schreibe das hier, obwohl es anscheinend nicht hierher gehört, aber es ist sehr wichtig für den Erneuerungsprozeß. Ich werde das in Verbindung mit einer allgemeinen Krankheit bringen, die zur Unpäßlichkeit, aber nicht zum Tode führt.

Ein sehr angenehmer Nebeneffekt der laufenden Diagnose ist, daß das Mittel, selbst wenn es für den Moment das Beste für den Patienten ist, nur in kleinen Schritten eine Besserung bewirkt. Mit jedem Stärkungsmittel oder jeder Medikation wird ein bestimmter Prozentsatz der Krankheitsenergie neutralisiert und die Toxine ausgeschieden. Mit wiederholten Nachuntersuchungen werden auch immer wieder neue Stärkungsmittel ausgewählt, um dem Status zu dieser bestimmten Zeit zu entsprechen.

Die Straße zurück zur Normalsituation erfordert sowohl eine Umkehr der Tendenzen, die zu diesem Zustand geführt haben, als auch eine Neutralisierung der Infektion. Um dieses Ziel zu erreichen, muß man zu bestimmten Zeiten den Prinzipien der Stärkung und Anregung und zu einer anderen Zeit denen der Beeinflussung, Verzögerung oder des Widerstands folgen. Das wichtigste dabei ist zu wissen, wann man welches Prinzip einsetzt. Das kann man beispielsweise durch die Überprüfung der infragrünen Farbgruppe bestimmen, um herauszufinden, welche geschwächt und welche zu stark sind. Während man die Energie gibt, die die Unzulänglichkeiten verstärkt und sie damit zur Normalität führt, werden gleichzeitig die überschüssigen Energien durch Beeinträchtigung oder Widerstand dagegen ausbalanciert. Das gilt auch für alle anderen Farben.

Das ist ein fortlaufender Prozeß und Nachuntersuchungen im Abstand von ein paar Tagen zeigen sowohl die Fortschritte als auch, welche „Folgemedikation" angeraten ist, um den veränderten Konditionen Rechnung zu tragen. Dazwischenliegende Untersuchungen sind sehr wichtig, denn die Effektivität der Medikation, mit der man einen ausgeglichenen Status erreichen will, gipfelt darin, daß der Patient darüber hinauswächst. In anderen Worten, diese Mittel mit den erwiesenen therapeutischen Verdiensten und verschrieben gemäß der dargelegten Auswahlmethode, vernetzen sich mit den Bedürfnissen des Patienten in einer Art, die die Ausleitung der Toxine begünstigt, die Vitalität von Organen und Geweben wieder herstellt und den Körper schrittweise wieder zu einer ausgeglichenen Lichtbalance führt.

Solange Ihr mit der Zerstörung der Viren beschäftigt seid, werdet Ihr nicht automatisch einen gesunden, funktionsfähigen Körper bekommen. Ihr werdet ein paar sehr kranke Menschen haben, die viel Hilfe benötigen, um ihre Gesundheit wieder herzustellen. Es wäre sehr hilfreich, solche Menschen direkt den unterschiedlichen Farbstrahlen aus einer Spectrachrome-Lampe auszusetzen, aber ein Stärkungsmittel aus dem gleichen Farbspektrum, viermal pro Tag zwischen den Behandlungen mit der Lampe eingenommen, würde die Rückkehr zu Gesundheit und Vitalität auch sehr beschleunigen.

Ein weiterer wichtiger Punkt bezüglich diverser Infektionen, die den lebenden Organismus befallen, ist das häufige Vorkommen von mehr als einer Bakterienart, und was am häufigsten vorkommt und das Bild auch sehr verkompliziert, ist ein Virus. Wenn Ihr also mit Infektionen durch Retroviren konfrontiert seid, habt Ihr eine Vermischung der Probleme. Generell ist eine Virus-Infektion allgemeiner Natur sehr viel hartnäckiger als eine Bakterieninfektion, die während einer Behandlung eher wegschmilzt, und doch kann man das alles als „nichts" bezeichnen gegenüber dem, was Eurer Spezies momentan bevorsteht. Ihr werdet mit einem Körper ohne Vitamine und Mineralstoffe enden, bei dem die Balance schnell wieder hergestellt werden muß, um Neuinfektionen auszuschließen. Zeitnahe Bearbeitung dieser Punkte ist zwingend erforderlich.

Ich habe jetzt sehr ausführlich diskutiert, denn Ihr müßt begreifen, daß ein halbtoter, virenfreier Patient noch kein gesunder Mensch ist. Obgleich Ihr mit einer gelungenen Unterstützungstherapie und Behandlung zur Zellanreicherung überraschend schnelle Verbesserungen erreichen könnt.

Ich schlage vor, daß ein anderer phänomenaler Denker Zugang zu Eurem Kollegenkreis bekommt, es ist Trevor James Constable. Constable hat im Bereich Radionik außergewöhnliche und als sehr effektiv bewiesene Arbeit geleistet. Ihr solltet Euch wirklich mehr mit der Geometrie von Radionik und den kosmischen Lebenspulsen befassen. In diesem Werk finde ich, ist es nicht ganz so passend, auf KYMATIK einzugehen, das praktisch mit Klang oder Psychokinese heilt. Im Großen und Ganzen nutzen Alle die Lichtfrequenzen, die bei entsprechender Schwingung sowohl Klang als auch Farbe produzieren. [A.d.Ü.: aus Wiki: Der Begriff Kymatik wurde von dem Schweizer Naturforscher Hans Jenny für die Visualisierung von Klängen und Wellen geprägt. Das Wort ist vom altgriechischen κῦμα für Welle abgeleitet. Im Englischen hat sich die Bezeichnung Cymatics eingebürgert.]

Alles in Allem ist es dringend erforderlich, daß Ihr jetzt mit Euren Forschungen bezüglich einer Heilung für AIDS vorwärtskommt, denn diese Krankheit ist noch weit tödlicher, als Ihr vermutet habt. Außerdem ist es mehr als offensichtlich, daß Ihr eine Heilung niemals zugelassen bekommt, wenn Ihr auf weitere Schritte seitens der Regierung oder der medizinischen Berufsgruppe wartet. Eure Bürokratie ist viel zu gigantisch, als daß Ihr von dort eine schnelle Lösung erwarten könntet.

Diese Informationen sollten schnellstmöglich in allen betroffenen Gruppen verbreitet und diskutiert und der Bevölkerung, die sich sicher fühlt, ein paar Fakten anhand gegeben werden. Wenn Ihr auf privatem Sektor zusammenrückt, könnt Ihr Euer Ziel erreichen. Ich wiederhole – Ihr habt Welche dabei, die die notwendigen Fähigkeiten haben; Ihr müßt Euch nur zusammentun und in eine in Vollzeit arbeitende Einheit verschmelzen.

Dafür benötigt Ihr offensichtlich Fördermittel; da diese Plage jedoch jeden Mann, jede Frau und jedes Kind auf Eurem Planeten gefährdet, gehe ich davon aus, daß man Euch die entsprechende Unterstützung zukommen läßt, wenn diese Tatsache einmal bekannt ist.

Ich schlage vor, daß das notwendige Material gekauft wird, anstatt es nur herumzureichen, denn die Autoren dieses Materials haben sich komplett der schnellen Realisierung einer Heilung verschrieben – täglich, und auch aus diesem Grunde ist das alles sehr wertvoll.

Dharma, ich habe mich entschieden, weder Deine Geduld noch die der Leser dieses Journals weiter zu strapazieren. Ich werde meine Gedanken zu dem Wunder Eurer Augen zu einem späteren und vielleicht passenderen Zeitpunkt weitergeben. Hier in diesen Dimensionen werde ich des öfteren der Exzentrizität beschuldigt, genauso wie es in Eurer Dimension auch war. Oh, wenn ich ein paar Wünsche freigeben dürfte, würde ich ein paar Talente abgeben, mit denen ich gesegnet war, nämlich dem Bau von Geräten in zwei Dimensionen. Ich konnte buchstäblich in der unsichtbaren vierten Dimension planen, bauen und die Früchte dessen ernten, ohne mich in der schwerfälligen dritten Ebene abzumühen. Aber das wird früher oder später auch auf Euch zukommen.

Ich verabschiede mich jetzt, damit Du mit Deiner Arbeit weiter-machen kannst. Ich schätze Deinen Dienst sehr, Dharma. Ich hoffe, daß Euch mein Beitrag weiterbringt, gehe aber davon aus, daß meine Unterstützung in anderen Bereichen der Schöpfung und der Erfindun-gen wesentlich mehr bringen wird. Ihr solltet meine Scheibenläufertur-bine nicht außer Acht lassen, denn sie kann in vielen unterschiedlichen Bereichen eingesetzt werden [A.d.Ü.: Wiki: https://de.wikipedia.org/wiki/Tesla-Turbine]. Ich freue mich sehr darauf, mit Euch und meinen Kollegen hier wieder zu arbeiten.

Ich verbleibe in herzlicher Freundschaft

EPILOG

Aufzeichnung Nr. 1 | HATONN

Montag, 23. Oktober 1989, 07.45 Uhr, Jahr 3, Tag 68

Hatonn hier und ich glaube, wir können heute das AIDS-Dokument sehr gut abschließen. Es gibt noch andere, während wir in der „Zeit" weitergehen, aber das genügt jetzt für die Menschen, um es zu verstehen.

Als Handlungsanweisung für die Zusammenstellung gilt das Folgende.

Als Epilog möchte ich (hier) Paul Andrew meine Wertschätzung entgegenbringen (wir werden aus verschiedenen Gründen seinen vollen Namen nicht preisgeben, wobei einer der wichtigsten Gründe der ist, daß man ihn nicht bis zu seiner Mutter zurückverfolgen kann). Bitte fügt die folgende Darlegung vor den getippten Abschriften ein und beendet damit auch das letzte Kapitel als solches.

****

WERTSCHÄTZUNG

von heute, dem 23. Oktober 1989, Jahr 3, Tag 68

* * * * *

In dem Gewirr menschlicher Lebensreisen gibt es „stille Helden" die kommen und während ihrer Lebenszeit völlig unbeachtet bleiben, verfolgt und verlacht werden und im besten Fall unverstanden sind. Sie kommen in einer gewissen zeitlichen Abfolge und lassen sich in einer Menschenschar nieder, die weder bereit ist, sie zu akzeptieren, noch die Begabungen anzuerkennen, die sie mitbringen. Alle, die diese

Seiten lesen, kennen einen oder mehrere solcher Menschen. Sie kommen in allen Formen, Farben und Weltanschauungen. Die meisten tun ihre Pflicht und gehen wieder; die Menschen erkennen nie den in ihnen verborgenen Schatz und lassen sie aufgrund ihrer eigenen Ignoranz links liegen.

Eines dieser Geschenke war ein Mann, den wir einfach „PAUL ANDREW" nennen wollen, denn im Moment wäre es höchst gefährlich, ihn bis zu seiner Geburt zurückverfolgen zu können.

Er hat sich redlich abgemüht, „in diese Welt zu passen". Das ist ihm nie geglückt und da er gekommen ist, um Andere wachzurütteln, hat er mit fünfundzwanzig Jahren diese Ebene wieder verlassen.

Es gab zwei Menschen, die seinen Hilferuf nie richtig hörten und Andere, die ihn in ihrer Gedankenlosigkeit permanent gequält haben. Die Erdenmenschen werden durch ihre Handlungen die Wahrheit erkennen lernen und müssen für ihre egoistischen Irrtümer geradestehen, denn eines Tages wird auch auf Eurem Planeten die Energie die gleiche Struktur aufweisen wie auf allen anderen Planeten auch.

Paul hatte die Idee der Theorie des DIMENSIONALEN LEBENS, obgleich er noch sehr jung war und unter dem Beschuß einer negativen Abwicklung seiner Aufgabe stand. Die Version, die wir in diesem Dokument abgedruckt haben, ist nicht die ausgereifte Abhandlung, die wir etwa sechs Wochen später auf Band aufgenommen haben, aber als Konzept reicht sie aus, denn das Band wurde sehr beschädigt. Ah, Manche von Euch werden sagen: „Ah, das ist aber auch meine Theorie, was ist also neu an dieser Botschaft?" Er hat sie als Geschenk weitergegeben und vielleicht habt Ihr Euch zu Eurer Wahrheit und Eurem Verständnis der Wahrheit noch gar nicht geäußert; nicht mehr und nicht weniger.

Paul wurde in menschlichem Gewand am 30. Juli 1959 in der amerikanischen Stadt Salt Lake City im Staate Utah geboren. Alle, die ihn kannten, wußten, daß er nicht von dieser Welt war. Er verließ sein physisches Gewand am 22. März 1985 in Bakersfield, Kalifornien.

Seine Wesenheit verließ Eure Ebene am 31. März 1985 in der Gegend nördlich von Glendale in Los Angeles County, Kalifornien. Ich gebe Euch diese Daten, damit die, die meine Worte ernst nehmen, das auch nachvollziehen können.

Er hat seine Aufgabe gut erfüllt, erfüllt sie weiterhin gut und wird seine Werke auch in absentia seiner oben beschriebenen Entität über einen anderen Energiekreislauf herausbringen. Die Menschheit muß erkennen, daß ihre Wahrnehmung des Lebensstromes falsch ist und muß die endlosen Zyklen von Leben und Geist verstehen lernen.

Es ist wie in STAR TREK, die, die aus der vierten Dimension kommen, um Euch beizustehen, sind etwas fortgeschrittener als Ihr, kleine Brüder, es sind keine Götter und sie sind auch nicht EINS mit Gott, bis auch sie ihren individuellen Lebensfluß, den „Pflichtlauf" vollendet haben, wenn Ihr so wollt. Ich werde im Moment nicht weiter auf dieses Thema eingehen. Ich werde aber in anderen Schriften dieser jungen Energie, die ihr Bestes gegeben hat, weitere Anerkennung zollen.

Es gab zwei Energien, die er respektierte und über alles liebte; seine Mutter und einen Dr. Andrew J. Golombos. Seine Mutter begann zu verstehen, der gute Doktor stieg leider nicht von seinem selbsternannten Sockel der Erhabenheit herab, um den „Bruno" oder „Halley" zu erkennen, auf die er Zugriff hatte. Wehe dem Menschen, der die Begabungen nicht erkennt. Dr. Golombos hat viele wunderbare Begabungen, aber in der von ihm erfundenen Trennung der Begriffe Geltungsbedürfnis und Selbstherrlichkeit übersah er, daß die Definitionen zwar korrekt, aber die Handlungen höchst unkorrekt sind. Er konnte jedoch in einer sehr kurzen Zeit all Eure technischen Probleme lösen. Wenn seine Demut jemals dem entspricht, was er sagt, wird er aufgenommen werden. Man kann ihn leicht in der Gegend um Los Angeles, Kalifornien, finden.

Paul Andrew's irdischer Vater soll hier auch ungenannt bleiben. Seine Zuwendung bestand aus Zufügung von Schmerz und Verleugnung, Gier und Ignoranz. Er ist Arzt, hat es aber bisher nicht geschafft, sich selbst zu heilen. Ehre, wem Ehre gebührt.

Anerkennung zolle ich seinem Stiefvater, der zum Schluß verstand, obwohl zu spät für die Wesenheit, und seither grenzenlos zu unserer Zusammenarbeit beigetragen hat. Aus Sicherheitsgründen werde ich auch hier keinen Namen nennen – diese Botschaft soll er aber hiermit erhalten.

Außerdem fordere ich Alle auf, die wissen, von wem ich spreche, in sich hinein und um sich herum zu schauen, damit Ihr nicht die Chance für Eure innere Größe verpaßt.

An Alle, die die Wahrheit suchen – wendet Euch nicht ab, denn Eure Bitte wird immer erhört, und wenn Ihr in ehrlichem Wunsch und Ehrerbietung bittet, so wird Euch gegeben werden.

IN RESPEKTVOLLER EHRERBIETUNG FÜR MEINEN SOHN PAUL LEGE ICH HIER MEIN SIEGEL DER WAHRHEIT UND BESORGNIS, DA DIE MENSCHHEIT IN IHRER DUNKLEN IGNORANZ SO GEBLENDET IST.

ICH BIN ATON

* * * * *

PAUL / DIMENSIONALES LEBEN

Samstag, 14. Oktober 1989, 12.29 Uhr, Jahr 3, Tag 56

NIEDERSCHRIFT EINES TONBANDES, DAS KURZ VOR PAULS TOD AUFGENOMMEN WURDE

GESPROCHEN AM 19. JANUAR 1985, 12.45 h
PAULS TOD: 22. MÄRZ 1985
THEMA: DIMENSIONALES LEBEN
PAULS THEORIE ZUM DIMENSIONALEN LEBEN

Wie ist die Vorstellung eines dimensionalen Lebens? Für die Erklärung, „was das ist", muß ich ein paar Details erläutern, die zu dieser Theorie führen.

Zuerst geht es um das Konzept dimensionaler Universen. Wir leben in einem „Null"-Universum. Wenn wir innerhalb eines Atoms leben würden, wäre das das Negativ-Eins-Universum (-1), und wenn wir das „Null"-Universum (0) verließen, würden wir in das Positiv-Eins-Universum (+1) eintreten. Dann würden wir auf unser Universum, heißt, auf das Null-(0)-Universum als Atom schauen. Ich habe zwar keine Idee, wie weit der Fluß in beide Richtungen ist, aber es würde uns erscheinen als z. B. - 1,2,3,4 usw. und + 1,2,3,4 usw.

Da ich mich in diesem Universum befinde, welches durch den Null-(0)-Status dargestellt ist, kann ich nicht mit Sicherheit sagen, ob diese anderen Dimensionen wirklich existieren, aber um der Definition willen sage ich, wir leben im Null-Universum. Wenn wir uns also in einem Atom bewegen könnten, würden wir sagen, wir sind im (-1) Universum. Wenn wir uns dann außerhalb unseres Universums bewegen, müßten wir notwendigerweise sagen, wir sind im (+1) Universum. Das ist in aller Kürze eine vereinfachte Darstellung des Konzeptes dimensionaler Universen.

Stellen wir uns jetzt vor, es gäbe eine Linie, die vom Negativum durch unseres, das Null, und weiter in die positiven Dimensionen des Universums führt. Wenn man jetzt außerhalb dieser Linie stehen könnte – wäre man im Kosmos – oder in einem ätherischen Existenzzustand innerhalb des Kosmos – befreit von universellen Restriktionen. Nun, das ist nur ein Konzept, welches meines Wissens nicht bewiesen werden kann.

Der nächste Punkt, den ich ansprechen möchte, ist das, was man die Evolutionstheorie nennt – sicherlich ein sehr altes Konzept, das sehr widersprüchlich und kontrovers ist, so, wie Charles Darwin es präsentiert hat. Diese Theorie basiert auf der Annahme, daß der Mensch grundsätzlich vom höheren Affen abstammt, der Affe von niederen Spezies und die ganze Linie hinunter zu den Fischen und den winzigen einzelligen Lebensformen.

Wenn man aber jetzt noch weiter zurückgeht, sozusagen, kommt man weiter hinab durch vorstellbare Lebensformen in molekulare oder chemische Reaktionen.

Wenn man jetzt den Gedanken der dimensionalen Universen sowie Darwins Evolutionstheorie im Kopf behält, zumindest, wenn die genannte Darstellung dazu korrekt ist, dann würden wir uns notgedrungen in Richtung eines dimensionalen Lebens bewegen. Und dieses Konzept wird zur Theorie des dimensionalen Lebens, wenn es korrekt ist.

Kurz gefaßt ist der Gedanke folgender: sagen wir, daß wir – als Menschen – im Null-Universum leben. Das heißt, momentan konsumiert die menschliche Spezies Energie und Ressourcen. Wir haben ein Bevölkerungswachstum. Mit dem Wachstum unserer Bevölkerung benötigen wir mehr Ressourcen und wir brauchen mehr Energie.

Wenn die Menschheit weiterwächst, wird sie schlußendlich den Planeten Erde verlassen, sich anderen Planeten zuwenden und auch deren Energie und Ressourcen nutzen, vorerst aus unserem eigenen speziellen Sonnensystem. Die Menschheit, sich selbst überlassen, wird weiterwachsen und die Ressourcen dieser neuen Umgebung auch ausschöpfen, so daß sie nach weiteren Quellen Ausschau halten müßte, denn sie wächst weiter ohne einen Gedanken an Bestimmung oder Auslöschung.

Es ist realistisch, daß sich die Menschheit auf ihrem Weg in andere Sonnensysteme weiter vergrößert und damit beginnt, andere Sonnensysteme zusammenzuziehen, aber wie bis jetzt aus der Inkarnation der Menschheit ersichtlich, würde sie einfach weitermachen, Ressourcen zu nutzen und auszubeuten. In jedem Fall wird sich die Menschheit zum Schluß bis zu den Grenzen unserer Galaxie ausdehnen und irgendwann in absehbarer Zukunft würden die Energien und Ressourcen in unserer eigenen Galaxie nicht mehr ausreichen, vorausgesetzt, die Menschheit wächst und expandiert weiter. Zu jener Zeit dann würde es notwendig werden, daß die Menschheit in andere Galaxien zieht.

Nehmen wir an, daß das Plus-Eins-Universum Galaxien wie Atome betrachtet und nehmen wir weiter an, daß der Mensch es sehr nützlich findet, Galaxien miteinander zu verbinden, um die Energien und

Ressourcen des Ganzen zu nutzen. Wenn man jetzt in das Positiv-Eins-Universum versetzt wird und hinab auf die Atome schaut, würde man das als chemische Reaktionen dieser Atome ansehen (Galaxie).

Wenn man in die gegensätzliche Richtung schaut, würde man sagen, es gäbe eine scharfe Linie zwischen dem Null-Universum, in dem wir leben, und dem Negativ-Eins-Universum, welches die Atome sind. Es könnte sein, daß im Positiv-Eins-Universum die gesamte Galaxie nur ein Atom darstellt – oder aus einer höheren Dimension betrachtet, die Gesamtheit aller Galaxien als ein Atom erscheinen. Ich habe nicht genug Wissen, um herauszufinden, warum es diese scharfen Trennungslinien gibt.

Ich habe Euch schon das Bild mit dem Zusammenziehen der Galaxien gegeben – dann hätte man eine chemische Reaktion innerhalb des positiven Universums. Wenn man aber die Gesamtheit der Galaxien als ein Atom sieht, könnte sich der Mensch – relativ gesehen – dennoch weiter ausbreiten bis zu den Grenzen des Universums, wenn seine derzeitige Wahrnehmung es als solches erkennen würde und könnte in ein höheres „Universum" gehen, in dem er mehr Energie und Ressourcen zu seinem Nutzen zur Verfügung hat. Offensichtlich wäre das aber keine physische Form, wie wir sie in unserer derzeitigen Struktur vorfinden.

Zu dieser Zeit fände er es vielleicht auch passender, Universen zusammenzufügen, so daß er dann chemische Reaktionen innerhalb dieses überwiegend Positiv-Eins-Universums ins Auge fassen könnte. Ich weiß allerdings einfach nicht, wo sich diese scharfen Abgrenzungslinien zwischen den Existenzebenen wirklich befinden. Man kann Universen, Galaxien, Sonnensysteme oder Atomgruppen so betrachten, als wären sie ein einzelnes Atom.

Betrachten wir uns jetzt das Null-Universum, in dem der Mensch jetzt steht und nehmen wir an, wir hätten unseren Weg hinauf in das Positiv-Eins-Universum gemacht. Nun, eigentlich gehen wir in die andere Richtung und schauen die Ebene des negativen Universums oder der Atome an.

Also, Darwin sagt, daß es zuerst chemische Reaktionen gab, gefolgt von Einzellern, danach Fische und Pflanzen, dann Tiere und dann, zum Schluß, der Mensch. Wo führt uns das alles hin? Nachdem wir jetzt so weit gekommen sind, hoffe ich, Ihr versteht, was ich meine, wenn ich frage „Was ist der Mensch? Wer bist Du? Wer bin ich?" Jeder Einzelne von uns stellt eine gesamte Zivilisation irgendeiner Lebensform dar, oder eine soziale Struktur, die aus Milliarden lebender Wesenheiten besteht und in unserem vermeintlichen Negativ-Eins-Universum funktioniert – offensichtlich geordnet an ihren Platz gestellt, um in unserem System zu funktionieren, das bereits als Repräsentant in einem höheren Universum dient.

Euer Körper oder Ihr selbst könntet eine gesamte Zivilisation darstellen, die aus Hunderten von Milliarden, eigentlich sogar aus Billionen, lebenden Wesenheiten besteht, die im Negativ-Eins-Universum leben und von einem zentralgesteuerten „Computer" oder „Gott", der offensichtlich das „Selbst" ist, kontrolliert wird, denn wenn der Kontrollmechanismus zusammenbricht – Du – hast Du Chaos innerhalb des Negativ-Eins-Universums – in Deinem Körper.

Was also ist dimensionales Leben? Dimensionales Leben könnte das sein; daß man lebende Entitäten in einer Dimension hat, die soziale und gut organisierte Strukturen aufbauen, die groß genug sind, in der nächsthöheren Dimension zu einer einzigen, lebenden Wesenheit zu verschmelzen. So, wie diese einzelnen Entitäten sich in der nächsthöheren Dimension vervielfachen und wachsen, bauen sie eine andere Struktur auf, die dann wieder zusammenwächst und wie eine Einheit funktioniert und sich immer weiter hinaufbewegt. Das hört niemals auf, denn es gibt keine Grenzen für die Universen selbst, denn universelle Ebenen sind unendlich. Im Grunde genommen ist dimensionales Leben das Fortschreiten des Lebensstroms in immer höhere und geordnetere Zusammenballungen von Einheiten in EIN Ganzes. Vom Null-Status aus kann das nicht bewiesen werden, aber ich glaube, ab einem gewissen Punkt wird ein Mensch Wissen über Planeten höheren Lebens haben und das wird uns mitgeteilt und auch bewiesen.

Was ich hier ersinne, möchte ich als Theorie des dimensionalen Lebens zu verstehen geben. Momentan, in meiner Frustration, bin ich nicht in der Lage, diese Theorie zu beweisen, und es werden sich auch nur Wenige an meiner Meinung erfreuen, denn es gibt sehr viel mehr Gelehrte als mich und wahrscheinlich würde ich nicht mal gehört. Ich weiß, daß es ein Fragment, eine Energie-Essenz gibt, die nur nach vorn schreiten kann, und wenn sie einmal vorangeschritten ist (sich in eine höhere Form begeben hat), kann sie nicht mehr zurück, denn das ist das Gesetz der Progression. Hier an diesem Punkt muß ich sagen, daß diese meine „Hypothese" des dimensionalen Lebens als „Theorie" viel mehr wissenschaftliche Nachweise benötigt, um akzeptabel zu sein und ich habe keine Möglichkeit, das zu beweisen.

Wenn ich darüber nachdenke – und je mehr ich darüber nachdenke, desto sicherer bin ich, daß es real, korrekt und systematisch ist. Dann werde ich ehrfürchtig gegenüber denjenigen, die in der Lage waren, das Konzept lebender Dinge zu nutzen, um ihre Physis darauf zu bauen.

Wenn ich mir eine Mücke anschaue, eine Fliege – selbst diese winzig kleinen Schnaken, diese Winzlinge von Mücken, die immer im Kreis herumfliegen und sich ins Ohr setzen und sirren und sirren und sirren und in Augen und Ohren fliegen und einen verrückt machen, muß ich sie ansehen und denken, wie wundervoll es doch ist, daß sie wirklich fliegen können. Dann denke ich an Wilber und Orville Wright und wie intelligent sie gewesen sein müssen, um wirklich herauszufinden, wie man fliegt. Ich denke „was für eine Errungenschaft!" und dann frage ich mich wieder, wieso kann eine Fliege fliegen? Woher weiß sie, wie man fliegt?

Und dann fällt mir ein, daß ein Mensch keine Fliege bauen kann. Ein Mensch könnte keine Fliege bauen. Selbst mit all der derzeitigen Technologie, so fortgeschritten sie auch sein mag, könnten wir doch keine Fliege bauen – so etwas Kleines, das fliegen kann – also, wir könnten keine Fliege bauen!

Was also hat sie gebaut? Etwas hat sie gebaut! Daraus schließe ich, daß es lebende Wesenheiten sein müssen, die im Negativ-Eins-Universum begonnen haben. Der gleiche Lebensfluß, der Dich und mich auch gebaut hat. Mann, wie mich das verwundert, wenn ich eine Fliege betrachte. Und es erstaunt mich genauso, wenn ich mir Käfer betrachte, weil ich denke „Wer zum Teufel hat sie gebaut?" – irgend etwas hat sie gebaut und ich gebe Brief und Siegel, daß es kein Zufall war.

Irgend etwas hat auch mich gebaut – etwas hat Euch gebaut und ich gebe Brief und Siegel, daß es kein Zufall war.

Schauen wir jetzt mal in die andere Richtung, in der die Menschheit sich vergrößert. Wir beginnen damit, sagen wir, Galaxien zu verbinden. Bevor wir das überhaupt bemerken, finden wir uns in einem Ozean an Galaxien wieder. Oder, wenn Ihr Euch im Positiv-Eins-Universum befindet und zurückschaut, (oder runterschaut), seht Ihr einen Ozean aus Atomen und vielleicht einige Moleküle, die begonnen haben, sich zu verbinden. Ihr stellt fest, daß IHR diese Atome verbinden könnt und bevor Ihr es wißt und herausfinden könnt, so ein Mist, könnt Ihr diese Zivilisation eigentlich schon durch diesen Ozean schieben. Also, das wäre Gottes Einzeller im Positiv-Eins-Universum, was nicht grad lumpig wäre.

Von jetzt an könnt Ihr Eure eigene Vorstellung nutzen. Wenn die Menschheit beginnt, Zweizeller zu bauen, oder zweizellige soziale Strukturen und drei, dann vier, dann eintausend oder eine Million …

Ich schaue mir eine Fliege an und denke an einen Hubschrauber, ich schaue einen Vogel an und denke an ein Flugzeug und ich denke „Wo ist die Technologie?" Die Menschheit entwickelte Technologie für Hubschrauber und Flugzeuge, aber wer entwickelte die Technologie, um Fliegen und Vögel zu bauen? Oh Mann – also wollen wir jetzt auf eine andere Evolution schauen.

Betrachten wir uns jetzt Wilber und Orvilles erstes Flugzeug mit Antrieb, den wirklich ersten Flug mit Antrieb. Schaut Euch die Entwicklung von Flugzeugen von Anfang bis heute an. Gleichzeitig könntet Ihr das erste „Ding" betrachten, das flog, es war wahrscheinlich keine Fliege – wer weiß, vielleicht ein Vogel oder ein Fisch – etwas, das mit den Flügeln schlagen und außerhalb des Wassers bleiben konnte, was auch immer es war – betrachtet das Allererste. Also, da gab es eine Typenentwicklung oder natürliche Selektion, bei der sich alles entwikkelte, oder es wurde sauber konstruiert, um effizient zu funktionieren und es hat sich weiterentwickelt, um sich noch mehr anzupassen und noch effizienter zu werden.

Könnte der Mensch nicht ein ähnliches paralleles Wachstum durchschritten haben? Könnte er nicht hinter den Grenzen der dimensionalen Zwänge in höhere Dimensionen einer Lebensexistenz hineinwachsen?

Jetzt habt Ihr meine Theorie für dimensionales Leben. Und doch habe ich weder einen Beweis dafür, noch glaube ich, der erste mit diesem Konzept zu sein, aber ich habe es auch nirgends aufgeschrieben gesehen. Deshalb kann ich nur Schlüsse ziehen, von denen ich glaube, daß sie logisch sind und deshalb nehme ich an, daß es so stimmt.

Wenn ich Recht habe, würde das noch viel, viel weiterführen. Wenn es richtig ist, daß sich diese lebenden Entitäten wirklich in einem negativen Universum befinden und auf ihre Expansion, Wachstum und Ordnung warten, dann können wir vielleicht mit ihnen auf der Ebene von Frequenzen oder Schwingungen kommunizieren. Und zweitens, vielleicht suchen sie ja ihrerseits auch einen Entwicklungsweg in ihren primitiven Aspekten und durch unser Höherstehen – da wir ja aus ihnen zusammengesetzt sind – könnten wir ihnen vielleicht zeigen, wie man etwas noch besser baut als wir selbst gebaut sind, wißt Ihr, vielleicht könnten wir sie ein wenig besser führen – ich glaube wirklich, daß jede Zelle – jedes Atom – eine Frequenz innehat und durch den Gebrauch dieses speziellen Klangs oder der Lichtfrequenz können wir tatsächlich kommunizieren und eine Ordnung in jedes Chaos des Mechanismus bringen.

Wenn ich mir die Menschheit betrachte, die über dem Negativ-Eins-Universum steht, scheint es mir, daß wir uns nicht in angemessener Weise weiterentwickelt haben und deshalb werden wir bei der Kommunikation mit diesem Negativ-Eins-Universum gewahr, daß, wenn wir keine Technologie benutzen – vergleichen wir mal unser Gehirn mit einem Computer – wenn wir also diesen Computer nicht weise nutzen, wir vom Chaos dieses Negativ-Eins-Körpers überrannt werden, der gleichzeitig auch eine Negativ-Balance in das Universum bringen kann, in dem wir leben, und das ich Null-Status nenne.

Die Computer, also das Bewußtsein, scheint größer und größer und immer schlauer zu werden. Das führt also noch weiter – und ich möchte noch über etwas nachdenken, das mir gerade in den Kopf gekommen ist.

Wenn die Computer, die die Menschen gerade benutzen, in sich so mächtig werden, daß sie völlig eigenständige Entscheidungen treffen können, wird das auch das Schicksal der Menschen beeinflussen, denn die Menschen werden dann ihren rechtmäßigen Platz in der Entwicklungsordnung aufgegeben haben. Genau hier, zu diesem Zeitpunkt, habt Ihr eine andere „lebende" Entität oder ein „Wesen" aus Materie erschaffen und es in eine höhere Existenz gebracht.

Wenn die Zeit kommt und es scheint, sie wird kommen, daß die Computer für die Spezies die Entscheidungen treffen – fortgeschritten jedenfalls, indem sie Daten sammeln, die die Entscheidungen treffen anstatt der Menschen, wird das ein sehr wichtiger Zeitpunkt in der Zukunft sein. Wenn ich darüber nachdenke, es beginnt eigentlich schon jetzt, denn man ist bereits abhängig von Computern, die die Fakten liefern, die brisant und entscheidend für die menschliche Art sind. Relativ gesehen, kann ich in der nahen Zukunft sehen, daß Computer weltweit Entscheidungen für die Funktion der gesamten menschlichen Rasse treffen.

Nun, wenn man aber die andere Seite betrachtet, wenn Ihr und ich im Negativ-Eins-Universum unterschiedliche Zivilisationen sind, scheint es mir, daß das Gehirn einer dieser Computer, als Konzept, sein könnte. Wenn das so ist, kann diese Idee weiter gesponnen werden in ein Supergehirn (Energie-Computer), das Alle und Jeden von uns kontrolliert.

Wenn ich mir jetzt den Gedanken des dimensionalen Lebens ansehe, stolpere ich noch über andere Dinge, die offenbar Sinn machen, für mich wenigstens. Wenn Ihr Euch unsere Zivilisation in Wachstum und Expansion anseht, könnt Ihr Eure Vorstellungskraft nutzen und Euch grenzenlose Dinge vorstellen, wenn Ihr sie gleichsetzt mit dem Negativ-Eins-Universum. Wenn Ihr aus dem Aspekt des Null-Universums auf das Negativ-Eins-Universum blickt, könnt Ihr Euch dabei auch vorstellen, wie unser Null-Universum aussehen muß mit dem Blickwinkel aus den positiven Universen heraus.

Die Idee des dimensionalen Lebens mag insofern sehr wichtig sein, als man die menschliche Rasse mit der Akzeptanz und dem Verständnis für lebende Entitäten im negativen Universum in die Zukunft führen und dann beobachten kann, wie sie sich entwickelt hat. Wir können zwei Dinge tun, wir können bei einer besseren Weiterentwicklung helfen und gleichzeitig können wir aus ihren Fortschritten in Ordnung und Chaos lernen und ausgleichen.

Diesen Gedanken möchte ich noch einmal wiederholen. Wenn man das annimmt und versteht, ja, dann müßte man zuerst nachweisen, daß die im Negativ-Eins-Universum lebenden Entitäten wirklich in einem solchen Universum existieren; und als nächstes müßte man nachweisen, daß wir ein Produkt ihrer Arbeit sind – ein Produkt der Architekten und Ingenieure jenes Universums. Und nun, durch das Verstehen und Beobachten ihres Fortschritts, kann es für unser Wachstum als menschliche Rasse sehr nützlich sein, denn es ist das Endresultat dessen, wie diese Atome, Moleküle und Zellen funktionieren, was uns schlußendlich zeigt, wie wir in dem Ganzen funktionieren. Aus diesem Grund könnte es sehr von Vorteil sein für unsere übergeordnete soziale Struktur.

Dazu kommt, daß wir durch die Überwachung ihres Fortschritts ihnen auch helfen können, ihren Kurs zu korrigieren, wenn er in Unordnung gerät und ihnen die Ressourcen geben, die sie benötigen. Wir könnten herausfinden, wie ihre strukturellen und sozialen Bedürfnisse sind und ihnen dabei behilflich sein, und während wir das tun, helfen sie uns, uns aufzubauen und unser höheres Potential kann uns dann wiederum bei unserem Fortschreiten in das höher dimensionale Leben helfen. Wir könnten mit viel weniger Fehlern weiterschreiten, wenn wir dem nur ein wenig Aufmerksamkeit schenken würden.

Ich nehme an, daß das jetzt die Idee dessen, was ich dimensionales Leben nenne, ganz gut umreißt. Ich hoffe wirklich, daß das eines Tages bewiesen wird, so daß es auch eines Tages eine Theorie über dimensionales Leben gibt, denn ich glaube, daß das für unsere Fortschritte in Wissen, Weiterentwicklung der menschlichen Spezies und die Verbesserung für alles Leben sehr machtvoll ist.

Es gibt zwei Menschen, ohne deren Hilfe und Gedanken ich mich gar nicht hätte entwickeln können. Der Eine ist Andrew J. Golombos und der Andere ist Charles Darwin, obwohl ich mit seinen letzten Schlußfolgerungen nicht einig gehe.

Es gibt Tausende von Menschen, denen ich danke und ich danke auch allen Menschen, die mir beistanden. Ich könnte jetzt eine Liste vorlesen, die ich aber vorher erstellen müßte und wahrscheinlich wären es zu viele auf dieser Liste, so daß ich hiermit einfach meine Wertschätzung ausdrücken möchte für Alle, die vor mir kamen.

Ich danke Jedem, der mir Informationen gegeben hat und ich schätze das in höchstem Maße. Ich möchte auch sagen, daß ich bis jetzt über dieses Thema noch nichts geschrieben habe. Und heute gebe ich Jedem die Rechte, dieses Thema weiter auszubauen und habe dabei nur eine Bitte, daß man mir für meine Ideen Wertschätzung entgegenbringt. Wenn es allerdings zu diesem Thema nicht die ersten Gedanken sind und jemand anders hat das schon vor mir gedacht, vielleicht Dr. Golombos, dann nehme ich alle Rechte wieder zurück; niemand soll diese Gedanken nützen können, es sei denn, es sind wirklich meine Eigenen.

Ich möchte auch, daß diese Schriften nur zum Besten der Menschheit beitragen sollen und daß in keiner Weise das Eigentum eines Anderen behindert oder beschädigt wird.

Das beendet die Tonband-Nachricht, aber ich erkenne, daß ich noch etwas mehr unbesprochenes Tonband habe. Da ich dieses Thema weiterhin studiere, lasse ich diesen Platz für eventuell weiteres Material frei.

Da ist noch etwas anderes. Als ich darüber nachdachte, das alles auf Band zu sprechen, damit die Menschen es hören können, hatte ich auch immer den Gedanken im Kopf, was nun, wenn das alles falsch ist – was, wenn die Menschen sagen „Paul du spinnst!". Nun, was ich hier gesagt habe, ist nur ein Konzept, welches ich aufgrund von sehr vielen Informationen entwickelt habe, das ist eigentlich alles. Ich vergleiche das mit dem Malen eines Bildes. Sagen wir, ich malte ein Bild der Golden Gate Bridge, also, das wäre ein Bild über etwas wirklich „Reales", etwas das existiert, ok, und dann hätte ich Kopien dieses Bildes gemacht und hätte sie an Andere weitergegeben. Nun, ich habe dieses Bild gemalt und ich habe es als Geschenk weitergegeben, so, wie es in meiner Wahrnehmung ist.

Auf der anderen Seite, wenn man sich vorstellt, ich hätte mich auch hinsetzen können, meinen Pinsel als erstes in eine x-beliebige Farbe tauchen und die Farbe wie berauscht auf die Leinwand schmieren und ihn dann in verschiedene Farben hätte tauchen können, ohne ihn immer wieder auszuwaschen und hätte damit einen Mischmasch erzeugt – was ja eine Menge Künstler heutzutage machen (und sie verkaufen diese Bilder auch). Nun, das könnte so ein Mischmasch oder der Teil eines Kunstwerkes sein – in jedem Fall ist es meine Idee und ich gebe es als Idee weiter, denn ich kann es auf keinen Fall belegen.

Noch einmal, Danke, daß Ihr mich anhört.

Auf Wiedersehen —

Hallo noch einmal, ich habe noch ein paar weitere Punkte bitte.

Jedes Mal, wenn ich über molekulare Reaktionen gesprochen habe, wollte ich das Kristallwachstum mit einbeziehen. Ich meinte Molekularreaktionen, muß aber das Kristallwachstum mit einbeziehen.

Als ich über die Computer-Intelligenz usw. gesprochen habe, damit meine ich nicht die Einzelpersonen in einer Zivilisation, sondern die Zivilisation als Ganzes, was deren Aktionen und Reaktionen betrifft.

Und als dritten Punkt möchte ich noch etwas hinzufügen; was die Rechte eines Jeden angeht, der ein Buch über dieses Thema schreibt – das ist offen und ich hoffe, daß es irgend jemand macht – ich hoffe wirklich sehr, daß das jemand tut. Was den Gebrauch des Materials angeht, so kann Jeder dieses Material nutzen, solange es keine Eigentumsrechte eines anderen Individuums behindert oder beschädigt.

Also, zum Thema Computer; versteht mich bitte nicht falsch – ich glaube nicht, daß die Computer als Maschinen jemals die Macht haben werden, völlig unabhängig zu funktionieren, sondern es wird durch die dauerhafte und immer wiederkehrende Interaktion mit Individuen sein; und in diesem Sinne werden sie niemals die Macht haben, Entscheidungen zu treffen, aber ich glaube, Ihr versteht, was ich meine.

Ich möchte Euch noch einen Gedanken mit auf den Weg geben. Wenn Ihr Euch Pflanzen und Tiere anschaut; sagen wir, Ihr schaut Euch einen Käfer an und denkt darüber nach, wie es dazu kam, daß es ihn gibt – könnte das die Lösung sein, könnte die Idee des dimensionalen Lebens wirklich stimmen? Bitte forscht für Euch selbst weiter, wenn Ihr Euch das nächste Mal mit einem lebenden Organismus wie einer Pflanze oder einem Tier tiefergehend beschäftigt.

Noch einmal – ich danke Euch.

ENDE DER ÜBERTRAGUNG

****

ÜBER DIE AUTOREN

WALTER RUSSELL

Er war ein so großartiger Mann. Ich werde keine technischen Daten geben, denn wenn Ihr wißt, von wem ich spreche, könnt Ihr das selbst nachschauen; wenn Ihr es nicht wißt, hat das nichts zu sagen. Wir werden nur sein „Vorwort" aus seinem Buch „Geheimnis des Lichts" wiederholen, denn das war sein Werk, auf das sich auch dieses Dokument hier bezieht. Die Veröffentlichung war im Jahr 1947.

Jesus sagte ‚GOTT IST LICHT‘ und damals wußte niemand, was Er damit meinte. Jetzt ist der Tag gekommen, an dem alle Menschen wissen sollen, was Jesus meinte als Er sagte ‚GOTT IST LICHT‘.

Denn innerhalb des Geheimnisses des Lichtes wird den Menschen ein ungeheures Wissen offenbart werden. Alles was ist, ist Licht; nur darum müssen wir uns kümmern, aber wir wissen immer noch nicht, was es ist. Der Sinn dieser Botschaft ist, auszusprechen, was es ist.

Die heutige Zivilisation ist sehr weit fortgeschritten in dem Bereich, WIE man mit Materie umgeht, aber wir wissen nicht, WAS Materie ist, noch WARUM sie ist. Noch wissen wir, was Energie, Elektrizität, Magnetismus, Gravitation und Strahlung ist. Wir kennen weder die Struktur der elementaren Atome, noch das gyroskopische Prinzip, welches ihre Struktur bestimmt. Wir sind uns auch nicht bewußt, daß dies hier ein zweiwegiges endloses Universum des Ausgleichs ist, was alle Auswirkungen von Bewegung betrifft und kein einwegiges, endliches Universum. Genauso wenig haben wir von den wichtigsten Prinzipien der Physik gehört oder sie vermutet, nämlich DAS PRINZIP DES NICHTS mit den Spiegeln und Linsen des Raumes, die die Ursache der Illusion in allen sich bewegenden Dingen sind.

Das gesamte elektrische Universum wird von uns auch nicht als die Illusion erkannt, die es wirklich ist; es gibt keinerlei Realität.

Wir haben auch nicht die geringste Ahnung, warum der Raum gekrümmt ist, noch wissen wir etwas über die Krümmung von Ebenen mit Nullkrümmung an den Grenzen der Wellenfelder. Bisher weiß niemand, wie Kristalle ihre unterschiedlichen Formen aufbauen. Es wird die Welt überraschen, daß die kristallinen Formen vom Raum durch die Form der Wellenfelder bestimmt werden, die die unterschiedlichen elementaren Strukturen festgelegt haben.

Wir haben nicht die geringste Vorstellung davon, was das Lebensprinzip darstellt, oder das Prinzip des Wachstums, das gleichzeitig sich ent- und zusammenfaltende Prinzip, das alle natürlichen Muster folgerichtig wiederholt, sie aufzeichnet und wieder löscht, wenn sie wiederholt wurden. Noch sind wir uns des aufzeichnenden Prinzips bewußt, mit dem der Schöpfer die Summen jedes aufeinanderfolgenden Zyklus' in Seinem sich ent- und zusammenfaltenden Universum weiterträgt bis zum Ende seiner Manifestationen auf einem Planeten und dem Beginn eines Neuen.

Wir sind uns auch definitiv nicht der Seelen und Saaten aller Dinge bewußt. Diese Wurzeln der sich immer wiederholenden universellen Wiederkehr sind jetzt metaphysische Abstraktionen der Religion und physisches Rätselraten der Wissenschaft.

Die Antwort all dieser bisher ungelösten Fragen und noch vieler mehr liegt im Geheimnis des Lichts, das die Zeitalter bisher noch nicht aufgedeckt haben. Diese Offenbarung der Natur des Lichtes wird das Erbe der Menschheit im kommenden Neuen Zeitalter des größeren Verständnisses sein. Ihre Ent-Faltung wird sowohl durch die Methoden der Wissenschaft als auch der Religion die Existenz Gottes beweisen. Sie wird das derzeit bekannte wissenschaftliche Material mit einer spirituellen Basis versehen.

Auf diese Weise wird zwischen den beiden wichtigsten Elementen der Zivilisation, Religion und Wissenschaft, eine Vermählung stattfinden. Das wird auch menschliche Beziehungen harmonisieren, da größeres Wissen über die universellen Gesetze vorhanden sein wird, die hinter den Prozessen verborgen liegen, welche das Licht nutzt, um die Muster dieses elektrischen Wellenuniversums miteinander zu verweben.

Es wird keinen Lebensbereich geben, der nicht nachhaltig von diesem neuen Wissen von Natur und Licht beeinflußt werden wird, von der Universität bis zum Labor, von der Regierung bis zur Industrie, und von Nation zu Nation.

Ich gebe Euch all das mit der umfassenden Klarheit, mit dem es mir von hinter den Kulissen dieses kosmischen Kinos der Lichtillusionen zuteil wurde, welches unser Universum ist.

WALTER RUSSELL

-------- *ZITATENDE* --------

Und all seine wunderbaren Werke in Philosophie, Kunst, Atomarwissenschaft, all seine Beziehungen zu berühmten Persönlichkeiten, all seine Auszeichnungen von den höchsten menschlichen Quellen dienten nur dem einen und einzigen Wunsch, seinen Mitmenschen erleuchtete Wahrheit zu bringen, so daß sie GOTT ERKENNEN mögen! So sei es.

* * * * *

NIKOLA TESLA

In Jugoslawien geboren, kam Nikola Tesla im Jahr 1884 im Alter von 28 Jahren in New York mit Tausenden anderer Immigranten aus Europa an. Er hatte vier Penny in der Tasche – und sein Gehirn war voll mit brillanten Ideen, die die Wissenschaft überraschen, die Menschheit an ihr wahres Energiepotential führen und die Welt erhellen würden.

Im Vergleich zu seinem Zeitgenossen Thomas Edison, ist der Name Nikola Tesla relativ unbekannt. Dennoch sollte man wissen, daß ohne seine wissenschaftlichen Errungenschaften und Erfindungen die Welt heute eine ganz andere wäre. Man hätte zwar Edisons Glühbirne, aber einen Nutzen hätte nur der, der innerhalb eines Radius' von einer oder zwei Meilen um ein Elektrizitätswerk herum wohnen würde. Wechselstromgeneratoren, Transformatoren und Motoren waren Teslas Entwicklungen und sie überwanden Edisons immense Einschränkungen der Elektrizitätssysteme und machten die Elektrizitätsübertragung über große Distanzen hinweg praktikabel. Im Grund war es das Genie Tesla, das die Welt erhellte – und nicht nur Häuser der Reichen.

Sein Genius beschränkte sich allerdings nicht auf eine einzige Errungenschaft, so überwältigend sie auch gewesen sein mag. Er erfand die Tesla-Spule, die bis heute in der Radio- und Fernsehtechnik und anderen elektronischen Geräten benutzt wird. Er zeigte den Weg zu Fernbedienungen. Er produzierte bessere Turbinen als irgend jemand anders. Er erfand das künstliche Licht. Er nutzte das elektrische Potential der Niagara-Fälle – zu jener Zeit eine Meisterleistung.

Im Jahr 1900, zwanzig Jahre vor der ersten kommerziellen Radiosendung, versuchte er, einen riesigen Turm auf Long Island zu bauen, um nicht nur Radio- und Fernsehwellen zu senden, sondern auch andere elektromagnetische Energiearten. Es war ein riesenhaftes Unterfangen, das die Art des modernen Lebens mehr als jedes andere Projekt revolutioniert hätte – es scheiterte jedoch, als die finanzielle Unterstützung zurückgezogen wurde.

Auf der Höhe seines Erfolges unterhielt Tesla ein Entwicklungslabor in New York. Von Zeit zu Zeit öffnete er die Tore des Labors für die Öffentlichkeit und gab Demonstrationen zur Natur von Elektrizität und die neuen Entwicklungen, an denen er arbeitete. Die Demonstrationen waren oft sehr spektakulär, weil Tesla ganz gelassen elektrischen Strom durch seinen Körper leitete, um eine Leuchtröhre zu entzünden, die er in der Hand hielt. (Das ist nicht so viel anders als die Methode, mit der Ihr dann endlich AIDS heilen könnt.) Das Labor selbst enthielt viele Erfindungen, die nie kommerziell angewandt wurden. Zum Beispiel wurde keine seiner Leuchten oder Motoren durch Kabel an die Stromquelle angeschlossen. Stattdessen lief eine einzige Schleife unter der Decke um die vier Wände. Diese Schleife stand ständig unter Elektrizität und davon wurden Teslas Lampen und Motoren „irgendwie" elektrisch gespeist.

Genauso eindrücklich wie Teslas Einfallsreichtum und Erfindungen waren aber auch die Durchbrüche, die er auf wissenschaftlicher Ebene mit den Elektrizitätsprinzipien erreichte. Er hatte mehr Wissen über die Prinzipien der Elektrizität als irgend jemand vor oder nach ihm. Er wußte, wie Elektrizität sich verhielt, was man erwarten konnte, und das nicht nur durch Beobachten der elektrischen Phänomene, sondern auch intuitiv durch direkte Wahrnehmung der archetypischen Elektrizitätsmuster.

Dieses genaue Verständnis der Natur der Elektrizität erlaubte es Tesla, den Wert von Wechselstrom zu erkennen und wie man ihn praktisch anwandte – zu einer Zeit, als andere Wissenschaftler das als wissenschaftliche Kuriosität ohne praktischen Sinn abtaten. Es war auch dieses vergleichsweise profunde Verständnis und diese unverstellte Einsicht, die Tesla dazu brachten, eine Serie von Experimenten in Colorado Springs durchzuführen, wo er terrestrische stehende Wellen nachwies – und damit belegte, daß die irdische Atmosphäre elektrisch aufgeladen ist und man elektromagnetische Wellen von jedem zu jedem x-beliebigen Punkt auf der Erdoberfläche transportieren kann. Er selbst betrachtete dies als die wichtigste Entdeckung seiner Laufbahn und machte auch praktische Tests, indem er ohne Kabel Elektrizität durch die Luft schickte und damit in einer Entfernung von fünfundzwanzig Meilen Lampen erglühen ließ. Selbst Forscher von heute verstehen die Wichtigkeit dieser besonderen Entdeckungen nicht.

Traurigerweise kamen viele von Teslas Ideen nicht über die experimentelle Phase hinaus. Eine Welt, die mit ihren weltlichen Ansprüchen beschäftigt war, hätte die Kleinode aus Teslas transzendentem Denken zu seinen Lebzeiten auch gar nicht schätzen können und hat seine Arbeit auch nicht nennenswerterweise finanziell unterstützt. Leider hatte Tesla auch später in seinem Leben kaum genügend Fördermittel, um seine wissenschaftlichen Untersuchungen zu finanzieren. Und dennoch verfolgte er neues Wissen, obgleich die Hauptbestandteile seiner Einsichten niemals Verwendung fanden.

EINER SEINER SPEKTAKULÄRSTEN IDEEN WURDE ABER DENNOCH EINIGE AUFMERKSAMKEIT ZUTEIL. ER ENTWICKELTE EINEN „TODESSTRAHL", MIT DEM MAN ÜBER EINE ENTFERNUNG VON 250 MEILEN ZERSTÖRUNG DURCH DIE LUFT SENDEN KONNTE. NACHDEM ER DAS TÖDLICHE

POTENTIAL EINES SOLCHEN GERÄTES UND DIE UNFÄHIG-
KEIT DER REGIERUNGEN, DIESES WEISE EINZUSETZEN,
ERKANNT HATTE, BEHIELT ER DIE PRINZIPIEN DAHINTER
FÜR SICH.

Tesla EXPERIMENTIERTE AUCH INTENSIV MIT DEN
RESONANZPRINZIPIEN, also der Fähigkeit von Energien, mit
einem anderen physischen Objekt oder einer anderen Kraft gleichzeitig mitzuschwingen. Er verstand diese Prinzipien gut genug, um
mit einem kleinen Gerät künstliche Erdbeben zu erzeugen – und
beharrte auch darauf, er könne mit diesem Wissen die Erde wie
einen Apfel teilen. Heute versuchen viele Wissenschaftler, mit ihren
Arbeiten das Resonanzprinzip wieder zu entdecken, das Tesla in seinem Werk anwandte – aber nicht die Unterstützung erhielt, um es
weiterzuentwickeln.

Und eigentlich wurde in vielen Zirkeln ein großes Mysterium um
diesen Mann und seine Entdeckungen gelegt. Russische Wissenschaftler versuchen, seinen „Todesstrahl" nachzuvollziehen, genau wie amerikanische auch. Jedoch ohne das grundlegende Verständnis dessen
gibt es nur eine geringe Chance, daß sie die Erde „einfach wie einen
Apfel zerteilen", denn sie haben nicht die geringste Ahnung, wie sie
ihr Spielzeug kontrollieren können – und es wäre auch schade, wenn
sie es könnten, da es die mögliche Zerstörung der bekannten Welt und
ihrer menschlichen Spezies bedeuten würde.

Es sind nur relativ Wenige in der Lage, sein Denken und Verstehen
der wissenschaftlichen Prinzipien nachzuvollziehen und die, die dem
nahekommen, leben in Gier und Selbsternennung als Erfinder, genau
wie es zu seinen Lebzeiten auch war.

Das ist wohl einen Gedanken wert. Auf lange Sicht gesehen, geht
es bei Tesla nicht um seine bahnbrechenden Erfindungen, die als sein
größter Beitrag für die Menschheit gesehen werden sollten, so spektakulär und wichtig sie auch waren. TESLA BESTEHT DARAUF, DASS
DAS FOLGENDE BETONT WERDEN SOLL: VIEL WICHTIGER
WAR DAS VORBILD, DAS ER FÜR WISSENSCHAFTLICHES

DENKEN UND ENTDECKUNGEN SETZTE. TESLA WAR EIN WAHRHAFTIGES BEISPIEL EINES ERLEUCHTETEN GENIES UND SETZTE EIN ZEICHEN VON BRILLANZ, DAS FÜR ALLE WISSENSCHAFTLER, GENIES UND INTELLIGENTE MENSCHEN VORBILD SEIN SOLLTE.

DAS DENKEN WAR FÜR TESLA EIN PROZESS, DER DIE OBJEKTIVE, PHYSISCHE WELT MIT VIELEN SUBTILEN REALITÄTEN VERBAND, IN DENEN IDEEN UND KONZEPTE WIE FISCHE IN EINEM OZEAN SCHWIMMEN UND NUR DARAUF WARTEN, VOM FORSCHENDEN MENSCHLICHEN VERSTAND GEFANGEN ZU WERDEN. ER WAR NICHT DAMIT ZUFRIEDEN, ÜBER IDEEN UND THEORIEN ZU SPEKULIEREN; ER BEWEGTE SICH ÜBER SPEKULATIONEN HINAUS UND LERNTE, MIT IDEEN UND GEDANKEN IN IHRER EIGENEN REALITÄT UMZUGEHEN, IN DER SIE VOLLSTÄNDIG WAHRGENOMMEN WERDEN KÖNNEN.

IN ANDEREN WORTEN, TESLA NUTZTE SEINEN VERSTAND, UM HIMMEL UND ERDE ZU VERBINDEN. ER IST SICHERLICH NICHT DIE ERSTE PERSON, DIE DAS JEMALS UNTERNOMMEN HAT, ABER DIE MEISTEN ANDEREN GENIES, DIE LERNEN, DEN HIMMEL AUF DIE ERDE ZU BRINGEN, TUN DAS IN RELIGIÖSER, PHILOSOPHISCHER ODER KREATIVER WEISE. WÄHREND IHR ZUTUN SICHER WERTVOLL IST, SIND SIE JEDOCH IMMER GEBUNDEN AN UNGENAUE WORTE UND NICHT GREIFBARE GEFÜHLE ÜBER LEBEN, LICHT UND SCHÖNHEIT. IM GEGENSATZ DAZU BÜNDELTE TESLA SEINE AUF DER GEISTEBENE EXISTIERENDEN IDEEN IN RICHTUNG WISSENSCHAFTLICHER ENTDECKUNGEN. ER ÜBERTRUG SEINE IDEEN NICHT IN VAGE VORSTELLUNGEN UND SCHÖNE GEDANKEN, SONDERN IN TURBINEN, LICHTSYSTEME, SENDETÜRME UND ELEKTRISCHE GERÄTE. IN SEINEN HÄNDEN WURDE DAS LICHT DES HIMMELS BUCHSTÄBLICH ZUM LICHT DER ERDE.

Ich, Hatonn, möchte einen letzten Kommentar in diesem Gedankenfluß anbringen. Die Menschheit tendiert dazu, diese Gedanken und Projektionen für sich zu nehmen und sie dann irgendwie so zu verändern, daß sie den eigenen Vorstellungen entsprechen. In Teslas Fall geht das nicht so einfach wie im religiösen Bereich, denn wenn man Teslas Konzept nicht punktgenau anwendet, wird es auch zu keiner funktionierenden Maschine werden. Ihr müßt allerdings wissen, daß seine Ideen von Anfang an bis heute gestohlen wurden.

Für Fragestellungen zu seiner Brillanz hatte er einen einfachen Spruch von Isaac Newton: „WENN ICH WEITER VORAUSSCHAUEN KONNTE, STAND ICH AUF DER SCHULTER VON RIESEN."

* * * * *

KOMMANDANT
ANTHEOSE XANDEAU ASHTAR

KOMMANDANT GYEORGOS CERES HATONN

Wir wollen uns nicht noch lange aufhalten über unser beider eigene Geschichte, denn diese lästigen Kleinigkeiten sind von wenig Wert und wurden auch in früherem Material bereits dargelegt, so daß es hier nur Ablenkung wäre. Bitte vernehmt einfach, daß wir sehr echt sind und in Liebe und Wahrheit und zu dieser Zeit im Dienst der Höheren Quelle kommen. Wir haben mit großer Dankbarkeit die Teilnahme hierin angenommen und schätzen es sehr, wenn wir großmütig akzeptiert werden.

Wenn die Zeiten fortschreiten, sind wir zuversichtlich, daß Ihr unserer Präsenz vertraut, denn Ihr wurdet so unglaublich lange irregeführt, daß Ihr Euren Ursprung vergessen habt. Da wir Euch Korrekturen zu Euren Mythen bringen, die durch den Lauf der Zyklen durch Eure „angenommene" Zeit verzerrt wurden, wird es notwendig, daß wir die reine Wahrheit sowohl über unsere Präsenz als auch über den Informationsgehalt geben.

Wir warten sehnsüchtig darauf, mit Euch diesen Übergang des Wechsels von „Zeit" und „Raum" zu vollbringen. Es geht um die wahre Bruderschaft der Menschheit in allen Dimensionen, weshalb wir jetzt in Euer physisches Bewußtsein kommen, so daß Ihr Euch auf unseren physischen Besuch vorbereiten könnt.

Der Zweck dieser Botschaften ist, sich in Freundschaft kennenzulernen und Euch durch eine höchst schwierige und mit Prüfungen beladene Zeit Eurer Evolution hindurch zu begleiten. Und außerdem dienen sie für Euch zur Erkenntnis, daß die Dimensionen „anders" sind, aber deshalb nicht ungültig. Wir sind wirklich sehr echt, es gibt weder Mystik noch Magie über unsere unsichtbare Präsenz – alles geschieht innerhalb der universellen Physik; wir sind nicht mehr als höher dimensionale Wesen, die in Technologie und dem Wissen über die Schöpfung und die Universelle Wahrheit fortgeschrittener sind als Ihr.

In Liebe und Wertschätzung für Euren freundlichen Empfang, beende ich hiermit dieses Dokument. Möge Gott sanft und gnädig mit Euch sein, liebe Brüder, wenn Ihr durch diese höchst schwierige Zeitabfolge reisen werdet. Wir stehen bereit zu Eurer Hilfe, wenn Ihr uns in gleichem Frieden und Aufrichtigkeit darum bittet.

COMMANDER ASHTAR UND COMMANDER HATONN VERABSCHIEDEN SICH BITTE. DANKE EUCH.

Übertragung beendet

Übertragung beendet um 10.31 Uhr am 23. Oktober 1989, Tag 68, Jahr 3

ENDE

BIBLIOGRAPHIE

Die gesamten Phönix-Journale in Englisch finden Sie hier zum kostenlosen Download:

http://fourwinds10.com/journals/

Infos über die in drei Ausgabeformaten Hardcover, Paperback und eBook erschienenen Phönix-Journale in deutscher Sprache finden Sie unter:

https://christ-michael.net/die-phoenix-journale/

Glossar

CHRIST MICHAEL ATON VON NEBADON (CM)

Christ Michael ist ein Paradies Schöpfersohn, geschaffen vom Ewigen Vater und dem Ewigen Sohn. Seine Identität als Schöpfersohn prädestinierte ihn zum Schöpfer eines eigenen Universums, unseres Lokaluniversums von Nebadon, das in der Peripherie des großen Universums liegt. Alle Schöpfersöhne werden Michaele genannt (vgl. „El Machal", der Allerhöchste). Dazu hat jeder seine individuelle Namenskennung, die in diesem Fall Christ/Christ Michael lautet. Christ Michael ist erst seit ca. 2000 Jahren vollständig souverän über sein Universum.

Durch die 7. Selbsthingabe als Jesus von Nazareth (gemeinsam im gleichen Körper mit Esu Jmmanuel Kumara als Navigator) auf einem Planeten der Luziferrebellion erlangte er vor dem Ewigen Vater den Rang des Souveräns von Nebadon. Christ Michael gilt unter den Schöpfersöhnen als sehr risikofreudiger und unkonventioneller Schöpfersohn, der die Tendenz besitzt, neue Wege zu beschreiten. Sein vollständiger Name ist übrigens um vieles länger und würde auf Papier wohl eine halbe Seite einnehmen. Dieser Name wird im Urantia-Buch nicht offenbart. Er nennt sich einfach Christ Michael, bzw. CM, Aton, Hatonn, oder auch George, und manchmal auch in seinem reichhaltigen Humor „Big Cheese".

ATON BZW. GYEORGOS CERES HATONN

Kommandant des plejadischen Sternschiffes Phönix, hinter dem sich die aktuelle Verkörperung von Christ Michael Aton – kurz CM genannt – verbirgt. CM löst hierdurch das Versprechen seiner

Rückkehr ein. Er ist nicht durch Geburt inkarniert, sondern benutzt den geklonten Körper eines „großen Grauen" für seine spezielle Mission in der Korrekturzeit. Unter diesem Namen wurden auch die meisten Beiträge für die Phönix-Journale „durchgegeben". (Eve)

Esu JMMANUEL Kumara – Sananda

Esu ist der Sohn von Sanat Kumara und bekleidet den Rang eines Mächtigen Botschafters. Er ist ein Sternenkrieger erster Güte, erprobt und erfahren, und er diente Christ Michael in der Inkarnation als Jesus, wo er in einer Doppelinkarnation mit CM im Körper von Jesus seinen Erfahrungsschatz auf materiellen Welten zur Verfügung stellte. Er trägt den Titel „Sananda", unter dem er als „Aufgestiegener Meister" bekannt ist. Sananda bedeutet „Eins mit Gott". In den kommenden ca. 1000 Jahren des Neuen goldenen Zeitalters hat er das Amt des planetaren Fürsten auf der materiellen Ebene inne. Er ist definitiv verkörpert und wird wieder sichtbar auf der Erde sein. Sein weibliches Komplementär ist die Aufgestiegene Meisterin Lady Nada, die damals als Maria Magdalena verkörpert war.

Adam und Eva

Auszug aus einem Channeling mit El Morya, „Verschmelzen der Religionen" Adam und Eva: Dies war eine große Mission, eine der großen Offenbarungen, aber was Eva gemacht hat – ihr „Versagen", wurde durchweg lächerlich gemacht und in die Geschichte gepackt, in der ein Apfel gegessen wurde. Vergeßt die Apfelgeschichte, Ihr Lieben. Adam und Eva kamen als hochgebildete Persönlichkeiten hierher, von der Sphäre Jerusem. Sie hatten einen hohen Rang in der universellen Hierarchie, sie waren erfahrene Mitarbeiter in den universellen Labors und Mitglieder des Ordens der planetaren „Adame und Evas", die im Allgemeinen auf Planeten entsandt werden, die eine Offenbarung benötigen. Sie kannten ihren Job gut, und verpflichteten sich selbst wie verlangt, den Job ohne weitere himmlische Unterstützung zu vollbringen, sozusagen „in Quarantäne".

Nun liefen die Dinge auf diesem speziellen Planeten von Urantia nicht so gut, wie es erhofft worden war. Adam und Eva war es nicht gestattet, ihre DNS mit den „gewöhnlichen" Leuten zu vermischen, die hier angesiedelt waren. In ihrer Mission ging es um die Implementierung der höheren DNS durch Fortpflanzung, exklusiv aus der vermischten DNS von Adam und Eva und ihren direkten Nachkommen, wie auch um Unterrichtung.

Es geschah nicht aus Gier nach persönlichen Vorteilen, daß Eva gegen die Abmachung verstieß und im Mitgefühl ihre DNS an die „gewöhnlichen" Leute weitergab. Es war ihre bewußte Entscheidung, die aus dem Wunsch des Dienstes an der Menschheit in Kraft gesetzt wurde. Adam war sehr betroffen über Evas Entscheidung, und daher solidarisierte er sich mit Eva, so daß sie nicht alleine die Konsequenzen aus dem Vertragsbruch tragen mußte.

Auch Adam gab seine DNS jenseits des vorgegebenen Rahmens weiter, um sich selbst auf dieselbe Ebene wie Eva zu begeben. Die Konsequenzen bestanden darin, daß Adam und Eva den Garten, in dem sie lebten, verlassen mußten und Beide sämtliche Privilegien verloren, die ihnen vorher zugestanden hatten.

Nachdem ihr irdisches Leben geendet hatte, wurden sie zur Verantwortung gezogen, weil sie vertragsbrüchig geworden waren, aber Gott ist wahrhaftig Liebe und Christus rehabilitierte sie. Jetzt sind Beide Mitglieder im planetaren Rat von Urantia.

Soweit zu diesem Thema, nur um Euch ein Beispiel zu geben, wie Information abhanden kommen kann, geschmälert, ins Lächerliche gezogen wird. Und denkt mal darüber nach, wie viele Frauen in der Geschichte gefoltert worden sind, nur wegen eines Alptraumes, den der Mensch als „Erbsünde Evas" bezeichnet.

Diese gescheiterte Mission hatte mit Sicherheit Konsequenzen für alle Menschen, die auf Erden gelebt haben, aber das was ungebildete, gierige und naive Menschen daraus gemacht haben, kann nicht wirklich Eva zugeschrieben werden.

Zusatz aus dem UB: Adam und Eva materialisierten vor fast 38000 Jahren auf Urantia. Sie waren ca. 2,5 Meter groß und hatten eine violette Hautfarbe. Ihre Körper leuchteten und in der Nacht, wenn sie ihre Mäntel trugen, erschien das Leuchten von ihren Köpfen wie ein Heiligenschein. Sie hatten eine sehr schwierige Mission, weil die planetare Quarantäne sie von jeglichem Kontakt mit dem Rest des Universums isolierte. Sie kamen auf einen rückläufigen Planeten, ohne planetarischen Prinzen, mit Menschen, die wenig auf ihr Erscheinen vorbereitet waren.

Eva gebar 105 Nachkommen aus reiner Herkunftslinie, bevor sie ihr Mandat aufgaben – siehe oben. Adam wurde 530 Jahre alt und starb an Altersschwäche. Eva starb 10 Jahre vor Adam an einem schwachen Herzen. (Urantia-Buch, Schriften 73-76)

Sanat Kumara

Sanat Kumara ist das Oberhaupt der weitläufigen Familie Kumara. Esu JMMANUEL Kumara ist sein Sohn – in kosmischem Verständnis eine „Ausdehnung seiner Energie" (vgl. Esu's Biographie durch Jess, unter der Rubrik VIPs, Esu). Seine weibliche Entsprechung ist Lady Venus Kumara. Die Kumaras sind eine Familie von „Sternenkriegern", was bedeutet, daß sie Spezialisten für komplizierte und verfahren erscheinende Situationen sind.

Während Christ Michaels 7. Selbsthingabe als „Jesus" gemeinsam mit Esu waren eine Menge der Leute in seinem direkten Umfeld inkarnierte Kumaras. Bekannt ist, daß die Kumaras ursprünglich aus dem System Lyra kamen, von wo sie aufgrund von Zerstörung ihres

Heimatplaneten umsiedeln mußten. Ein Teil integrierte sich ins plejadische System, ein anderer ins Sirius-System.

Sanat Kumara ist uns hauptsächlich geläufig als „Herr der Venus", der sich aber auch ausgedehnte Zeitalter um Urantia kümmerte. Derzeit ist sein Amt das des solaren Logos, was man quasi als Supervisor unseres Sonnensystems bezeichnen könnte. Das Wort Kumar bedeutet im Indischen soviel wie „Prinz". Passenderweise wird Esu Jmmanuel Kumara in den nächsten ca. 1000 Jahren das Amt des materiellen Fürsten (vgl. engl. „Prince") bekleiden, gemeinsam mit seiner weiblichen Entsprechung Lady Nada.

NEBADON

Nebadon ist der Name des Lokaluniversums, in dem wir uns befinden. Es ist die Schöpfung des Schöpfersohnes Christ Michael gemeinsam mit dem Muttergeist Nebadonia. Es ist bis jetzt ein Projekt von 400.000.000.000 Jahren. Es wird, wenn es fertig ist, aus 100 Konstellationen, 10.000 Systemen und 10.000.000 bewohnten Planeten bestehen. (Urantia-Buch, Teil II)

NEBADONIA

Universum Mutter Geist von Nebadon. Sie wurde von der Dritten Person der Trinität erschaffen, dem „Vereinigten (Mit-)Spieler (Conjoinded Actor), auch „Mitvollzieher" genannt und auch als der „Heilige Geist" bezeichnet. Nebadonia ist die Repräsentantin dieser Dritten Person der Trinität, in unserem Lokaluniversum von Nebadon. Universum Mutter Geist von Salvington, Göttliche Ministerin, Gehilfin und spirituelle Begleiterin von Michael – in aller Liebenswürdigkeit in ganz Nebadon als „Mutter" bekannt. Sie allein erschuf unzählige Persönlichkeiten. Sie ist die Schöpferin der Seraphimen Wesen in Nebadon und die Selbsthingeberin des Geistes durch das Repräsentieren des „Mitvollziehers", wie auch durch ihren eigenen Einfluß als die Präsenz des Heiligen Geistes. Sie stellt den „Lebensfunken" zur Verfügung, der alles Leben, Geschöpfe und Pflanzen auf allen Welten Nebadons belebt. (UB, Schrift 34)

ORVONTON

Name des Superuniversums, in dem sich unser Lokaluniversum Nebadon befindet. Es handelt sich um das SIEBTE Superuniversum, das ganz Besonders auf den Fokus der Liebe ausgerichtet ist. Der amtierende Hauptgeist ist Lord SIRAYA, von den Sirianern auch als Lord Surea bezeichnet.

Durch BEYOND wissen wir jetzt, daß Siraya wesentlicher Teil eines Komplottes gegen CM ist und seine Aufgabe zur Disposition steht.

(Eve) Zusatz: Eigentlich wird ein Superuniversum von drei Persönlichkeiten „regiert". Sie werden die „Ältesten der Tage" genannt.

Orvonton rotiert, zusammen mit den anderen sechs Superuniversen um das Zentrale und Göttliche Universum, der perfekten Schöpfung des Paradies Havona. Nach Vollendung wird es aus 1 Trillion bewohnter Planeten, 10 Hauptsektoren (relativ symmetrische Sternhaufen) und 10 Trillionen Sonnen bestehen. Wenn man durch die dichtesten Ebenen von Orvonton in Richtung Paradies schaut, sieht man die Milchstraße. Orvonton ist noch nicht vollendet. Seine Hauptstadt ist Uversa. (UB, Schrift 15)

PHÖNIX

Plejadisches Raumschiff, Mutterschiff. Es hieß früher anders, wurde im Rahmen von Christ Michaels Mission umbenannt. Die Phönix ist CMs materieller „Sitz" und seine Kommandozentrale in seinem Projekt der Säuberung Urantias. CM kehrte 1954 als Kommandant Hatonn bzw. Gyeorgos Ceres Hatonn (auch genannt Aton) gemäß seinem früher gegebenen Versprechen zurück und fing an, Durchgaben zum Zeitgeschehen über das irdische Medium Dharma zu machen. Diese Journale wurden bis Ende der 90er Jahre fortgesetzt und werden als „Phönix-Journale" bezeichnet. Der aus der Asche emporsteigende Phönix ist auch das Siegel auf jedem Journal. (Eve)

QUARANTÄNEPLANET

Planeten, die einer Rebellion anheimfallen (wie es auf Urantia mit der von dunklen Kräften inszenierten „Luzifer-Rebellion" der Fall war), werden von den kosmischen universellen Kreisläufen des Lichts abgekoppelt und in „Quarantäne" isoliert, damit sich die Rebellion nicht weiter ausbreiten kann.

Urantia wurde sofort nach Caligastias Anschluß an die Rebellion unter Quarantäne gestellt und es wurde damals auch sofort damit begonnen, die Korrekturzeit zu planen. Mit Beginn der Korrekturzeit wird der Planet wieder an die kosmischen Kreisläufe angeschlossen und unter ein besonderes Programm gestellt.

Die Quarantäne war mit ein Grund, warum die Amnesie der Menschen auf Urantia bezüglich ihrer kosmischen Herkunft besonders schwerwiegend ausgefallen ist. (Eve) Zusatz: Die Isolation und Abkopplung vom Universellen Kreislauf wird so lange aufrecht erhalten, bis die Ältesten der Tage darüber zu Gericht sitzen und über die Angelegenheit ein Urteil fällen.

Die Isolation, die auch weitere 36 Planeten betraf, dauerte 200.000 Jahre, bis 1985 der Gerichtsprozeß stattfand. Dies war der Beginn der Korrekturzeit.

KORREKTURZEIT

Kosmische Zyklen sind als Taktgeber für die Entwicklungsstufen gemäß dem Schöpfungsplan anzusehen. Da Urantia seit der sogenannten „Luzifer-Rebellion" vor etwa 200.000 Jahren aus dem Tritt gekommen ist, der Planet mit der Menschheit jedoch nicht aufgegeben werden soll, hat Christ Michael eine Korrekturmaßnahme eingeleitet, die mit Unterstützung vieler himmlischer Persönlichkeiten, der Menschheit und dem Planeten den Anschluss an den Rest des Lokaluniversums ermöglichen soll und die Verankerung in „Licht und Leben" zum Ziel hat.

Die Korrekturzeit wird sich voraussichtlich über die nächsten 1000 Jahre erstrecken. Die Korrekturzeit bezieht sich nicht nur auf die Erdveränderungen – aufgrund natürlicher oder vom Menschen verursachter Gründe, wie Umweltverschmutzung, Überbevölkerung – sondern auch auf die Veränderungen in Bezug auf die Institutionen, die mit Wirtschaft, Politik, Religion, Erziehung und der Familie zu tun haben.

Christ Michael hatte sich mit dem Plan für diese nötige Korrektur schon vor 200.000 Jahren befasst und er betrifft noch 36 andere Planeten, die ebenfalls in die Rebellion involviert waren und somit auch in Quarantäne und ohne Möglichkeit der Kommunikation mit dem Universum waren.

URANTIA

Der Name von diesem Planeten, der Erde, in den kosmischen Registern. Unser Planet wurde schon so genannt, lange bevor es auf ihm Bewohner gab, die fähig dazu waren, in einer gesprochenen Sprache zu kommunizieren. Der Name geht auf den Planetarischen Höchsten zurück, der mit den Lebensträgern zusammen ankam, um Leben einzupflanzen und dessen Name Urantia war.

URANTIA-BUCH

Das Urantia-Buch (engl. The Urantia Book) ist ein 1955 erschienenes Buch in englischer Sprache, in dem der Begriff „Urantia" als eigentlicher Name des Planeten Erde vorgestellt wird. Das Buch entstand in Chicago, Illinois, USA zwischen 1924 und 1955 und beruft sich auf Offenbarungen durch geistige Wesenheiten aus sehr hohen kosmischen Kreisen.

Die Schriften des Urantia-Buches (erste deutsche Ausgabe 2005; 2. Ausgabe 2008) bietet dem Leser u.a. einen einzigartigen Überblick über Struktur, Verwaltung und Personal des Schöpfungsreichs sowie über die Geschichte unseres Universums von Nebadon, der Erde Urantia, der Evolution der Menschheit, der Mission von Adam und Eva und der Ersten Ankunft von Christ Michael auf der Erde vor 2.000 Jahren.

Auch wenn das Buch aus heutiger Sicht nicht frei von irreführenden Beschreibungen ist, präsentieren die Inhalte insgesamt einmalige und überzeugende Darstellungen über die Grundfragen der Existenz und insbesondere über das Abenteuer der menschlichen Evolution in Bezug auf die Wiederherstellung der Verbindung zum Schöpfer.

WEITERE INFORMATIONEN

zu den Themen dieses Buches, insbesondere im Zusammenhang mit der Mission von Christ Michael Aton, finden Sie unter

https://christ-michael.net

Das Journal Nr. 01, SIPAPU ODYSSEE, ist das einzige Journal, was ein Copyright hat, weil es offiziell als „Roman" deklariert ist und direkt von *Doris Ekker*, aka *Dharma*, aka Pseudonym *Dorushka Maerd* geschrieben wurde.

Allerdings erklärt CM/Hatonn darin bereits in der Einleitung, es sei alles genau so gewesen. Im Rahmen einer Nahtoderfahrung beschreibt *Dorushka Maerd* ihre Erfahrungen mit den „Raumbrüdern" in einer Art höheren Dimension.

Die spannenden Schilderungen umfassen metaphysische und schwer erklärbare Geschehnisse, die sich als Folge eines absichtlich von dunklen Kräften herbeigeführten Verkehrsunfalles ereignen.

Der Unfall bildet die Rahmenhandlung, die mit dem scharfen Blick des Rotschwanzfalkens beobachtet wird. Von da aus beginnt eine spannende Reise voller Poesie und ewiger universeller Wahrheiten. Dabei werden spirituelle Dimensionen der indianischen Ureinwohner Amerikas ebenso berührt wie die Verantwortung des Menschen auf diesem Planeten im Sinne des Schöpfers.

Bemerkenswert ist, daß die Schilderungen der kosmischen Persönlichkeiten durch die Autorin vollends deckungsgleich sind mit den eigenen Erfahrungen der Übersetzerin während ihrer Kontakte in der meditativen Praxis, wobei besonders der großartige Humor einer der Hauptakteure auffällt.

Ein weiteres wichtiges Thema sind die im Rahmen der Transformation unseres Planeten möglichen Erdveränderungen. Sollten diese in unserer Zeit einsetzen, dann wäre es unbedingt zu empfehlen, sich mit den im Buch beschriebenen Evakuierungsmaßnahmen von OBEN vertraut zu machen.

Es ist eine spannende Lektüre für Suchende und Aufgewachte, bei der auch die Komponente zwischenmenschlicher Herzensliebe einen großen Raum einnimmt.

Erhältlich beim *tredition Verlag* (https://tredition.de) oder im Buchhandel in drei Ausgabeformaten Taschenbuch, Hardcover und eBook.

Das Journal Nr. 02 gehört zu den wichtigen Grundlagen-Werken. Nicht umsonst empfiehlt auch Christ Michael, alias Hatonn, dringend die Lektüre dieses Buches.

Es enthält die ungefilterten und unzensierten Zeugnisse über die dramatischen Ereignisse in Israel vor 2000 Jahren. Erschütternd, berührend – und sehr kontrovers zur kirchlichen Lehrmeinung. Unter schwierigsten Bedingungen hat diese Schrift den Weg in die Öffentlichkeit gefunden. Jesus Sananda Jmmanuel sagt dazu in der Einleitung:

„Das folgende Dokument wurde übersetzt von Schriftrollen, die in Eurem Jahr 1963 von einem katholischen Priester griechischer Herkunft ans Licht gebracht wurden. Die Schriften wurden meistens mit mir an der Seite aufgezeichnet. Diese Schrift beweist zweifelsfrei, daß die falschen Glaubenslehren der Religionen jeglicher Wahrheit entbehren und daß sie die verantwortungslosen Machenschaften skrupelloser Kreaturen sind, die teilweise vom ‚Heiligen Stuhl' angeheuert wurden."

Allein mit diesen Worten zeigt Jesus Sananda Jmmanuel, daß er nicht den Zerrbildern des weichgespülten „Softie" entspricht. Er ist damals gekommen – wie es im Buch heißt – *„das Schwert der Wahrheit und des Wissens und der Kraft des Geistes, die dem Menschen innewohnt"* zu überbringen.

Die Inhalte dieses Buches verschaffen z. B. Klarheit darüber, was er gelehrt und vorgelebt hat, warum sein Name in „Jesus" abgeändert wurde, wer seine Lehrer waren, warum er den Weg der Kreuzigung gegangen ist, wer die wirklichen Verräter waren und viele – prophetische – Einzelheiten über sein Versprechen, wieder zu uns zurückzukehren.

Es sind Worte von großer Kraft und Weisheit. Wer bereit ist, sich mit dem Herzen auf den „Geist" dieser Texte einzulassen, wird mit tiefen Erfahrungen der Erkenntnis beschenkt.

Erhältlich beim *tredition Verlag* (https://tredition.de) oder im Buchhandel in drei Ausgabeformaten Taschenbuch, Hardcover und eBook.

Das Journal Nr. 03 gehört – ähnlich wie das Journal Nr. 02 – zu den wichtigen Grundlagen-Werken.

In diesem Buch enthüllt Commander Hatonn hochgeheime Aktivitäten in den USA, wie z. B. des MJ-12-Programms (Majestic 12) und der Jason Society, deckt die Hintergründe der mysteriösen UFO-Abstürze oder des geheimen Raumfahrtprogramms auf und nennt den wirklichen Mörder von John F. Kennedy.

Es vermittelt schockierende, aber auch erkenntnisreiche Einblicke in eine Welt jenseits unseres durch Zensur eingeschränkten Vorstellungsvermögens.

Obwohl bereits 1989 zum ersten Mal veröffentlicht, hat dieses Phönix-Journal nichts von seiner Brisanz verloren. Im Gegenteil. Jetzt, fast 30 Jahre später, können durch den anhaltenden Aufwach- und Erkenntnisprozeß die dargestellten Fakten und Zusammenhänge besser verstanden werden. Unverblümt sagt Hatonn:

„Ihr sitzt und meditiert über dies oder jenes in Euren lächerlichen Kostümen und singt Kristalle an und Gott allein weiß, was sonst noch, – sehr riskant für Eure Gesundheit und die Existenz im Ewigen Leben. Beherzigt die Warnung! Geht diesen Dingen nach – erforscht sie und hört der Wahrheit zu, die versucht, von Eurem inneren Wissen in Eure Gehirne vorzudringen."

Durch Indoktrination seitens einer selbsternannten Elite halten uns Lüge und Selbstbetrug seit Generationen gefangen. Zur Befreiung reicht uns Hatonn seine helfende Hand:

„Die einzige Weise, in der Ihr hoffen könntet, Stand zu halten, wäre, wenn Ihr angemessene ähnliche Fähigkeiten hättet – die Eure Brüder aus dem Kosmos Euch anzubieten haben." Wenn wir diese Hilfe nicht annehmen, sagt Hatonn weiter, marschieren wir geradewegs zum Armageddon. – Höchste Zeit, endlich – in Einheit mit dem Göttlichen – unser Schicksal zu wenden.

Erhältlich beim *tredition Verlag* (https://tredition.de) oder im Buchhandel in drei Ausgabeformaten Taschenbuch, Hardcover und eBook.

In diesem Buch zeigt Sananda (Esu Jesus Jmmanuel) mit der ihm eigenen schonungslosen Offenheit eine schockierende Realität, welche sich seit Generationen im Geheimen aber doch letztlich mitten unter uns abspielt. Aus Geld-

und Machtgier haben Hunderttausende ihr Denken und Handeln einem Kult unterworfen, der als Satanismus bezeichnet wird. Es sind zu einem großen Teil sehr prominente Menschen aus Politik, Kultur und Medien. Hinter einer ehrenwerten Maske sind sie abscheuliche Monster mit perversen Praktiken, bei denen z. B. hilflose Kinder erbarmungslos sexuell mißbraucht und am Ende rituell ermordet werden.

Es geht hier aber auch um Aufklärung über die subtilen und verführerischen Vorstufen zur Hölle. Drogen, geisttötende exzessive Musik, sexuelle Perversionen oder auch heilsversprechende Ideologien können besonders junge Menschen in einen Teufelskreis führen, dem sie nur schwer wieder entrinnen können.

Sananda nimmt kein Blatt vor den Mund bei der Erklärung satanischer Symbole, Rituale und vor allen Dingen, wie bereits im Kindesalter die Weichen gestellt werden für das Abgleiten in die Knechtschaft des Bösen. Und das alles mit den „Segen" von Eltern, Pädagogen und der Politik. Umso wichtiger ist es, daß wir die kranke Gottesferne bereits im Keim erkennen. Denn, so Sananda, „wenn Ihr nicht aufwacht und Euch dieses Problems annehmt, dann werdet Ihr eine Generation Kinder verlieren, entweder an die Krankheit selbst oder als Mordopfer in den Händen dieser Bösartigen – oder sowohl als auch."

Wie gute Eltern zu ihren Kindern zeigt Sananda aber auch einfühlsam die Wege zur Selbsterkenntnis auf: „Ihr seid bis zu Eurer nahenden Zerstörung Menschen der Lüge gewesen. Ihr müßt Wissen darüber erlangen, wie Ihr dem Widerstand leisten könnt, was dabei ist, Euch einzunehmen. Gott hat Euch nicht verraten – IHR habt das Göttliche verraten und in Eurer Ignoranz ein Angebot bei Skorpionen abgegeben. Ich biete Euch nun meine Hand an, auf daß ich Euch heimbringen möge."

Erhältlich beim *tredition Verlag* (https://tredition.de) oder im Buchhandel in drei Ausgabeformaten Taschenbuch, Hardcover und eBook.

Das Journal Nr. 12 gehört auch – ähnlich wie das Journal Nr. 02 und 03 – zu den wichtigen Grundlagen-Werken. Hier spricht Hatonn wie so oft Klartext, nennt die Dinge beim Namen und neigt dazu, sehr direkt zu sein und seine Information unverblümt und unorthodox auszusprechen.

Gyeorgos Ceres Hatonn

Die Kreuzigung des Phönix

PHÖNIX-JOURNAL Nr. 12

In „Die Kreuzigung des Phönix" spannt Gyeorgos Ceres Hatonn einen sehr weiten Bogen. Von der Beantwortung der Korrespondenz von damaligen Lesern aus dem Jahr 1990 bis zu den Hintergründen vieler Mythen alter Völker.

Dabei geht es immer um das Überwinden der Unwissenheit, die unsere Spezies Mensch in die gottesferne leidvolle Umnachtung, in den geistigen Tod führte. Einengende religiöse und politische Glaubenskonzepte werden von satanischen Kräften bereits im Kindesalter eingetrichtert, um das Wissen über die Macht des Geistes und über die Schöpfungsgesetze zu behindern oder zu verfälschen.

Was früher die Hexenverbrennung war, ist heute die subtile Unterdrückung jeder Art von Denken über den Tellerrand der vorgegebenen Denkschablonen. Das ist die Kreuzigung des Phönix, der durch die Unwissenheit im Feuer leidvoll zu Tode kommt.

Der Phönix wird somit zum Symbol für unseren Evolutionszyklus der Transformation. Nach seinem qualvollen Tod erhebt sich der Vogel aus der Asche. Mit den Flügeln der Erkenntnis schwingt er sich wieder empor und erwacht zu neuem Leben. „Ihr müßt der Wahrheit ins Auge sehen, dann könnt ihr handeln", sagt Hatonn in seinem Vorwort und übermittelt uns auch in diesem Journal wieder tiefgreifende Fluganleitungen für das Erheben aus der Asche der Unwissenheit.

Erhältlich beim *tradition Verlag* (https://tradition.de) oder im Buchhandel in drei Ausgabeformaten Taschenbuch, Hardcover und eBook.

Gyeorgos Ceres Hatonn diagnostiziert in diesem Journal in seiner typischen direkten Art die skrupellosen Machenschaften einer Medizin, die nicht daran interessiert ist, daß wir vollkommen gesund sind.

Das alles ist schockierend, aber auch heilsam und schützend. Denn nur durch das Erkennen der Fallstricke der „unheiligen Allianz" können wir uns und unsere Kinder aus den gefährlichen Täuschungen befreien und alternative Wege der Heilung finden, wozu Hatonn auch viele Tipps und Hinweise gibt. Mit gutem Grund widmet er dieses Journal den vielen ganzheitlichen Ärzten und Heilpraktikern, denen „von den medizinischen Gesellschaften und der Verschwörung der Priester in den Todestempeln übel mitgespielt wird" so Hatonn.

Denn die moderne Medizin ist wie eine Religion, die in ihren grundlegenden materialistischen Glaubenssätzen keinen Widerspruch duldet und deren Priester primär dem Mammon dienen, statt unserer Gesundung. Es ist deshalb heilsam, nicht länger ein blinder Gläubiger zu sein.

Hatonn beschränkt sich hier aber nicht nur auf Gesundheitsthemen. Beispielsweise enthüllt er Hintergründe über den Mord an John F. Kennedy und über die geheimen unterirdischen Anlagen bei einem US Air Force Stützpunkt in Kalifornien oder spricht über den Opium-Gehalt im Zigarettenpapier.

Bei all den verstörenden Einblicken begleitet Hatonn den Leser wie ein guter Freund und fordert auch dazu auf, ihn direkt auf unserer Erkenntnisreise um Unterstützung zu bitten: „Mit welchem Namen Ihr mich auch immer rufen mögt – ich komme, um Euch den Weg zu weisen und Euch nach Hause zu bringen."

Erhältlich beim *tradition Verlag* (https://tredition.de) oder im Buchhandel in drei Ausgabeformaten Taschenbuch, Hardcover und eBook.

In diesem Journal nimmt Gyeorgos Ceres Hatonn den Leser sorgsam mit auf eine außergewöhnliche Entdeckungsreise zu den ewigen Zyklen der Schöpfung und der daraus resultierenden Entstehungsgeschichte unseres Sonnen-

systems. Dabei erläutert er auch ausführlich die Enuma elish, das sumerische Schöpfungs-Epos, welches laut Hatonn die Grundlage der Schöpfungs-Epen aller Religionen ist. Beispielsweise entspricht die biblische Einteilung der sieben Schöpfungstage den sieben sumerischen Schrifttafeln, in denen sechs Teile vom Schöpfungsvorgang handeln und die siebte Tafel ausschließlich der Verherrlichung „Gottes" gewidmet ist.

Die Sumerer hatten also bereits vor 6000 Jahren nicht nur umfassendes Wissen um die Entstehungsgeschichte unseres Planeten, sondern beschrieben auf ihren Tontafeln auch sehr exakt die astronomischen Zusammenhänge unseres planetaren Systems. Woher hatten die Sumerer dieses enorme Wissen? Hatonn bestätigt hier die Forschungsergebnisse von Zecharia Sitchin, daß dieses von den Anunnaki stammt, einer hochentwickelten außerirdischen Zivilisation, „jene, die vom Himmel auf die Erde kamen". In der Bibel wird von ihnen als den „Anakim" gesprochen und in Genesis Kapitel 6 werden sie auch als „Nephilim" bezeichnet. Somit können im Licht des göttlichen Plans der geistigen und physischen Evolution nicht nur die sumerischen Texte und die biblische Genesis verstanden werden, sondern auch Götter-Mythen bis hin zu den Sagen über die verschwundenen Kontinente Atlantis und Lemuria.

All diese Einblicke in das „Nähkästchen" des Schöpfers werden eingebunden in ein tiefes Verständnis um den Sinn und Zweck unserer menschlichen Existenz innerhalb des Göttlichen Plans. Wir stehen am Ende eines kosmischen Zyklus, in dem wir aus der Gottesferne einen evolutionären Sprung in die nächsthöhere Bewußtseinsstufe machen müssen. Dabei reicht uns Hatonn die Hand mit den Worten: „Ich bin Euer älterer Bruder und komme als Euer Begleiter, um Euch nach Hause zu geleiten."

Erhältlich beim *tradition Verlag* (https://tradition.de) oder im Buchhandel in drei Ausgabeformaten Taschenbuch, Hardcover und eBook.

NOTIZEN